房屋建筑与园林工程估价

刘博　简迎辉　唐亮　严士锋　张辉　编著

中国水利水电出版社
www.waterpub.com.cn
·北京·

内 容 提 要

本书系统阐述了房屋建筑与园林工程估价的基础知识、投资构成、计量与计价的原理和方法，对投资估算、设计概算、施工图预算、招标控制价等工程估价文件编制方法进行了介绍，并对承包商的工程估价与投标报价方法进行了说明。

本书力求保持简明扼要、通俗易懂的编著风格以及理论性和实用性相结合的编著思路，力求在书中反映房屋建筑与园林工程估价的通用做法及新时代工程估价领域的改革方向。本书适用于工程管理、工程造价、土木工程、园林工程等相关专业的教学，也可作为建设单位、施工企业、造价咨询企业等机构相关人员及自学者的参考书。

图书在版编目（CIP）数据

房屋建筑与园林工程估价 / 刘博等编著. -- 北京 ：中国水利水电出版社，2018.4
ISBN 978-7-5170-6393-3

Ⅰ. ①房… Ⅱ. ①刘… Ⅲ. ①建筑工程－工程造价－研究②园林－工程造价－研究 Ⅳ. ①TU723.3 ②TU986.3

中国版本图书馆CIP数据核字(2018)第076725号

书　　名	**房屋建筑与园林工程估价** FANGWU JIANZHU YU YUANLIN GONGCHENG GUJIA
作　　者	刘博　简迎辉　唐亮　严士锋　张辉　编著
出版发行	中国水利水电出版社 （北京市海淀区玉渊潭南路1号D座　100038） 网址：www.waterpub.com.cn E-mail：sales@waterpub.com.cn 电话：（010）68367658（营销中心）
经　　售	北京科水图书销售中心（零售） 电话：（010）88383994、63202643、68545874 全国各地新华书店和相关出版物销售网点
排　　版	中国水利水电出版社微机排版中心
印　　刷	北京瑞斯通印务发展有限公司
规　　格	184mm×260mm　16开本　13.75印张　326千字
版　　次	2018年4月第1版　2018年4月第1次印刷
印　　数	0001—3000册
定　　价	**32.00**元

前言

2012年12月25日，住房和城乡建设部、国家质量监督检验检疫总局联合发布了《建设工程工程量清单计价规范》(GB 50500—2013)(以下简称《计价规范》)，并于2013年7月1日起实施。《计价规范》对清单编制和计价的指导思想进行了深化，在“政府宏观调控、部门动态监管、企业自主报价、市场决定价格”的基础上，规定了合同价款约定、合同价款调整、合同价款中期支付、竣工结算支付以及合同解除的价款结算与支付、合同价款争议的解决方法，展现了加强市场监管的措施，强化了清单计价的执行力度。并且，《计价规范》将原有的6个专业调整为9个专业，将建筑与装饰专业合并为1个专业，同时增强了与合同的契合度，提高了合同各方面风险分担的强制性，要求发、承包双方明确各自的风险范围，加大了工程造价管理复杂度，改善了计量、计价的可操作性，更加强化《计价规范》的可执行性。

在《计价规范》实施的基础上，各省级建设行政主管部门针对有关的定额也进行了修正。以江苏省为例，江苏省住房和城乡建设厅于2014年印发了《江苏省建筑与装饰工程计价定额》《江苏省安装工程计价定额》《江苏省市政工程计价定额》，新颁布的计价定额与《建设工程工程量清单计价规范》(GB 50500—2013)以及《房屋建筑与装饰工程工程量计算规范》(GB 50854—2013)等9本计算规范的一致性更强。

2016年3月23日，财政部、国家税务总局发布了《关于全面推开营业税改征增值税试点的通知》，自2016年5月1日起在全国范围内全面推开营业税改征增值税试点，建筑业、房地产业、金融业、生活服务业等全部营业税纳税人，纳入试点范围，由缴纳营业税改为缴纳增值税。江苏省于2016年4月25日出台了《关于建筑业实施营改增后江苏省建设工程计价依据调整的通知》(苏建价〔2016〕154号)，规定合同开工日期为2016年5月1日以后(含)的建筑和市政基础设施工程发承包项目适用于该办法。

本书以《建设工程工程量清单计价规范》(GB 50500—2013)、《房屋建筑与装饰工程工程量计算规范》(GB 50854—2013)、《园林绿化工程工程量计算规范》(GB 50858—2013)、《江苏省建筑与装饰工程计价定额(2014版)》《江苏省建设工程费用定额(2014年)》《江苏省仿古建筑与园林工程计价表(2007版)》及其营改增后调整内容、《关于建筑业实施营改增后江苏省建设工程计价依据调整的通知》(苏建价〔2016〕154号)等为基础,重点针对"营改增"背景下清单计价模式下的工程计量、计价定额下的工程计量、工程估价文件的编制等问题进行探讨,并对从承包商视角探讨工程估价与投标报价问题。

本书的出版获得了"安徽省高等教育省级振兴计划项目(河海大学文天学院工程管理专业新专业建设)""江苏高校品牌专业建设工程项目(南京林业大学园林专业建设)"的资助,在此表示感谢。

本书编著过程中,参考了国内外众多学者的研究成果,在此表示感谢。本书由刘博、简迎辉、唐亮、严士锋、张辉编著,此外,河海大学文天学院鲍莉荣,南京林业大学何龙江、王旭东、陈健参与了部分章节编写;河海大学杨建基、杨志勇、欧阳红祥提出了很多宝贵意见;海门市建筑设计院有限公司汤毅工程师,江苏汇诚投资咨询管理有限公司何冬冬工程师为本书提供了实际案例;河海大学李一明、胡明、傅宇瑾、张丹丹,南京林业大学杨惠、朱奕颖、李阳、尹相涛、陈韵等同学做了大量誊写、绘图、校对等工作,在此一并表示感谢。

限于作者的水平,难免存在疏漏和不当,恳请同仁批评指正。

作　者

2017年12月

目录

第一章 计量与计价基础知识

第一节 工程项目及其建设程序

一、工程建设

工程建设是实现固定资产再生产的一种经济活动，是建筑、购置和安装固定资产的一切活动以及与之相联系的有关工作，比如工厂、农场、铁路、商店、住宅、医院、学校等的建设。

工程建设的最终成果表现为固定资产的增加，它是一种涉及生产、流通和分配等多个环节的综合性的经济活动，其工作内容包括建筑安装工程、设备和工器具的购置及与之相联系的土地征购、勘察设计、研究试验、技术引进、职工培训、联合试运转等其他工作。

通过工程建设这一项活动，形成了工程建设产品。工程建设产品的种类很多，包括建筑工程、安装工程、市政工程、园林工程等。

其中，建筑工程是为新建、改建或扩建房屋建筑物和附属构筑物设施所进行的规划、勘察、设计和施工、竣工等各项技术工作和完成的工程实体以及与其配套的线路、管道、设备的安装工程。也指各种房屋、建筑物的建造工程。

根据《建设工程质量管理条例》第二条规定，建设工程是指土木工程、建筑工程、线路管道和设备安装工程及装修工程。显然，建筑工程为建设工程的一部分，与建设工程的范围相比，建筑工程的范围相对为窄，其专指各类房屋建筑及其附属设施和与其配套的线路、管道、设备的安装工程，因此也被称为房屋建筑工程。

二、工程项目的特点

工程项目是投资行为与建设行为相结合的投资项目，是投资项目中最重要的一类。一般概念上是指需要投入一定量的资本、实物财产、有预期的经济社会目标，在一定约束条件下经过研究决策、实施设计和施工建设等的一系列程序，从而形成固定资产的一次性事业。同时，作为工程项目又具有与其他投资项目不同的特点，一般表现为以下几个方面：

（1）具有明确的建设目标。建设目标既有宏观目标，又有微观目标。工程项目是在众多约束条件下实现的项目建设目标。主要的约束条件有：①时间约束；②资源约束；③质量约束。

（2）具有一次性和风险性。表现为投资建设地点固定的一次性、建成后不可移动性、设计的单一性以及施工的单件性。工程建设与一般商品生产不同，不是批量生产。工程建设项目一旦完成，要想改变非常困难。工程项目风险性伴随着一次性而存在，建设过程中不确定因素很多，投资风险也很大。主要包括自然风险、市场风险、技术风险和政治风险。

（3）投资大、工期长，投资回收期长，工程寿命周期长，其质量优劣影响面大，作用时间长。

（4）整体性强。每个工程项目都有独立的设计文件，各单项工程具有不可分割的联系，一些大的项目还有许多配套工程，缺一不可，工程只能是整体建成后才能体现出其价值。

（5）工程项目实施过程中不同参与方之间存在着界面冲突和矛盾，这是由于工程项目自身的参与方众多以及不同参与方之间存在着利益取向不一致所导致的。作为一个复杂的系统工程，工程项目的顺利实施需要不同参与方之间通力合作才能顺利实现既定目标。

工程项目可依不同的划分标准进行以下分类：

（1）按投资的再生产性质可分为新建、扩建、改建、重建、技术改造项目等。

（2）按建设规模划分为大型、中型、小型。这种划分主要用于确定工程建筑物的等级和标准以及划分项目决策和管理权限。

（3）按建设阶段划分为预备项目或筹建项目、新开工项目、施工项目、续建项目、投产项目、收尾项目、停建项目。

（4）按投资建设的用途划分为生产性建设项目和非生产性建设项目，非生产性建设项目又分经营性项目和非经营性项目。

（5）按资金来源划分为国家预算拨款项目、国家拨改贷项目、银行贷款项目、企业联合投资项目、企业自筹项目、利用外资项目、外资项目。

三、工程项目分解及编码

（一）工程项目分解

工程项目分解是指将庞大而复杂的工程项目整体分解成为多个细小而简单的工程单元的过程。根据分解对象的不同，项目分解可分为产品分解结构和工作分解结构。由工程计价原理可知，要计算某个特定工程的造价，必须首先将该工程产品由大到小、由复杂到简单地逐级分解，分解成为一个个简单的“部件”，并通过树状结构反映该工程所有“部件”之间的联系。

工程项目的产品分解一般按照单项工程、单位工程、分部工程和分项工程逐级分解，即一个工程项目分解为若干个单项工程，每一个单项工程又分解为若干个单位工程，一个单位工程可分解为若干个分部工程，每个分部工程还可分解为若干个分项工程。

工程项目分解示例如图 1－1 所示。

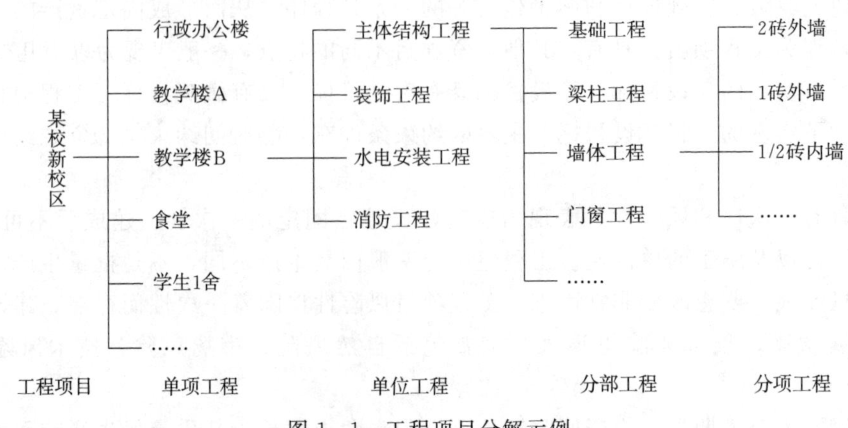

图 1－1　工程项目分解示例

（二）工程项目编码

工程项目分解是工程计价的一项非常重要的基础性工作。工程项目按照单项工程、单位工程、分部工程、分项工程逐级分解后，形成一个树状的工程项目产品分解结构。为了统一工程参与各方（如业主、设计单位、施工单位和监理单位等）对单位工程、分部工程和分项工程的理解，有必要对各级工程按照一定的规律进行编码，形成统一的工程项目编码体系。

工程项目编码是对分解后的各级工程按照一定的规律用数字或者字母编排成数码，综合各级、各类工程的编码便形成工程项目编码体系。工程项目编码体系可以系统地表述单位工程、分部工程和分项工程之间的关系，统一人们对各级各类工程的理解。同时，预先制定的标准化的工程项目编码体系也为工程项目分解提供了统一的方法与路径。所以说，工程项目编码体系是工程项目信息分类体系的具体体现。

建立工程项目编码体系的目的在于对工程项目建设的全过程进行规范化的管理。首先，统一的工程项目编码体系，有利于建设单位对项目各个阶段工作内容的控制，如对工程造价的管控、价值工程的运用；其次，工程项目编码系统是项目各参与方信息交流的工具，为建设单位、设计单位、施工单位、监理单位之间信息沟通提供一种共同语言，在有效传达信息的同时，消除误解；另外，工程项目编码为工程项目数据的收集和整理提供了标准化手段，是工程项目管理信息化的基础。

1. 国外常用的工程项目编码体系

世界上很多发达国家或地区，如美国、英国、欧洲、加拿大、新加坡等都建立了本国（本地区）建筑业需要的统一的建设工程项目编码体系。以美国和加拿大为代表的北美国家较早建立了 UniFormat 和 MasterFormat 等一些比较完善的工程项目编码体系，政府建设管理部门还鼓励建筑行业不同的专业领域机构或公司建立和使用自己的编码体系；英国建立的 SMM 工程项目编码体系，在英联邦体制下的上百个国家广泛接受和使用；欧盟成立后，欧洲建筑经济委员会编写了统一的工程项目编码，以利于其内部国家建筑业的交流和合作。

当前，国外使用较广的工程项目分解方式可以分为两大类：①面向建筑元素的分解体系，即以建筑元素或建筑物构成部位为主要依据的项目分解与编码，如美国的 UniFormat 体系；②面向工种工程的分解体系，即以工程项目的生产工艺或工种工程为主要依据的项目分解与编码，如英国的 SMM 体系、北美的 MasterFomat 体系。

2. 我国的工程项目编码体系

（1）概预算定额编码体系。在我国，概预算定额基本上是按照工种工程和材料来分解、编码的。以房屋与市政修缮、市政工程预算定额为例，一个单项工程可以按施工专业分为土建、装饰、修缮、市政、园林、安装等单位工程，每个专业（单位工程）又根据建筑结构及施工程序自上而下分为若干层次——“章”“节”“项”“目”“子目”。“章”是单位工程中某些性质相近材料大致相同的施工对象的集合——分部工程。例如，《江苏省建筑与装饰工程计价定额》分为 24 章，包括土石方工程、打桩及基础垫层、砌筑工程、钢筋工程、混凝土工程、金属结构工程等；每“章”又按工程性质、工程内容、施工方法、施工材料等分成若干“节”，如混凝土工程又分自拌混凝土构件、商品混凝土泵送构件；

每一“节”再分成若干“项”，如商品混凝土泵送构件可分为泵送现浇构件和泵送预制构件；每“项”还可分成若干“目”，如泵送现浇构件分为基础、柱、梁、墙、板和其他；每“目”进一步分解为“子目”，如泵送现浇混凝土柱又分为矩形柱、圆形及多边形柱、异形柱等。

但是，我国有些行业的概预算定额采用建筑元素与工种工程相结合的分解、编码方法。例如：公路工程预算定额首先按照建筑元素分“章”，设路基工程、路面工程、隧道工程、桥涵工程、防护工程、交通工程及沿线设施、临时工程、材料采集及加工、材料运输等9章；每“章”中的各“节”按建筑元素或工种工程划分，如隧道工程按建筑元素分洞身工程、洞门工程、辅助坑道、通风及消防设施安装等4节，路基工程则按工种工程分路基土石方工程、排水工程、软基处理工程等3节；“节”以下的“子目”，均按工种工程划分。

（2）工程量清单编码体系。随着我国建设市场的改革发展，招标投标制度与合同管理方式的逐步完善，原建设部于2003年发布了我国首版《建设工程工程量清单计价规范》（GB 50500—2003）（简称《计价规范》），此后，住房和城乡建设部于2008年修订发布了第2版《计价规范》（GB 50500—2008），并于2012年12月发布了第3版《计价规范》（GB 50500—2013）以及《房屋建筑与装饰工程工程量计算规范》（GB 50854—2013）等9部配套的工程量计算规范（以下简称《计量规范》）。

《计量规范》属于面向材料和工种工程的分解、编码体系，即依据不同的“动作”，来分解项目，但没有明确“动作”应该作用在项目的什么部位和空间，较少考虑施工过程中各项工艺的先后顺序。因此，这种体系便于静态计算和估算工程造价，但不适合工程项目全过程的管理控制。

四、工程项目建设程序

工程项目建设程序是指在工程项目建设过程中必须遵循的先后次序，即工程项目建设从设想、规划、评估、决策、设计、施工到竣工验收、交付使用整个过程中，各项工作必须遵循的先后次序法则。这个法则反映了工程建设各个阶段之间的内在联系，是人们通过长期的建设实践，在充分认识客观规律，科学总结实践经验的基础上制定出来的，反映了工程项目建设工作所固有的客观规律，不能任意颠倒。我国的工程项目建设程序一般分为7个阶段：

（1）项目建议书阶段。项目建议书是由项目法人向国家提出的、要求建设某一工程项目的建议性文件，是对工程项目的轮廓设想。项目建议书应根据国民经济和社会发展的长远规划、区域综合规划、专业规划，按照国家产业政策和国际有关投资建议方针进行编制，主要从拟建项目的必要性和可能性加以考虑。

（2）可行性研究阶段。可行性研究是在项目建议书的基础上，通过与项目有关的资料、数据的调查研究，对项目的技术、经济、环境、风险等进行详细论证和分析预测，从而提出项目是否值得投资和如何进行建设的可行性意见，为项目决策审批提供全面的依据。经过批准的可行性研究报告是工程项目实施的依据，也是初步设计的依据。

（3）勘测设计阶段。勘测是指设计前和设计过程中所要进行的勘察、调查和测量工作；设计是指对拟建工程的实施在技术上和经济上所进行的全面而详细的安排。设计是分阶段进行的，大中型建设项目一般采用两阶段设计——初步设计、施工图设计，重大或者特殊项目可在初步设计与施工图设计之间增设技术设计。

（4）建设准备阶段。这一阶段要完成工程项目开工建设前的各项准备工作，包括征地、拆迁和施工场地平整；完成施工用的水、电、通信等工程；组织设备、材料订货；组织监理、施工招标，选定监理单位和施工单位；制定年度建设计划等。

（5）建设实施阶段（施工阶段）。在该阶段，建设单位按项目管理的要求，宏观上组织好承包商的施工，监督、管理监理单位的监理工作，协调好工程建设的外部环境；监理单位根据项目建设的有关文件和各类承包商合同，做好对工程的投资、进度和质量的控制、协调和管理；承包商根据承包合同的约定，全面履行各项合同义务，保质、保量、按时完成工程项目建设任务。在该阶段后期，业主方还要做好生产准备工作，如招收和培训人员，生产的组织，技术、物资的准备等。

（6）竣工验收阶段。竣工验收是项目建设全过程的最后一环，是全面考核建设成果、检验设计和施工质量的重要步骤，是确认建设项目是否能动用的关键环节，同时也是由基本建设转入生产或使用的标志。验收工作一般可分为合同工程验收和项目竣工验收两个阶段。

（7）项目后评价。在项目建成投产并达到设计生产能力后，通过对项目前期工作、项目实施、项目运营情况的综合研究，分析项目建成后的实际情况与预测情况的差距及原因，从而吸取经验教训，为今后改进项目的准备、决策、实施、管理、监督等工作提供依据，并为提高项目投资效益提出切实可行的对策措施。

为了对工程项目的建设费用而进行科学管理和有效监督，在工程项目建设的不同阶段都需要对工作项目的建设费用进行预测和计算，这就是工程项目建设各阶段估价文件的编制。其中，项目建议书阶段及可行性研究阶段所涉及的造价文件，均称为投资估算；在勘测设计阶段，涉及的造价文件有两个，即初步设计阶段的初步设计概算，以及施工图设计阶段的施工图预算；在建设准备阶段，由于涉及施工招投标工作，因此，所涉及的造价文件包括招标控制价、标底、投标报价、合同价等；在竣工验收阶段，涉及的造价文件包括竣工结算和竣工决算。

第二节 建设项目总投资与工程造价

一、建设项目总投资的构成

（一）现行建设项目总投资构成的规定

建设项目总投资是指投资主体为获得预期收益，在选定的建设项目上投入的所需全部资金，以及建设项目从建设前期决策开始，到项目全部建成为止所发生的全部投资费用。

建设项目总投资由建设投资、建设期利息、固定资产投资方向调节税和铺底流动资金等项目组成。建设项目总投资组成见表1-1。

表 1-1　　　　建设项目总投资组成示意

<table>
<tr><td colspan="4">费用项目名称</td><td>资产类比归并
（项目经济评价）</td></tr>
<tr><td rowspan="23">建设
项目
总投资</td><td rowspan="20">建设投资</td><td rowspan="3">第一部分
工程费用</td><td>建筑工程费</td><td rowspan="16">固定资产费用</td></tr>
<tr><td>设备购置费</td></tr>
<tr><td>安装工程费</td></tr>
<tr><td rowspan="15">第二部分
工程建设其他费用</td><td>建设管理费</td></tr>
<tr><td>建设用地费</td></tr>
<tr><td>可行性研究费</td></tr>
<tr><td>研究试验费</td></tr>
<tr><td>勘察设计费</td></tr>
<tr><td>环境影响评价费</td></tr>
<tr><td>劳动安全卫生评价费</td></tr>
<tr><td>场地准备及临时设施费</td></tr>
<tr><td>引进技术和引进设备其他费</td></tr>
<tr><td>工程保险费</td></tr>
<tr><td>联合试运转费</td></tr>
<tr><td>特殊设备安全监督检验费</td></tr>
<tr><td>市政公用设施费</td></tr>
<tr><td>专利及专有技术使用费</td><td>无形资产费用</td></tr>
<tr><td>生产准备及开办费</td><td>其他资产费用
（递延资产）</td></tr>
<tr><td rowspan="2">第三部分
预备费用</td><td>基本预备费</td><td rowspan="4">固定资产费用</td></tr>
<tr><td>价差预备费</td></tr>
<tr><td colspan="3">建设期利息</td></tr>
<tr><td colspan="3">固定资产投资方向调节税（暂停征收）</td></tr>
<tr><td colspan="3">铺底流动资金</td><td></td></tr>
</table>

1. 建设投资

建设投资是指用于建设项目的全部工程费用、工程建设其他费用及预备费用之和。建设投资由工程费用（建筑工程费、设备购置费、安装工程费）、工程建设其他费用和预备费用（基本预备费和价差预备费）组成。

2. 建设期利息

建设期利息是指建设项目贷款在建设期内发生并应计入固定资产的贷款利息等财务费用。

3. 固定资产投资方向调节税

固定资产投资方向调节税是指国家为贯彻产业政策、引导投资方向、调整投资结构而征收的投资方向调整税金。现已暂停征收。

4. 铺底流动资金

铺底流动资金是指生产经营性建设项目为保证投产后正常的生产营运所需，并在项目资本金中的自由流动资金。非常经营性项目不列铺底流动资金。铺底流动资金一般占流动资金的30%，其余70%的流动资金可以申请短期贷款。

（二）住房和城乡建设部办公厅《关于征求〈建设项目总投资费用项目组成〉意见的函》中的规定

2017年9月4日，住房和城乡建设部办公厅发布了《关于征求〈建设项目总投资费用项目组成〉意见的函》（建办标函〔2017〕621号），并发布了《建设项目总投资费用项目组成（征求意见稿）》和《建设项目工程总承包费用项目组成（征求意见稿）》。

在《建设项目总投资费用项目组成（征求意见稿）》中，对建设项目总投资做出了如下界定：建设项目总投资是指为完成工程项目建设并达到使用要求或生产条件，在建设期内预计或实际投入的总费用，包括工程造价、增值税、资金筹措费和流动资金。

其中：

（1）工程造价是指工程项目在建设期预计或实际支出的建设费用，包括工程费用、工程建设其他费用和预备费。

（2）增值税是指应计入建设项目总投资内的增值税额。

（3）资金筹措费是指在建设期内应计的利息和在建设期内为筹集项目资金发生的费用。包括各类借款利息、债券利息、贷款评估费、国外借款手续费及承诺费、汇兑损益、债券发行费用及其他债务利息支出或融资费用。

（4）流动资金系指运营期内长期占用并周转使用的营运资金，不包括运营中需要的临时性营运资金。

《建设项目总投资费用项目组成（征求意见稿）》中所列出的建设项目总投资费用项目组成如图1-2所示。

在《建设项目总投资费用项目组成（征求意见稿）》中，所列出的建设项目总投资费用参考计算方法如下。

1. 建设项目总投资费用

建设项目总投资＝工程造价＋增值税＋资金筹措费＋流动资金

2. 工程造价

工程造价＝工程费用（不含税）＋工程建设其他费用（不含税）＋预备费（不含税）

3. 增值税

增值税应按工程费、工程建设其他费、预备费和资金筹措费分别计取。

4. 资金筹措费

（1）自有资金额度应符合国家或行业有关规定。

（2）建设期利息：根据不同资金来源及利率分别计算。

$$Q=\sum_{j=1}^{n}(P_{j-1}+A_j/2)i$$

式中　Q——建设期利息；

P_{j-1}——建设期第（$j-1$）年末贷款累计金额与利息累计金额之和；

A_j——建设期第 j 年贷款金额；

i——贷款年利率；

n——建设期年数。

（3）其他方式资金筹措费用按发生额度或相关规定计列。

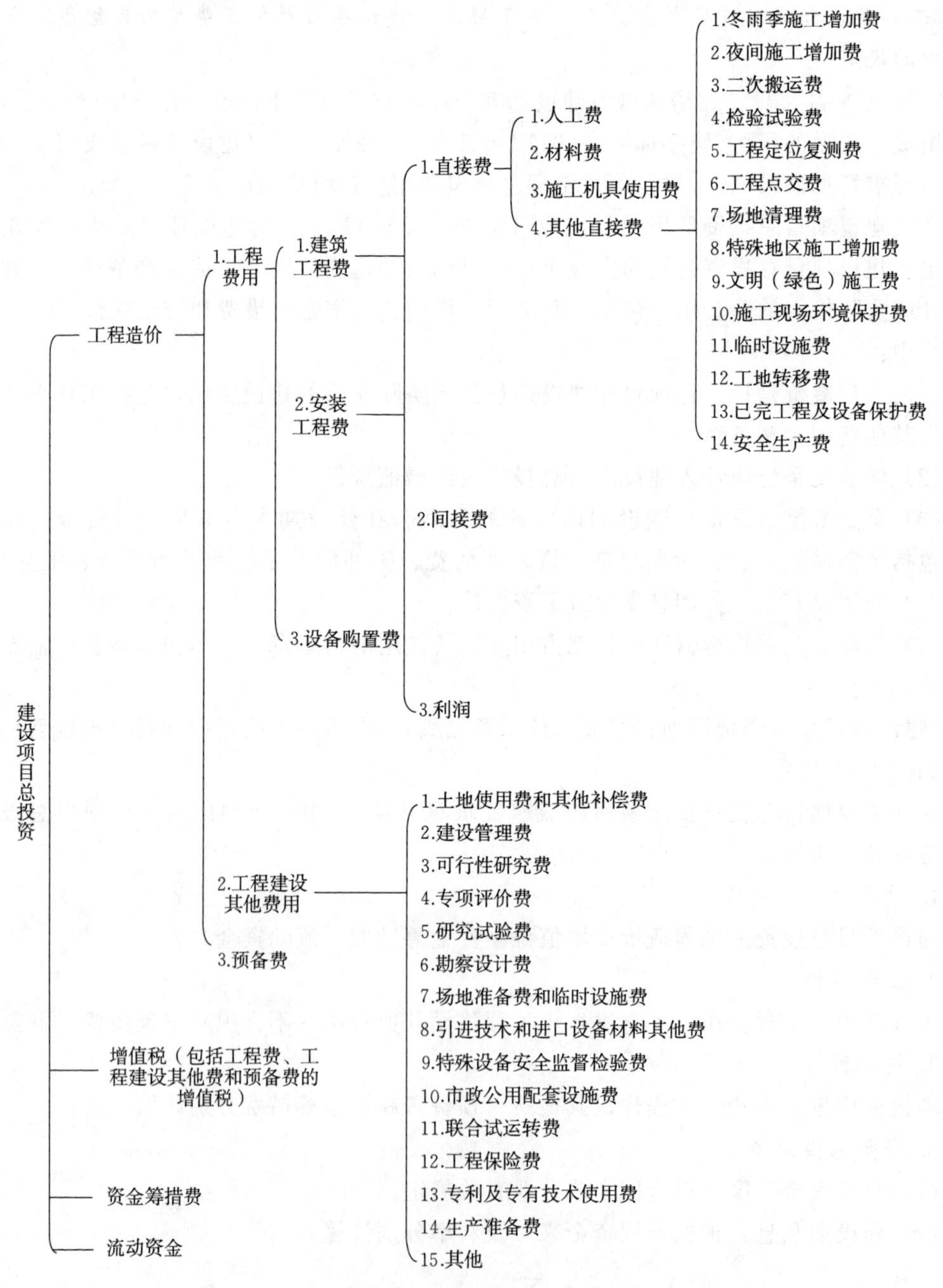

图 1－2　建设项目总投资费用项目组成（征求意见稿）

5．流动资金

流动资金的估算方法有扩大指标估算法和分项详细估算法两种。

(1) 扩大指标估算法，此方法是参照同类企业的流动资金占营业收入、经营成本的比例或者是单位产量占用营运资金的数额估算流动资金，并按以下公式计算：

流动资金额＝各种费用基数×相应的流动资金所占比例（或占营运资金的数额）

式中　各种费用基数——年营业收入、年经营成本或年产量等。

(2) 分项详细估算法，可简化计算，其公式如下：

流动资金＝流动资产－流动负债

流动资产＝应收账款＋预付账款＋存货＋库存现金

流动负债＝应付账款＋预收账款

二、工程造价的概念

简单地说，工程造价就是工程产品的建造价格。具体讲，工程造价有三层含义：

(1) 第一层含义，即广义上的工程造价就是指工程项目的建设成本，即完成一个工程项目预期开支或者实际开支的全部费用的总和，亦即从工程项目确定建设意向直至建成、竣工验收为止的整个建设期间所支付的总费用。这一含义是从投资者（业主）的角度来定义的，也即工程项目的固定资产投资，通常称其为广义的工程造价。

(2) 第二层含义，工程造价是指工程项目的发承包价格，即发包人（业主）与承包人签订合同，由承包人完成建筑安装施工，发包人按照合同的约定向承包人支付的工程价款。它是工程项目全部建设成本中的一个重要部分，因为它在全部工程建设成本中占有很大的比重（一般为50%～60%），而且是承发包双方关注的焦点，通常称其为狭义的工程造价。

(3) 第三层含义，在《建设项目总投资费用项目组成（征求意见稿）》中，对工程造价做出了如下的界定：工程造价是指工程项目在建设期预计或实际支出的建设费用，包括工程费用、工程建设其他费用和预备费。

三、建筑安装工程费用构成

建筑安装工程费用是建设项目总投资中重要的组成部分，也是本门课程研究的主要对象。2013年，住房和城乡建设部和财政部联合发布了《关于印发〈建筑安装工程费用项目组成〉的通知》（建标〔2013〕44号）。

根据住房和城乡建设部办公厅《关于做好建筑业营改增建设工程计价依据调整准备工作的通知》（建办标〔2016〕4号）规定的计价依据调整要求，营改增后，采用一般计税方法的建设工程费用组成中的分部分项工程费、措施项目费、其他项目费、规费中均不包含增值税可抵扣进项税额。

（一）建筑安装工程费用项目组成（按费用构成要素划分）

建筑安装工程费按照费用构成要素划分：由人工费、材料（包含工程设备，下同）费、施工机具使用费、企业管理费、利润、规费和税金组成。其中人工费、材料费、施工机具使用费、企业管理费和利润包含在分部分项工程费、措施项目费、其他项目费中（图1－3）。

1. 人工费

人工费是指按工资总额构成规定，支付给从事建筑安装工程施工的生产工人和附属生产单位工人的各项费用。内容包括：

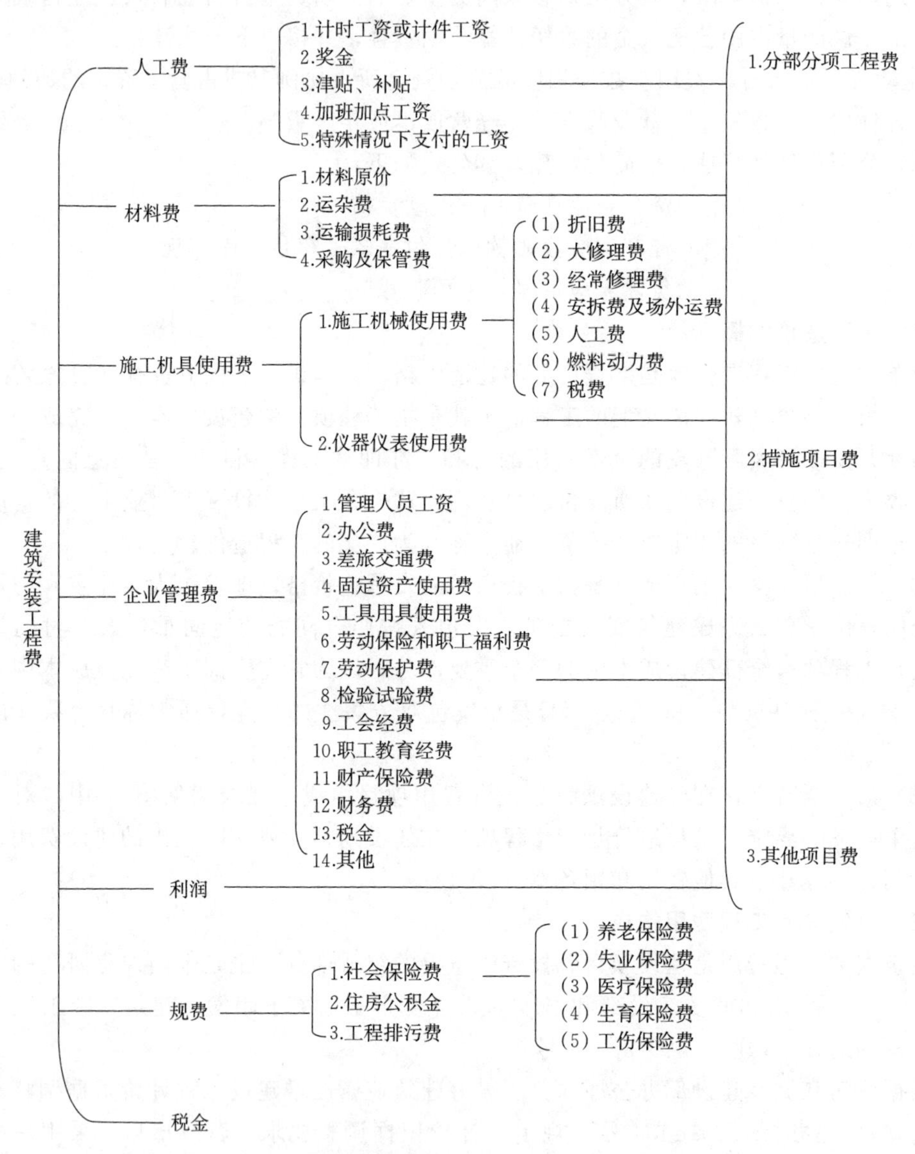

图 1-3 建筑安装工程费用项目组成示意图（按费用构成划分）

(1) 计时工资或计件工资：是指按计时工资标准和工作时间或对已做工作按计件单价支付给个人的劳动报酬。

(2) 奖金：是指对超额劳动和增收节支支付给个人的劳动报酬。如节约奖、劳动竞赛奖等。

(3) 津贴补贴：是指为了补偿职工特殊或额外的劳动消耗和因其他特殊原因支付给个人的津贴，以及为了保证职工工资水平不受物价影响支付给个人的物价补贴。如流动施工津贴、特殊地区施工津贴、高温（寒）作业临时津贴、高空津贴等。

(4) 加班加点工资：是指按规定支付的在法定节假日工作的加班工资和在法定日工作时间外延时工作的加点工资。

(5) 特殊情况下支付的工资：是指根据国家法律、法规和政策规定，因病、工伤、产假、计划生育假、婚丧假、事假、探亲假、定期休假、停工学习、执行国家或社会义务等原因按计时工资标准或计时工资标准的一定比例支付的工资。

2. 材料费

材料费是指施工过程中耗费的原材料、辅助材料、构配件、零件、半成品或成品、工程设备的费用。内容包括：

(1) 材料原价：是指材料、工程设备的出厂价格或商家供应价格。

(2) 运杂费：是指材料、工程设备自来源地运至工地仓库或指定堆放地点所发生的全部费用。

(3) 运输损耗费：是指材料在运输装卸过程中不可避免的损耗。

(4) 采购及保管费：是指为组织采购、供应和保管材料、工程设备的过程中所需要的各项费用。包括采购费、仓储费、工地保管费、仓储损耗。

工程设备是指构成或计划构成永久工程一部分的机电设备、金属结构设备、仪器装置及其他类似的设备和装置。

3. 施工机具使用费

施工机具使用费是指施工作业所发生的施工机械、仪器仪表使用费或其租赁费。

(1) 施工机械使用费：以施工机械台班耗用量乘以施工机械台班单价表示，施工机械台班单价应由下列7项费用组成：

1) 折旧费：指施工机械在规定的使用年限内，陆续收回其原值的费用。

2) 大修理费：指施工机械按规定的大修理间隔台班进行必要的大修理，以恢复其正常功能所需的费用。

3) 经常修理费：指施工机械除大修理以外的各级保养和临时故障排除所需的费用。包括为保障机械正常运转所需替换设备与随机配备工具附具的摊销和维护费用，机械运转中日常保养所需润滑与擦拭的材料费用及机械停滞期间的维护和保养费用等。

4) 安拆费及场外运费：安拆费指施工机械（大型机械除外）在现场进行安装与拆卸所需的人工、材料、机械和试运转费用以及机械辅助设施的折旧、搭设、拆除等费用；场外运费指施工机械整体或分体自停放地点运至施工现场或由一施工地点运至另一施工地点的运输、装卸、辅助材料及架线等费用。

5) 人工费：指机上司机（司炉）和其他操作人员的人工费。

6) 燃料动力费：指施工机械在运转作业中所消耗的各种燃料及水、电等。

7) 税费：指施工机械按照国家规定应缴纳的车船使用税、保险费及年检费等。

(2) 仪器、仪表使用费：是指工程施工所需使用的仪器仪表的摊销及维修费用。

4. 企业管理费

企业管理费是指建筑安装企业组织施工生产和经营管理所需的费用，以及国家税法规定附加税（包括应计入建筑安装工程造价内的城市建设维护税、教育费附加及地方教育附加)。内容包括：

(1) 管理人员工资：是指按规定支付给管理人员的计时工资、奖金、津贴补贴、加班加点工资及特殊情况下支付的工资等。

（2）办公费：是指企业管理办公用的文具、纸张、账表、印刷、邮电、书报、办公软件、现场监控、会议、水电、烧水和集体取暖降温（包括现场临时宿舍取暖降温）等费用。

（3）差旅交通费：是指职工因公出差、调动工作的差旅费、住勤补助费，市内交通费和误餐补助费，职工探亲路费，劳动力招募费，职工退休、退职一次性路费，工伤人员就医路费，工地转移费以及管理部门使用的交通工具的油料、燃料等费用。

（4）固定资产使用费：是指管理和试验部门及附属生产单位使用的属于固定资产的房屋、设备、仪器等的折旧、大修、维修或租赁费。

（5）工具用具使用费：是指企业施工生产和管理使用的不属于固定资产的工具、器具、家具、交通工具和检验、试验、测绘、消防用具等的购置、维修和摊销费。

（6）劳动保险和职工福利费：是指由企业支付的职工退职金、按规定支付给离休干部的经费，集体福利费、夏季防暑降温、冬季取暖补贴、上下班交通补贴等。

（7）劳动保护费：是企业按规定发放的劳动保护用品的支出。如工作服、手套、防暑降温饮料以及在有碍身体健康的环境中施工的保健费用等。

（8）检验试验费：是指施工企业按照有关标准规定，对建筑以及材料、构件和建筑安装物进行一般鉴定、检查所发生的费用，包括自设试验室进行试验所耗用的材料等费用。不包括新结构、新材料的试验费，对构件做破坏性试验及其他特殊要求检验试验的费用和建设单位委托检测机构进行检测的费用，对此类检测发生的费用，由建设单位在工程建设其他费用中列支。但对施工企业提供的具有合格证明的材料进行检测不合格的，该检测费用由施工企业支付。

（9）工会经费：是指企业按《工会法》规定的全部职工工资总额比例计提的工会经费。

（10）职工教育经费：是指按职工工资总额的规定比例计提，企业为职工进行专业技术和职业技能培训，专业技术人员继续教育、职工职业技能鉴定、职业资格认定以及根据需要对职工进行各类文化教育所发生的费用。

（11）财产保险费：是指施工管理用财产、车辆等的保险费用。

（12）财务费：是指企业为施工生产筹集资金或提供预付款担保、履约担保、职工工资支付担保等所发生的各种费用。

（13）税金：是指企业按规定缴纳的房产税、车船使用税、土地使用税、印花税等。

（14）其他：包括技术转让费、技术开发费、投标费、业务招待费、绿化费、广告费、公证费、法律顾问费、审计费、咨询费、保险费等。

（15）附加税：国家税法规定的应计入建筑安装工程造价内的城市建设维护税、教育费附加及地方教育附加。

5. 利润

利润是指施工企业完成所承包工程获得的盈利。

6. 规费

规费是指按国家法律、法规规定，由省级政府和省级有关权力部门规定必须缴纳或计取的费用。包括：

(1) 社会保险费。

1) 养老保险费：是指企业按照规定标准为职工缴纳的基本养老保险费。

2) 失业保险费：是指企业按照规定标准为职工缴纳的失业保险费。

3) 医疗保险费：是指企业按照规定标准为职工缴纳的基本医疗保险费。

4) 生育保险费：是指企业按照规定标准为职工缴纳的生育保险费。

5) 工伤保险费：是指企业按照规定标准为职工缴纳的工伤保险费。

(2) 住房公积金：是指企业按规定标准为职工缴纳的住房公积金。

(3) 工程排污费：是指按规定缴纳的施工现场工程排污费。

(4) 其他应列而未列入的规费，按实际发生计取。

7. 税金

税金是指根据建筑服务销售价格，按规定税率计算的增值税销项税额。

(二) 建筑安装工程费用项目组成（按造价形成划分）

建筑安装工程费按照工程造价形成由分部分项工程费、措施项目费、其他项目费、规费、税金组成，分部分项工程费、措施项目费、其他项目费包含人工费、材料费、施工机具使用费、企业管理费和利润（图1-4）。

1. 分部分项工程费

分部分项工程费是指各专业工程的分部分项工程应予列支的各项费用。

(1) 专业工程：是指按现行国家计量规范划分的房屋建筑与装饰工程、仿古建筑工程、通用安装工程、市政工程、园林绿化工程、矿山工程、构筑物工程、城市轨道交通工程、爆破工程等各类工程。

(2) 分部分项工程：指按现行国家计量规范对各专业工程划分的项目。如房屋建筑与装饰工程划分的土石方工程、地基处理与桩基工程、砌筑工程、钢筋及钢筋混凝土工程等。

各类专业工程的分部分项工程划分见现行国家或行业计量规范。

2. 措施项目费

措施项目费是指为完成建设工程施工，发生于该工程施工前和施工过程中的技术、生活、安全、环境保护等方面的费用。内容包括：

(1) 安全文明施工费。

1) 环境保护费：是指施工现场为达到环保部门要求所需要的各项费用。

2) 文明施工费：是指施工现场文明施工所需要的各项费用。

3) 安全施工费：是指施工现场安全施工所需要的各项费用。

4) 临时设施费：是指施工企业为进行建设工程施工所必须搭设的生活和生产用的临时建筑物、构筑物和其他临时设施费用。包括临时设施的搭设、维修、拆除、清理费或摊销费等。

(2) 夜间施工增加费：是指因夜间施工所发生的夜班补助费、夜间施工降效、夜间施工照明设备摊销及照明用电等费用。

(3) 二次搬运费：是指因施工场地条件限制而发生的材料、构配件、半成品等一次运输不能到达堆放地点，必须进行二次或多次搬运所发生的费用。

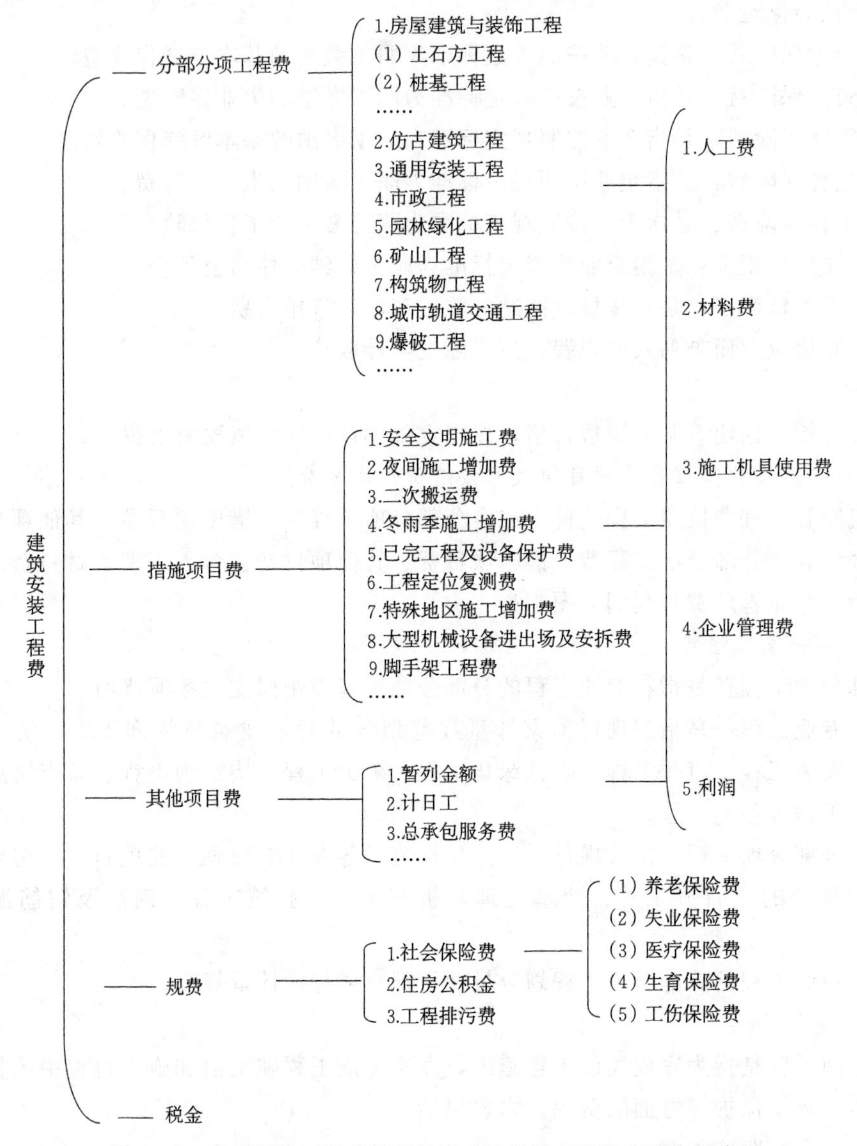

图 1-4　建筑安装工程费用项目组成示意图（按造价形成划分）

(4) 冬雨季施工增加费：是指在冬季或雨季施工时需增加的临时设施、防滑、排除雨雪、人工及施工机械效率降低等费用。

(5) 已完工程及设备保护费：是指竣工验收前，对已完工程及设备采取的必要保护措施所发生的费用。

(6) 工程定位复测费：是指工程施工过程中进行全部施工测量放线和复测工作的费用。

(7) 特殊地区施工增加费：是指工程在沙漠或其边缘地区、高海拔、高寒、原始森林等特殊地区施工增加的费用。

(8) 大型机械设备进出场及安拆费：是指机械整体或分体自停放场地运至施工现场或由一个施工地点运至另一个施工地点，所发生的机械进出场运输及转移费用及机械在施工现场进行安装、拆卸所需的人工费、材料费、机械费、试运转费和安装所需的辅助设施的费用。

（9）脚手架工程费：是指施工需要的各种脚手架搭、拆、运输费用以及脚手架购置费的摊销（或租赁）费用。

措施项目及其包含的内容详见各类专业工程的现行国家或行业计量规范。

3. 其他项目费

（1）暂列金额：是指建设单位在工程量清单中暂定并包括在工程合同价款中的一笔款项。用于施工合同签订时尚未确定或者不可预见的所需材料、工程设备、服务的采购，施工中可能发生的工程变更、合同约定调整因素出现时的工程价款调整以及发生的索赔、现场签证确认等的费用。

（2）计日工：是指在施工过程中，施工企业完成建设单位提出的施工图纸以外的零星项目或工作所需的费用。

（3）总承包服务费：是指总承包人为配合、协调建设单位进行的专业工程发包，对建设单位自行采购的材料、工程设备等进行保管以及施工现场管理、竣工资料汇总整理等服务所需的费用。

4. 规费

定义同按费用构成要素划分下的规费定义。

5. 税金

定义同按费用构成要素划分下的税金定义。

第三节　工程计量的程序与方法

一、工程计量的含义及作用

工程计量，即工程量计算（measurement of quantities），指建设工程项目以工程设计图纸、施工组织设计或施工方案及有关技术经济文件为依据，按照相关工程国家标准的计算规则、计量单位等规定，进行工程数量的计算活动，在工程建设中简称工程计量。

广义的工程计量，泛指工程量的确定，包括未实施工程的工程量计算和已完工程数量的确定。

狭义的工程计量，特指对已完工程数量的确定。

工程计量的作用是为了确定工程量，而工程量是确定建筑安装工程费用，编制施工规划，安排工程施工进度，编制材料供应计划，进行工程统计和经济核算的重要依据。

二、工程计量的一般步骤

工程计量的一般步骤如下：

（1）列出计价项目的名称。计价项目——计价的基本单元，即工程基本构造要素、分项工程。

（2）列出计价项目的工程量计算式。

（3）计算工程量。

（4）整理和复核工程量。

（5）列出计价项目的项目特征。项目特征——该项目所包含的工作条件、工作要求和工作数量。

（6）调整计量单位。

第四节　工程计价的程序与方法

一、工程计价的含义及作用

（一）工程计价的含义

工程计价直意为计算工程项目的造价，即在工程项目的建设过程中，按照一定的步骤和程序，采用科学的计价方法，对拟建工程所需的或已建工程已发生的费用做出科学、合理的计算，从而形成工程造价文件的活动。

在英联邦国家以及地区，工程计价称作 quantity surveying，中国香港和新加坡等地翻译为工料测量；工程计价专业技术人员为 quantity surveyor，译为工料测量师。在美国等地，将工程计价写为 cost engineering，工程计价人员称为 cost engineer（可译为“成本工程师”）。我国将从事工程计价及造价管理的专业技术人员称为造价工程师。

（二）工程计价的特点

工程产品和所有商品一样，其价格是价值的货币表现，都是由成本、税金和利润组成的。但是，工程产品又是一种特殊商品，其价格计算有其自身的特点。

（1）单件性。工程产品的单一性、地区性等特点决定该工程产品没有统一的价格，即使是设计完全相同的工程，不同的建设单位、不同的建设地点、不同的建设时间，其造价都不相同。因此，工程产品的造价必须逐个地通过工程计价的方式进行计算。

（2）多次性。人们对工程项目的认识程度是随着工程项目的进展而不断加深的。一般而言，随着工程项目的进展，人们对工程项目的认识越来越深、越具体，对工程产品价格的估计也越来越准确（相对于实际费用）。另外，工程产品的建设周期长，影响工程造价的因素具有动态性。所以，在工程项目建设的各个阶段，都要对工程项目的造价进行计算。

（3）组合性。工程产品实体体型庞大、结构复杂，无法以其整体作为工程计价的基本单元。因此，计算工程造价时必须将工程项目层层分解，分解为一个个简单的、便于计价的工程基本构造要素（即分项工程或者结构构件），然后将各个工程基本构造要素的造价组合成整个工程项目的造价。

（4）层次性。为了计算工程造价，必须将工程项目分解为许多工程基本构造要素，然后将各个工程基本构造要素的造价再组合成整个工程项目的造价，这种自上而下的分解和自下而上的组合都是分层次进行的，也就是说，一个工程项目的造价可以体现为自上而下不同层次的工程造价。这种层次的划分与工程项目分解的层次是一致的。

（5）动态性。一项工程从决策、设计、施工到竣工验收交付使用，要经历一段较长的时间。在这期间，工程所用材料的价格、工资标准、汇率等必然会发生变化，以致影响工程造价。所以，对工程造价的估计要充分考虑这些变化，除了在工程建设的各个阶段不断计价外，还要预留一部分资金——价差预备费。

（三）工程计价的作用

工程计价的作用体现在以下几个方面：

（1）工程计价为项目决策提供依据。工程项目投资大、生产和使用周期长等特点决定了项目决策十分重要。投资者的项目决策，不仅取决于该项目在技术上是否可行性，经济效果是否合理，还要考虑自身有没有足够的财务能力用于项目建设，项目拟建多大规模、多高标准，这些问题都与该项目的总投资有关。在很多情况之下，投资的多少是决定项目建设与否和怎么建的决定性因素。因此，在项目决策阶段，对项目投资的估算——工程计价是项目决策的前提，为项目决策提供依据。

（2）工程计价为筹集建设资金提供依据。对于决定建设的工程项目，总共需要投入多少资金，需要对外筹集多少资金，每个年度、每个季度需要筹集多少，这些都需要通过工程计价来确定。工程项目建设各个阶段筹集的资金都必须适当，太少则满足不了工程建设的需要，影响工程建设进度；太多则增加资金的使用成本，影响项目的经济效果。根据工程建设的进度，准确地估算项目各个阶段的资金投入额，是投资者筹集资金的主要依据。

（3）工程计价是制定项目投资计划的工具。项目投资计划是事前编制的分年月资金使用量计划，正确地指定投资计划有助于合理和有效使用资金。编制逐年逐月的资金使用量计划，除了考虑建设工期和工程进度之外，一个非常重要的工作就是工程计价，要估算出各年各月所完成工程任务的资金使用量。

（4）工程计价是控制项目费用的工具。工程项目的投资控制贯穿于工程建设的全过程。要确保项目投资的有效控制，就必须控制好工程建设的每个阶段的投资，即用前一个阶段确定的造价目标来控制后一个阶段的工作，使后一阶段的工程造价不超过前一阶段确定的造价目标，这就是项目投资的全过程控制。

对承包人而言，控制施工成本是工程承包的重要任务之一。要做好施工成本控制，必须首先通过工程计价确定和分解成本目标，并以此作为施工过程中成本控制的基准。

（5）工程计价是工程发承包的工具。工程发承包的焦点是承包合同的定价，确定合同价格的过程就是工程计价的过程。工程采用直接发包时，合同双方需通过谈判确定合同价款及其计算方法。工程采用招标发包时，招标人需要编制工程量清单，并据此确定标底或招标控制价；投标人需根据工程量清单计算投标预算，确定投标报价。

（6）工程计价是合同管理的工具。合同管理包括合同的订立、履行、索赔、变更、解除、转让、终止等内容。在合同订立阶段，当事人需通过工程计价的方式确定合同价款。在合同履行过程中，合同管理人员需运用工程计价的手段对合同价款进行计量支付、调价结算和完工结算；遇到合同变更、索赔、解除等情况时，还要计算变更价款、索赔费用和合同解除后的结算价款等。

（7）工程计价是评价投资效果的工具。在工程竣工验收交付使用阶段，除了从技术的角度对工程质量进行全面检验外，还要编制工程的竣工决算，计算工程项目从项目筹建到竣工验收、交付使用全过程中实际支付的全部建设费用，从经济的角度对工程项目的投资效果进行全面考核和评价。

二、工程计价的基本原理

工程计价的基本原理来自于一般经济规律和工程计价自身的特点。

1. 费用的本质

人们在生产、生活中都需要消耗一定的人力、物力资源，需要花费一定数量的资金。用于支付劳动力报酬和购买所需物质资源，因为劳动力有使用价格，各种物质资源也有购买价格。所以，从本质上讲，一项活动的费用就是该活动所消耗的人力、物力资源的货币表现形式。它与“量”和“价”这两个基本因素有关，资源消耗量越多、资源价格越高，费用就越大。

2. 造价组成原理

由费用的本质可知，费用与“量”和“价”有关，是这两个因素的乘积。同理，作为工程产品建造费用的工程造价，也取决于“量”和“价”这两个因素。某个工程基本构造要素的造价就是由它的工程量与单位工程量的造价（即工程单价）组成的，即

工程造价＝工程量×工程单价

3. 价格构成原理

工程产品也是一种商品。根据经济学理论可知，商品的价值 W 是由物化劳动价值 C、活劳动价值 V 和新增价值 M 3 部分组成，即 $W=C+V+M$。物化劳动价值 C 是生产过程中所耗费的劳动对象和劳动工具的价值，活劳动价值 V 是生产过程中劳动者为自己劳动所创造的价值，新增价值 M 是劳动者为社会劳动所创造的价值。

商品价格是商品价值的货币表现，工程产品的造价也是以工程产品的价值为基础，在工程产品的生产中，活劳动价值表现为生产人员的工资（人工费），物化劳动价值表现为所用材料的费用（材料费）和使用施工机具的费用（机具费），新增价值表现为生产企业的利润和向政府缴纳的税费。

工程单价就是单位工程量的造价，它是由单位工程量所包含的人工费、材料费、机具费和其他费用构成的，即

$$
\begin{aligned}
\text{工程单价} &= \text{人工费}+\text{材料费}+\text{机具费}+\text{其他费用} \\
&= \sum \text{单位工程量的人工使用量}\times\text{人工单价} \\
&\quad + \sum \text{单位工程量的材料消耗量}\times\text{材料单价} \\
&\quad + \sum \text{单位工程量的机具使用贯}\times\text{机具单价} \\
&\quad + \text{其他费用}
\end{aligned}
$$

式中的人工单价、材料单价、机具单价是构成工程单价的基本生产要素的价格，称之为基础单价；单位工程量所消耗的人工、材料和机具的数量，在通常情况下应该有一个合理的标准，这种规定在单位工程量中的资源消耗数量标准就被称为消耗量定额，简称“定额”。

需要说明的是，式中的其他费用除企业利润和税费外，还包括生产企业的管理费用，因为式中的人工费、材料费和机具费只是直接用于工程产品的部分。

4. 组合计价原理

工程产品具有实体形态庞大、结构复杂且各不相同等特点，每个工程产品的造价构成异常复杂，无法以工程整体作为计价单元。因此，为了能够准确地计算工程产品的造价，就需要借助科学的方法将一个庞大复杂的工程产品，按照其实体构成分门别类、由大到小、自上而下地逐层分解，最终分解成许多结构简单、施工内容单一且便于计算建

造费用的工程基本构造要素。在计算出每个工程基本构造要素的造价后，再按照与分解相反的方向、自下而上的逐层汇总工程造价，汇总到最上层便得到整个工程产品的造价。

工程项目通常可以按照单项工程、单位工程、分部工程和分项工程逐级分解，因此：

分部工程造价$=\sum$工程基本构造要素（分项工程）造价

单位工程造价$=\sum$分部工程造价

单项工程造价$=\sum$单位工程造价

工程项目造价$=\sum$单项工程造价

工程项目通过分解后得到的每一个工程基本构造要素，不仅是工程造价计算的基本单元，也是定额分析和工程量计算的基本单元，通常称作计价项目。

5. 价格竞争原理

工程项目的价格竞争原理内容：工程项目的价格在经过费用的组合后，形成的是承包商的成本控制价，体现的是工程项目价值的实际货币表现。但在承发包市场上，工程项目的价格还要通过市场的竞争最终确定。其中市场的竞争主要表现在 3 个方面：

（1）承包商间的竞争。在承发包市场上，任何工程都可由多个承包商承包。同等条件下，报价低同时服务优质的承包商更具竞争力，更容易获得工程承包权，否则其竞争力就弱，难以获得承包权。在争夺承包权中，承包商间激烈竞争，常会采用低价策略。

（2）业主间的竞争。在承发包市场上，业主因为自身的某些原因，如早日建成的迫切愿望，造成一时的需求方众多，从而形成一定时段内业主间的竞争激烈的现象，造成工程价格上涨。

（3）业主与承包商间的竞争。众多的承包商想获得工程，业主想把工程发包出去，两方的竞争对工程价格的影响取决于市场状况和两者优势地位的对比。若供过于求，承包商间的竞争激烈程度必然高于业主方间的竞争程度，业主方处于优势地位，必然会迫使承包商整体降低报价。反之，必然迫使业主整体提高工程价格。

三、工程计价的程序

根据工程计价的基本原理可知，对于一个特定的工程项目进行计价，首先要对项目自上而下层层划分，直至得到结构简单、施工内容单一的工程基本构造要素；然后分别计算工程基本构造要素的工程量和工程单价，并据此计算每个工程基本构造要素的造价；最后再自下而上逐层汇总各级工程的造价，汇总至顶层得到整个项目的造价。工程计价的一般流程如图 1－5 所示。

在实际工作中，工程基本构造要素的定额通常采用已有的定额，不可能也没有必要在做每个工程的计价时都进行定额分析，而是使用他人或者自己已经编制的、通用的定额。因为定额反映了单位工程量中人、材、机的消耗量，它对工程基本构造要素的划分有自己特定的界定，所以项目划分，特别是工程基本构造要素的范围和内容的划分，必须按照所用定额的规则进行。

对于建筑安装工程而言，其招标控制价、施工企业工程投标报价、竣工结算价的计价程序分别见表 1－2～表 1－4。

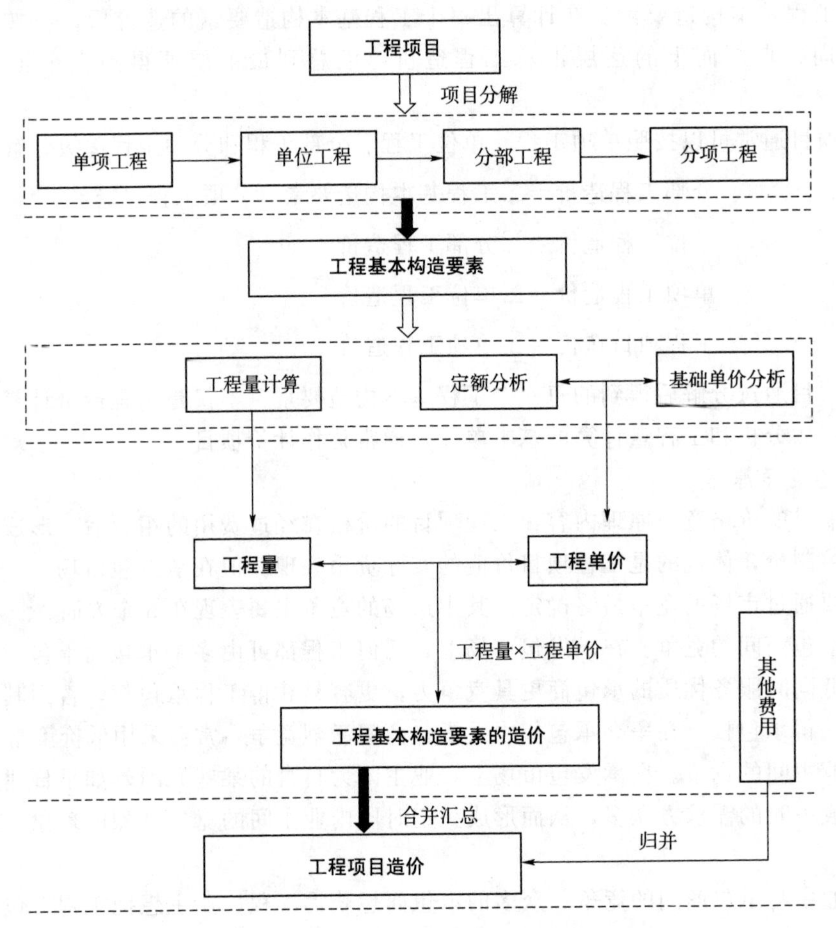

图1-5　工程计价的一般流程示意图

表1-2　建设单位工程招标控制价计价程序示意

序号	内　容	计算方法	金额/元
1	分部分项工程费	按计价规定计算	
2	措施项目费	按计价规定计算	
2.1	其中：安全文明施工费	按规定标准计算	
3	其他项目费		
3.1	其中：暂列金额	按计价规定估算	
3.2	其中：专业工程暂估价	按计价规定估算	
3.3	其中：计日工	按计价规定估算	
3.4	其中：总承包服务费	按计价规定估算	
4	规费	按规定标准计算	
5	税金（扣除不列入计税范围的工程设备金额）	（1＋2＋3＋4）×规定税率	
招标控制价合计＝1＋2＋3＋4＋5			

表 1-3　　施工企业工程投标报价计价程序示意

序号	内　容	计算方法	金额/元
1	分部分项工程费	自主报价	
2	措施项目费	自主报价	
2.1	其中：安全文明施工费	按规定标准计算	
3	其他项目费		
3.1	其中：暂列金额	按招标文件提供金额计列	
3.2	其中：专业工程暂估价	按招标文件提供金额计列	
3.3	其中：计日工	自主报价	
3.4	其中：总承包服务费	自主报价	
4	规费	按规定标准计算	
5	税金（扣除不列入计税范围的工程设备金额）	（1+2+3+4）×规定税率	
投标报价合计=1+2+3+4+5			

表 1-4　　竣工结算计价程序示意

序号	汇总内容	计算方法	金额/元
1	分部分项工程费	按合同约定计算	
2	措施项目	按合同约定计算	
2.1	其中：安全文明施工费	按规定标准计算	
3	其他项目		
3.1	其中：专业工程结算价	按合同约定计算	
3.2	其中：计日工	按计日工签证计算	
3.3	其中：总承包服务费	按合同约定计算	
3.4	索赔与现场签证	按发承包双方确认数额计算	
4	规费	按规定标准计算	
5	税金（扣除不列入计税范围的工程设备金额）	（1+2+3+4）×规定税率	
竣工结算总价合计=1+2+3+4+5			

四、工程计价的基本方法

我国的工程造价计价方法有两种：①工程造价的定额计价方法；②工程造价的工程量清单计价方法。

（一）方法介绍

1. 定额计价方法

我国在很长一段时间内采用单一的定额计价模式形成工程价格，即按预算定额规定的分部分项子目，逐项计算工程量，套用预算定额单价或单位估价表确定人工费、材料费、施工机具使用费，在此基础上确定出企业管理费、利润、规费和税金，加上材料调差系数和适当的不可预见费，经汇总后即为工程预算或标底，而标底则作为评标定标的主要依据。以定额单价法确定工程造价，是我国采用的一种与计划经济相适应的工程造价管理制度。定额计价实际上是国家通过颁布统一的计价定额或指标，对建筑产品价格进行有计划的管理。国家以假定的建筑安装产品为对象，制定统一的预算和概算定额。计算出每一单元子项的费用后，再综合形成整个工程的价格。

2. 工程量清单计价方法

工程造价工程量清单计价方法是区别于传统的定额计价方法的一种新的计价模式，即市场定价的模式。它是由建设工程产品的买方和卖方在建设市场上根据供求关系的状况，掌握工程造价信息的情况下进行公平、公开的竞争定价，从而最终形成工程价格即工程造价的方法。在工程量清单计价过程中，工程量清单向建设市场的交易双方提供了一个平等的平台，是投标人在投标活动中进行公正、公平、公开竞争的重要基础。建设工程采用工程量清单计价方法是市场经济下形成的工程造价计价的新模式，也是国际上通行的做法。但考虑到我国目前工程建设管理体制的实际情况，在工程造价计价中采用两种计价模式即定额计价方法和工程量清单计价方法并存。工程量清单计价方法是目前我国大力推行的工程计价方法。

（二）定额计价与工程量清单计价的比较

1. 采用的计价模式不同

定额计价，按国家统一的定额计算工程量，计算出的工程造价实际是社会平均价，无法形成竞争。工程量清单计价实行量价分离，依据统一的工程量计算规则，按照施工设计图纸和招标文件的规定，由企业自行编制。建设项目工程量由招标人提供，投标人根据自身管理水平和市场行情，自主报价，真正体现市场竞争形成价格的原则。

2. 采用的单价方法不同

定额计价采用的是工料单价，它只包括人工、材料、机械费。工程量清单计价采用综合单价法，综合单价是指除了包括人工、材料、机械费外还包括管理费和利润，并考虑风险因素，是除规费和税金的全费用单价。

3. 结算的要求不同

定额计价，结算时按定额规定工料单价计算，调整内容往往较多，工作比较繁琐，容易引起纠纷。工程量清单计价，是工程结算时按合同中事先确定综合单价的规定执行，综合单价一般情况下不变，工程量可以调整。

4. 项目划分不同

定额计价的项目划分按施工的工序列项，采用实体和措施项目结合，不能充分发挥市场竞争作用。工程量清单计价的项目按工程实体划分，实体和措施项目分离，加大了承包企业的竞争力度，鼓励企业充分发挥自身的优势。

5. 工程量计算规则不同

定额计价的工程量是按实物加上人为规定的预留量等因素计算的。清单计价的工程量是按实体的净值计算的。

6. 合同形式不同

定额计价一般是总价合同。而工程量清单计价采用综合单价，具有直观和相对固定的特点，工程量发生变化时，除超过一定范围外，单价一般不作调整。

7. 风险处理不同

定额计价的风险只在投标方，所有的风险在不可预见费中考虑。清单计价使承包人和发包人合理承担风险，投标人对自己所报的成本、综合单价承担全部风险，综合单价一经确定，结算时不可以调整，除非工程量有变化。当然，招标人的工程量要计算准确，这部分风险由招标人承担。

（三）工程量清单计价方法

为规范工程造价计价行为，统一建设工程工程量清单的编制和计价方法，适应工程建设招投标市场的深入发展，在总结工程量清单计价改革经验的基础上，住房和城乡建设部标准定额司对《建设工程工程量清单计价规范》（GB 50500—2008）进行修订，形成了新的国家标准《建设工程工程量清单计价规范》（GB 50500—2013）。

1. 工程量清单计价规范概述

工程量清单计价，是我国改革现行的工程造价计价方法和招标投标中报价方法与国际通行惯例接轨所采取的一种方式。

长期以来我国沿袭苏联工程造价计价模式，建筑工程项目或建筑产品实行“量价合一、固定取费”的政府指令性计价模式，即“定额预算计价法”。这种方法按预算定额规定的分部分项子目，逐项计算工程量，套用定额单价（或单位估价表）确定直接费，然后按规定的取费标准计算其他直接费、现场经费、间接费、利润、税金、加上材料价差和适当的不可预见费，经汇总即成为工程预算价，用作标底和投标报价。这种方法千人一面，重复“算量、套价、取费、调差（扯皮）”的模式，使本来就千差万别的工程造价，却统一在预算定额体系中；这种方法计算出的标价看起来似乎很准确详细，但其中的弊端也是显而易见的，其表现在：①浪费了大量的人力物力，好几套人马都在做工程量计算的重复劳动；②违背了我国工程造价实行“控制量、指导价、竞争费”的改革原则，与市场经济的要求极不适应；③导致业主和承包商没有市场经济风险意识；④标底的保密难以保证；⑤不利于施工企业技术的进步和管理水平的提高。

目前，“定额预算计价法”世界上只有中国、俄罗斯和非洲的贝宁在使用，国际上通行的工程造价计价方法，一般都不依赖由政府颁布定额和单价，凡涉及人工、材料、机械等费用价格都是根据市场行情来决定的。

由于工程造价计价的主要依据是工程量和单价两大要素，所以任何国家或地区的工程造价管理基本体制主要体现在对于工程项目的“量”和“价”这两个方面的管理和控制模式上。从世界各国的情况来看，工程造价管理的主要模式有：

（1）美国模式：美国的做法是竞争性市场经济的管理体制，根据历史统计资料确定工程的“量”，根据市场行情确定工程的“价”，价格最终由市场决定。

（2）英联邦模式：英联邦的做法是政府间接管理，“量”有章可循，“价”由市场调节。即由政府颁布统一的工程量计算规则，并定期公布各种价格指数，工程造价是依据这些规则计算工程量，通过自由报价和竞争后形成的。

（3）日本模式：日本的做法是政府相对直接管理，有统一的工程量计算规则和计价基础定额，但量价分离，政府只管工程实物消耗，价格由咨询机构采集提供，作为计价的依据。

除了以上3种主要模式外，还有：

法国的做法是没有向社会发布定额单价，一般是以各个工程积累的数据做参数，大公司都有自己的定额单价。

德国的做法是与国际上习惯采用的FIDIC要求一致，即由工程数量乘以单价，而工程数量和项目均在招标书中全部列出，投标人则按综合单价和总价进行报价。

综上所述，采用工程量清单方式计价和报价，是国际上通行的做法，是我国改革现行的工程造价计价方法和招标投标中报价方法的一种全新方式，是与国际通行惯例接轨的一种借鉴。

2. 现行《建设工程工程量清单计价规范》(GB 50500—2013)

2013版《建设工程工程量清单计价规范》(简称新《计价规范》)的编制是对2008版《建设工程工程量清单计价规范》(简称原《计价规范》)的修改、补充和完善，它不仅较好地解决了原《计价规范》执行以来存在的主要问题，而且对清单编制和计价的指导思想进行了深化，在"政府宏观调控、部门动态监管、企业自主报价、市场决定价格"的基础上，新《计价规范》规定了合同价款约定、合同价款调整、合同价款中期支付、竣工结算支付以及合同解除的价款结算与支付、合同价款争议的解决方法，展现了加强市场监管的措施，强化了清单计价的执行力度。

2013版《建设工程工程量清单计价规范》的主要内容如下：

(1) 专业划分。新《计价规范》将原《计价规范》中的6个专业(建筑、装饰、安装、市政、园林、矿山)，重新进行了精细化调整，调整后分为以下9个专业：

1) 将建筑与装饰专业合并为1个专业。

2) 将仿古从园林专业中分开，拆解为1个新专业。

3) 新增了构筑物、城市轨道交通、爆破工程3个专业。

(2) 责任划分。新《计价规范》对原《计价规范》里诸多责任不够明确的内容做了明确的责任划分和补充。

1) 阐释了招标工程量清单和已标价工程量清单的定义。

2) 规定了计价风险合理分担的原则。

3) 规定了招标控制价出现误差时投诉与处理的方法。

4) 规定了合同价款调整中法律法规变化、工程变更、项目特征描述不符、工程量清单缺项、工程量偏差、物价变化等的解决办法与计算公式。

(3) 可执行性。

1) 增强了与合同的契合度，需要造价管理与合同管理相统一。

2) 明确了术语的概念，要求提高使用术语的精确度。

3) 提高了合同各方面风险分担的强制性，要求发、承包双方明确各自的风险范围。

4) 细化了措施项目清单编制和列项的规定，加大了工程造价管理复杂度。

5) 改善了计量、计价的可操作性，有利于结算纠纷的处理。

(4) 合同价款调整更加完善。凡出现以下情况之一者，发承包双方应当调整合同价款：

1) 法律法规变化。

2) 工程变更。

3) 项目特征描述不符。

4) 工程量清单缺项。

5) 工程量偏差。

6) 物价变化。

7）暂估价。

8）计日工。

9）现场签证。

10）不可抗力。

11）提前竣工（赶工补偿）。

12）误期赔偿。

13）索赔。

14）暂列金额。

15）发承包双方约定的其他调整事项。

（5）风险分担。强制了计价风险的分担原则，明确了应由发、承包人各自分别承担的风险范围和应由发、承包双方共同承担的风险范围以及完全不由承包人承担的风险范围。

（6）招标控制价编制、复核、投诉、处理的方法、程序更加法治和明晰。

3.“营改增”背景下工程量清单计价法的计算程序

根据《关于建筑业实施营改增后江苏省建设工程计价依据调整的通知》（苏建价〔2016〕154号）的规定，“营改增”后工程量清单计价法的计算程序进行了重新规定，见表1－5。

表1－5　“营改增”后工程量清单法计算程序（包工包料）

序号	费用名称		计算公式
一	分部分项工程费		清单工程量×除税综合单价
	其中	1. 人工费	人工消耗量×人工单价
		2. 材料费	材料消耗量×除税材料单价
		3. 施工机具使用费	机械消耗量×除税机械单价
		4. 管理费	（1＋3）×费率或（1）×费率
		5. 利润	（1＋3）×费率或（1）×费率
二	措施项目费		
	其中	单价措施项目费	清单工程量×除税综合单价
		总价措施项目费	（分部分项工程费＋单价措施项目费－除税工程设备费）×费率或以项计费
三	其他项目费		
四	规费		（一＋二＋三－除税工程设备费）×费率
	其中	1. 工程排污费	
		2. 社会保险费	
		3. 住房公积金	
五	税金		[一＋二＋三＋四－（除税甲供材料费＋除税甲供设备费）/1.01]×税率
六	工程造价		一＋二＋三＋四－（除税甲供材料费＋除税甲供设备费）/1.01＋五

注　按照规定，甲供材料和甲供设备费用应在计取现场保管费后，在税前扣除。现行规定甲供材料和甲供设备现场保管费费率为1%，故在计算税金时，对于甲供材料和甲供设备费用需要通过公式：（除税甲供材料费＋除税甲供设备费）/1.01计算。

第二章　工　程　定　额

第一节　工程定额原理及分类

一、工程定额的概念及性质

(一) 工程定额的概念

“定额”一词中,“定”解释为“规定”,“额”解释为“额度”或“限度”。从广义上讲,“定额”就是规定在产品生产中人力、物力或资金消耗的标准额度和限度,即标准或尺度。

定额是企业管理的一门分支学科,形成于 19 世纪末。企业管理成为科学始于弗·温·泰罗 (1856—1915),他是 19 世纪末的美国工程师。为了解决和提高工人的劳动效率,从 1880 年开始,他进行了各种实验,努力把当时科学技术的最新成就应用于企业管理。泰罗通过研究,于 1911 年出版了著名的《科学管理原理》一书,由此开创了科学管理的先河,并提出了一整套系统的、标准的科学管理方法,形成了有名的“泰罗制”。“泰罗制”的核心是:制定科学的工时定额,实行标准的操作方法,强化和协调职能管理,实行有差别的计件工资制。

我国工程定额的产生由来已久。早在北宋时期,我国著名的古代土木建筑学家李诫在 1100 年编修了《营造法式》。后有清工部的《工程做法则例》,其中有很多内容是说明工料计算方法的。但是直到新中国成立以后,我国的工程定额才逐渐建立和日趋完善。在 20 世纪 50 年代吸取了苏联定额编制工作的经验,20 世纪 70 年代后期又参考和借鉴了欧美和日本等国家对定额进行科学管理的方法,同时结合我国工程发展的情况,编制了切实可行的定额。1955 年中国国家建设委员会建筑工程部编制了全国统一的建筑安装工程预算定额。1957 年国家建设委员会在 1955 年定额的基础上进行了修订,重新编制了全国统一的建筑工程预算定额。这以后国家建设委员会又将预算定额的编制和管理工作下放到省、市、自治区。1981 年国家建设委员会组织编制了《建筑工程预算定额(修改稿)》。1992 年建设部又制定了《全国统一建筑装饰工程预算定额》。1995 年建设部颁发了《全国统一建筑工程基础定额(土建部分)》。而后各省、市、自治区又在此基础上先后修订和编制了本地区的建筑工程预算定额。2002 年建设部颁布了《全国统一建筑装饰装修工程消耗量定额》。定额每隔 3～5 年就要修编一次,修编工作已经进入了常态化。伴随着计价制度从国家定价—国家指导价—国家调控价的变化,定额也逐渐从计划经济下的政府统一定额发展为市场经济下的企业定额与政府定额并存。

在工程施工过程中,为了完成一定的合格产品,就必须消耗一定数量的人工、材料、机械台班和资金。这种消耗的数量受各种生产因素及生产条件的影响。简单地讲,工程定额就是指在合理地组织劳动力以及合理地使用材料和机械的条件下,完成单位合格产品所必须消耗的资源数量标准。如浇筑 10m³ 的 C20 混凝土带形基础，材料需用 10.15m³ 的 C20 混凝土，人工需 9.56 工日。它反映出了建筑产品和生产资源消耗之间的数量关系。

定额中规定资源消耗的多少反映了定额水平，定额水平是一定时期社会生产力的综合反映。在制定工程定额、确定定额水平时，要正确、及时地反映先进的建筑技术和施工管理水平，以促进新技术的不断推广和提高。促进施工管理的不断完善，以达到合理使用建设资金的目的。

（二）工程定额的性质

工程定额的性质体现在以下几个方面。

1. 定额的科学性

工程定额的制定是在当时的实际生产力水平条件下，在实际生产中大量测定、综合、分析研究，广泛搜集资料的基础上制定出来的；是在认真研究客观规律的基础上，自觉遵循客观规律的要求，用科学的方法确定各项消耗量标准，能正确地反映当前建筑业生产力水平的。

2. 定额的法令性

工程定额是由国家或其授权机关组织编制和颁发的一种法令性指标。在执行范围之内，任何单位都必须严格遵守和执行，未经原制定单位批准，不得任意改变其内容和水平。如需进行调整、修改和补充，必须经授权部门批准，必须在内容和形式上同原定额保持一致。因此，定额具有经济法规的性质。

3. 定额的群众性

定额的群众性是指定额的制定和执行都要有广泛的群众基础，它的制定通常采用工人、技术人员、专职定额人员三结合的方式，使拟定的定额能够从实际出发，反映建筑安装工人的实际水平，并保持一定的先进性。定额的执行只有依靠广大职工的生产实践活动才能完成。

4. 定额的相对稳定性和可变性

定额中所规定的各项消耗量标准，是由一定时期的社会生产力水平所决定的。随着科学技术和管理水平的提高，社会生产力的水平也必然提高，但社会生产力的发展有一个由量变到质变的过程，有一个变动周期。因此，定额的执行也有一个相对稳定的过程。当生产条件变化，技术水平有了较大的提高，原有定额已不能适应生产需要时，授权部门会根据新的情况对定额进行修订和补充。所以，定额不是固定不变的，但也绝不是朝定夕改，它有一个相对稳定的执行期间，地区和部门定额一般在 5～8 年，国家定额一般在 8～10 年。

5. 定额的针对性

工程定额的针对性很强，一种产品（或工序）一项定额，而且一般不能相互套用。一项定额，它不仅是该产品（或工序）的资源消耗的数量标准，而且还规定了完成该产品（或工序）的工作内容、质量标准和质量要求。它具有较强的针对性，应用时不能随意套用。

二、工程定额的分类及作用

（一）工程定额的分类

1. 按生产要素分类

建设工程定额按照其生产要素可分为：劳动定额、材料消耗定额和机械台班使用定额。这种定额分类方法直接反映生产某种单位合格产品所必须具备的基本生产要素，因此，这 3 种定额是其他各种定额的基本组成部分。

（1）劳动消耗定额。为完成单位合格产品所必需的劳动消耗标准，又称为人工定额。包括时间定额、产量定额。

1）时间定额。为完成单位合格产品所必需消耗的工作时间标准。

$$\text{单位产品时间定额（工日）} = \frac{1}{\text{每个工日的产量标准}}$$

时间定额包括基本生产时间、准备时间与结束时间、辅助生产时间、不可避免的中断时间以及工人必需的休息时间。

2）产量定额。在单位工日中所应完成的合格产品数量标准。

$$\text{工日产量定额} = \frac{1}{\text{生产单位合格产品的时间标准（工日）}}$$

（2）材料消耗定额。生产单位合格产品所必需消耗的材料数量标准。

材料消耗量＝净用量＋损耗量

损耗量＝净用量×损耗率

材料消耗量＝净用量×（1＋损耗率）

例如：砌筑 $1m^3$ 的 1 砖外墙，需消耗：

240mm×115mm×53mm 的标准砖	536 块
M5 级混合砂浆	$0.234m^3$
32.5 级水泥	0.30kg
水	$0.107m^3$
周转木材	$0.0002m^3$
铁钉	0.002kg

（3）机械消耗定额。完成单位合格产品所必需消耗的施工机械数量标准。

1）时间定额。完成单位合格产品所必需消耗的施工机械台班数量标准。

$$\text{机械时间定额} = \frac{1}{\text{每个台班的产量标准}}$$

2）产量定额。某种机械在 1 个台班时间内必须完成合格产品的数量标准。

$$\text{机械台班产量定额} = \frac{1}{\text{生产单位合格产品的台班数量标准}}$$

2. 按定额编制程序和用途分类

按编制程序和用途可将定额分为施工定额、预算定额和概算定额等。

（1）施工定额。该类是施工企业直接用于建设工程施工管理的一种定额。它是以同一性质的施工过程或工序为制定对象，确定完成一定计量单位的某一施工过程或工序所需人工、材料和机械台班消耗的数量标准。

（2）预算定额。预算定额是建筑安装企业在单位工程基本构造要素上消耗的人工、材料和机械台班的数量及价值量标准。它不仅规定消耗量指标，也包括工程内容和工程质量等要求。

（3）概算定额。该类定额是指完成一定计量单位的建筑工程扩大结构构件，分部工程或扩大分项工程所需要的人工、材料、机械消耗量和费用的数量标准。

3. 按定额管理层次和执行范围分类

(1) 全国统一定额。它是由国家主管部门或授权单位综合全国工程建设单位在施工技术、组织管理等方面的一般情况编制的，并在全国范围内执行的定额。

(2) 主管部门颁布定额。它是根据国民经济主管部门施工生产的特点和管理水平，以国家颁布的标准、规范和定额水平为基础编制的，仅在本部门本行业范围内执行的定额。这类定额的专业性强，一般具有“专业专用”的性质。

(3) 地方定额。它是由各省、自治区、直辖市，根据本地区的具体情况编制，并仅在规定地区范围内执行的定额。

(4) 企业定额。它是由企业根据本身的技术和经济条件，按照国家和地方颁布的标准、规范编制的仅在企业内部使用的定额。它是一个企业自身的劳动生产率、成本降低率、机械利用率、管理费用节约率与主要材料进价水平的集中体现。

企业定额水平一般应高于国家现行定额水平，它是企业内部管理的基础，是企业确定工程投标报价的依据。

4. 其他分类

按投资费用性质，可分为建筑安装工程定额、设备工器具购置费定额和建设工程其他费用定额。

按适用专业，可分为建筑安装工程定额、设备安装定额、公路工程定额、铁路工程定额以及井巷工程定额等。

按定额自然属性，可分为生产性定额和计价定额。其中人工定额和施工定额属于生产性定额，用于考核生产活动情况；概、预算定额是计价定额，用于确定工程造价。

(二) 工程定额的作用

工程定额是一切企业实行科学管理的必备条件，没有定额就没有科学管理。工程定额的作用主要表现在以下几个方面。

1. 工程定额是编制施工组织计划的基础

无论是国家还是企业的计划，都直接或间接地以各种定额作为计算人力、物力、财力等各种资源需要量的依据，所以工程定额是编制各类施工组织计划的基础。

2. 工程定额是确定成本的依据

任何工程实施过程中所消耗的人工、材料以及机械台班的数量，都是构成工程建设成本的决定性因素，而它们的消耗量又是根据定额决定的，因此定额是核算工程建设成本的依据。

3. 工程定额是贯彻按劳分配原则的尺度

由于工时消耗定额具体落实到每个劳动者身上，因此，可用定额来对每个工人所完成的工作进行考核，确定他们所完成的劳动量，并以此来决定支付给他们的劳动报酬。

4. 工程定额是加强施工企业管理的重要工具

工程定额本身是一种法定标准，因此，要求每一个执行的人都必须严格按照定额的要求，并在生产过程中进行监督，从而达到提高劳动生产率、降低成本的目的。同时，施工企业在计算和平衡资源需要量、组织材料供应、编制施工进度计划和作业计划、组织劳动力、签发任务书、考核工料消耗、实行承包责任制等一些系统管理工作时，需要以定额作为计算标准，所以它是加强施工企业管理的重要工具。

5. 工程定额是总结先进生产方法的手段

工程定额是在先进、合理的条件下，通过对生产过程的观察、实测、分析、研究、综合后制定的，它可以准确地反映出生产技术和劳动组织的先进、合理程度。因此，可以用定额标定的方法，对同一产品在同一操作条件下的不同的生产方法进行观察、分析和研究，从而总结出比较完善的生产方法，然后再经过试验，在生产中进行推广运用。

三、施工定额

（一）施工定额的概念

施工定额，是施工企业为组织生产和加强管理在企业内部使用的一种定额，属于企业定额的性质。它是建筑安装工人在合理的劳动组织或工人小组在正常施工条件下，为完成单位合格产品，所需劳动、机械、材料消耗的数量标准。它由劳动定额、机械定额和材料定额 3 个相对独立的部分组成。施工定额是施工企业内部经济核算的依据，也是编制预算定额的基础。

要准确理解施工定额的概念，有必要理解施工定额的本质：

（1）施工定额属于企业定额。它是施工企业根据自身的施工技术和管理水平编制的，仅限于企业内部进行经营管理、成本核算和投标报价使用的定额。

（2）施工定额属于生产性定额。它的主要作用是为安排施工作业进度计划、实行计件工资、签发任务单、限额领料、计算超额奖和节约奖等使用的定额。

（3）施工定额以工程基本构造要素，甚至以工序为标定对象，综合程度较低。

（4）施工定额的定额水平一般取平均先进水平，即在正常的施工和生产条件下，大多数人经过努力可以达到甚至超过，少数人经过努力可以接近的水平。

（5）施工定额是工程定额体系中最基础性的定额，是编制预算定额的基础。

（二）施工定额的作用

施工定额是以同一性质的施工过程——工序作为研究对象，表示生产产品数量与时间消耗综合关系的定额。

施工定额在施工企业管理工作中的作用主要表现在以下几个方面：

（1）施工定额是施工企业计划管理的依据。施工定额在施工企业计划管理方面的作用，表现在它既是施工企业编制施工组织设计的依据，又是施工企业编制施工作业计划的依据。

施工组织设计是指导拟建工程进行施工准备和施工生产的技术经济文件，其基本任务是根据招标文件及合同协议的规定，确定出经济合理的施工方案，在人力和物力、时间和空间、技术和组织上对拟建工程作出最佳安排。

施工作业计划则是根据施工企业的施工计划、拟建工程施工组织设计和现场实际情况编制的，它是以实现企业施工计划为目的的具体执行计划，也是队、组进行施工的依据。因此，施工组织设计和施工作业计划是企业计划管理中不可缺少的环节。这些计划的编制必须依据施工定额。

(2) 施工定额是组织和指挥施工生产的有效工具。施工企业组织和指挥施工队、组进行施工，是按照作业计划通过下达施工任务书和限额领料单来实现的。

(3) 施工定额是计算工人劳动报酬的依据。

(4) 施工定额是施工企业激励工人的目标条件。

(5) 施工定额有利于推广先进技术。

(6) 施工定额是编制施工预算，加强施工企业成本管理和经济核算的基础。

(7) 施工定额是编制工程建设定额体系的基础。

(三) 施工定额的编制原则

施工定额的编制原则包括：

(1) 平均先进原则：指在正常的施工条件下，大多数生产者经过努力能够达到和超过的水平，企业施工定额的编制应能够反映比较成熟的先进技术和先进经验，有利于降低工料消耗，提高企业管理水平，达到鼓励先进，勉励中间，鞭策落后的水平。

(2) 简明适用性原则：企业施工定额设置应简单明了，便于查阅，计算要满足劳动组织分工，经济责任与核算个人生产成本的劳动报酬的需要。同时，企业自行设定的定额标准也要符合《建设工程工程量清单计价规范》“四个统一”的要求，定额项目的设置要尽量齐全完备，根据企业特点合理划分定额步距，常用的对工料消耗影响大的定额项目步距可小一些，反之步距可大一些，这样有利于企业报价与成本分析。

(3) 以专家为主编制定额的原则：企业施工定额的编制要求有一支经验丰富，技术与管理知识全面，有一定政策水平的专家队伍，可以保证编制施工定额的延续性、专业性和实践性。

(4) 坚持实事求是，动态管理的原则：企业施工定额应本着实事求是的原则，结合企业经营管理的特点，确定工料各项消耗的数量，对影响造价较大的主要常用项目，要多考虑施工组织设计，先进的工艺，从而使定额在运用上更贴近实际、技术上更先进，经济上更合理，使工程单价真实反映企业的个别成本。

此外，还应注意到市场行情瞬息万变，企业的管理水平和技术水平也在不断地更新，不同的工程，在不同的时段，都有不同的价格，因此企业施工定额的编制还要注意便于动态管理的原则。

(5) 企业施工定额的编制还要注意量价分离，独立自产，及时采用新技术、新结构、新材料、新工艺等原则。

四、预算定额

(一) 预算定额的概念

预算定额，也称为消耗量定额，是指根据合理的施工组织设计，按照正常施工条件制定，生产单位合格质量的工程构造要素，所需人工、材料和机械台班的社会平均消耗数量标准。

预算定额不同于施工定额，它不是企业内部使用的定额，不具有企业定额的性质。预算定额是一种具有广泛用途的计价定额。因此，须按照价值规律的要求，以社会必要劳动时间来确定预算定额的定额水平。即以本地区、现阶段、社会正常生产条件及社会平均劳动熟练程度和劳动程度，来确定预算定额水平。这样的定额水平，才能使大多数施工企业经过努力，能够用产品的价格收入来补偿生产中的消费，并取得合理的利润。

预算定额是以施工定额为基础编制的。施工定额给出的是定额的平均先进水平，所以确定预算定额时，水平相对要降低一些。预算定额考虑的是施工中的一般情况，而施工定额考虑的是施工的特殊情况。预算定额实际考虑的因素比施工定额多，要考虑一个幅度差，幅度差是预算定额与施工定额的重要区别。所谓幅度差，是指在正常施工条件下，定额未包括，而在施工过程中又可能发生而增加的附加额。

总结起来，预算定额的本质有以下几个方面：

(1) 一般由建设行政主管部门或其授权单位组织编制、审批并公开发布执行，用于执行范围内的工程建设各参与方，作为各方对工程产品资源消耗标准的统一认识。

(2) 预算定额属于计价性定额，主要用于施工图预算或设计概算的编制。在施工企业缺乏施工定额时，可以替代施工定额，作为“定额计价法”中定额消耗量的依据。

(3) 预算定额的标定对象一般是工程基本构造要素，即分项工程或结构构件。它不需要向施工定额那样划分到工序。

(4) 预算定额水平一般取社会平均水平，预算定额反映的是社会必要劳动力，其定额水平一般较施工定额低5％～7％。

(二) 预算定额的种类

1. 按专业性质分

预算定额有建筑工程定额和安装工程定额两大类。建筑工程预算按适用对象又分为建筑工程预算定额、水利建筑工程概算定额、市政工程预算定额、铁路工程预算定额、公路工程预算定额、土地开发整理项目预算定额、通信建设工程费用定额、房屋修缮工程预算定额、矿山井巷预算定额等。安装工程预算定额按适用对象又分为电气设备安装工程预算定额、机械设备安装工程预算定额、通信设备安装工程预算定额、化学工业设备安装工程预算定额、工业管道安装工程预算定额、工艺金属结构安装工程预算定额、热力设备安装工程预算定额等。

2. 从管理权限和执行范围分

预算定额可分为全国统一定额、行业统一定额和地区统一定额等。全国统一定额由国务院建设行政主管部门组织制定和发布，行业统一定额由国务院行业主管部门制定和发布；地区统一定额由省、自治区、直辖市建设行政主管部门制定发布。

3. 按物资要素区分

预算定额可以分为人工定额、材料消耗定额和机械定额，但它们互相依存形成一个整体，作为预算定额的组成部分，各自不具有独立性。

(三) 预算定额的作用

预算定额的作用如下。

1. 预算定额是编制施工图预算、确定和控制建筑安装工程造价的基础

施工图预算是施工图设计文件之一，是控制和确定建筑安装工程造价的必要手段。编制施工图预算，除设计文件决定的建设工程的功能、规模、尺寸和文字说明是计算分部分项工程量和结构构件数量的依据外，预算定额是确定一定计量单位工程人工、材料、机械消耗量的依据，也是计算分项工程单价的基础。

2. 预算定额是对设计方案进行技术经济比较、技术经济分析的依据

设计方案在设计工作中居于中心地位。设计方案的选择要满足功能、符合设计规范，既要技术先进又要经济合理。根据预算定额对方案进行技术经济分析和比较，是选择经济合理设计方案的重要方法。对设计方案进行比较，主要是通过定额对不同方案所需人工、材料和机械台班消耗量等进行比较。这种比较可以判明不同方案对工程造价的影响。对于新结构、新材料的应用和推广，也需要借助于预算定额进行技术分项和比较，从技术与经济的结合上考虑普遍采用的可能性和效益。

3. 预算定额是施工企业进行经济活动分析的参考依据

实行经济核算的根本目的，是用经济的方法促使企业在保证质量和工期的条件下，用较少的劳动消耗取得预定的经济效果。中国的预算定额仍决定着企业的收入，企业必须以预算定额作为评价企业工作的重要标准。企业可根据预算定额，对施工中的劳动、材料、机械的消耗情况进行具体的分析，以便找出低工效、高消耗的薄弱环节及其原因。为实现经济效益的增长由粗放型向集约型转变，提供对比数据，促进企业提供在市场上的竞争的能力。

4. 预算定额是编制标底、投标报价的基础

在深化改革中，在市场经济体制下预算定额作为编制标底的依据和施工企业报价的基础的作用仍将存在，这是由于它本身的科学性和权威性决定的。

5. 预算定额是编制概算定额和估算指标的基础

概算定额和估算指标是在预算定额基础上经综合扩大编制的，也需要利用预算定额作为编制依据，这样做不但可以节省编制工作中的人力、物力和时间，收到事半功倍的效果，还可以使概算定额和概算指标在水平上与预算定额一致，以避免造成执行中的不一致。

（四）预算定额的编制原则

预算定额的编制原则如下。

1. 社会平均水平原则

预算定额理应遵循价值规律的要求，按生产该产品的社会平均必要劳动时间来确定其价值。也就是说，在正常的施工条件下，以平均的劳动强度、平均的技术熟练程度，在平均的技术装备条件下，完成单位合格产品所需的劳动消耗量就是预算定额的消耗水平。

2. 简明适用的原则

预算定额要在适用的基础上力求简明。由于预算定额与施工定额有着不同的作用，所以对简明适用的要求也是不同的，预算定额是在施工定额的基础上进行扩大和综合的。它要求有更加简明的特点，以适应简化预算编制工作和简化建设产品价格的计算程序的要求。当然，定额的简易性也应服务于它的适用性的要求。

3. 坚持统一性和因地制宜的原则

所谓统一性，就是从培育全国统一市场规范计价行为出发，国家归口管理部门统一负责国家统一定额的制定或修订，有利于通过定额管理和工程造价的管理实现建筑安装工程价格的宏观调控。通过统一定额使工程造价具有统一的计价依据，也使考核设计和施工的

经济效果具备同一尺度。

所谓因地制宜，即在统一基础上的差别性。各部门和省（自治区、直辖市）主管部门可以在自己管辖的范围内，依据部门（地区）的实际情况，制定部门和地区性定额、补充性制度和管理办法，以适应中国幅员辽阔、地区间发展不平衡和差异大的实际情况。

4. 专家编审责任制原则

编制定额应以专家为主，这是实践经验的总结，编制要有一支经验丰富、技术与管理知识全面、有一定政策水平的、稳定的专家队伍。通过他们的辛勤工作才能积累经验，保证编制定额的准确性。同时要在专家编制的基础上，注意走群众路线，因为广大建筑安装工人是施工生产的实践者，也是定额的执行者，最了解生产实际和定额的执行情况及存在问题，有利于以后在定额管理中对其进行必要的修订和调整。

五、概算定额

（一）概算定额的概念

概算定额又称扩大结构定额，规定了完成单位扩大分项工程或单位扩大结构构件所必须消耗的人工、材料和机械台班的数量标准。概算定额是在预算定额基础上根据有代表性的通用设计图和标准图等资料，以主要工序为准，综合相关工序，进行综合、扩大和合并而成的定额。它是预算定额的综合扩大。

概算定额的本质体现在以下几个方面：

（1）概算定额也是一种计价性定额，是编制设计概算的依据。

（2）概算定额标定对象的综合性较高。概算定额同城以主要分项工程为标定对象，根据通用设计图和标准图等资料，将与之关联的其他分项工程进行合并，形成扩大分项工程或扩大结构构件，然后再综合它们的预算定额，得到扩大分项工程或扩大结构构件的概算定额。

（3）概算定额的定额水平也取社会平均水平，但由于其综合性更高，所包含的可变因素也更多，因此概算定额与预算定额之间允许有5%左右的幅度差。

（二）概算定额的作用

概算定额的作用体现在以下几个方面：

（1）概算定额是扩大初步设计阶段编制设计概算和技术设计阶段编制修正概算的依据。

（2）概算定额是对设计项目进行技术经济分析和比较的基础资料之一。

（3）概算定额是编制建设项目主要材料计划的参考依据。

（4）概算定额是编制概算指标的依据。

（5）概算定额是编制招标控制价和投标报价的依据。

（三）概算定额的编制依据

概算定额的编制依据包括：

（1）现行的预算定额。

（2）过去的预算定额。

（3）有关施工图的预算和结算资料。

(4) 选择的具有代表性的标准设计图纸和其他设计资料。

(5) 人工工资标准、材料预算价格和机械台班预算价格。

六、概算指标与投资估算指标

(一) 概算指标

1. 概算指标的概念

概算指标是在概算定额的基础上进一步综合扩大，其是以整个建筑物或构筑物为标定对象，并以建筑面积（m^2）、体积（m^3）或成套设备的“台”“组”为计量单位，规定所需人工、材料、机械台班消耗量和资金数量的定额指标。

2. 概算指标的作用

概算指标的作用体现在以下 3 个方面：

(1) 概算指标是基本建设管理部门编制投资估算和编制基本建设计划，估算主要材料用量计划的依据。

(2) 概算指标是设计单位编制初步设计概算、选择设计方案的依据。

(3) 概算指标是考核基本建设投资效果的依据。

3. 概算指标编制的原则

(1) 按平均水平确定概算指标的原则。

(2) 概算指标的内容和表现形式，要贯彻简明适用的原则。

(3) 概算指标的编制依据，必须具有代表性。

(二) 投资估算指标

1. 投资估算指标的概念

投资估算指标是以生产能力或使用功能的单位投资额（如元/t、元/kW 或元/m^2 等）表示的工程造价指标。投资估算指标是编制建设项目建议书、可行性研究报告等前期工作阶段投资估算的依据，也可以作为编制固定资产长远规划投资额的参考。投资估算指标为完成项目建设的投资估算提供依据和手段，它在固定资产的形成过程中起着投资预测、投资控制、投资效益分析的作用，是合理确定项目投资的基础。投资估算指标中的主要材料消耗量也是一种扩大材料消耗量指标，可以作为计算建设项目主要材料消耗量的基础。估算指标的正确制定对于提高投资估算的准确度、对建设项目的合理评估、正确决策具有重要意义。

2. 投资估算指标的编制原则

由于投资估算指标属于项目建设前期进行估算投资的技术经济指标，它不但要反映实施阶段的静态投资，还必须反映项目建设前期和交付使用期内发生的动态投资，以投资估算指标为依据编制的投资估算，包含项目建设的全部投资额。这就要求投资估算指标比其他各种计价定额具有更大的综合性和概括性。因此，投资估算指标的编制工作除应遵循一般定额的编制原则外，还必须坚持下述原则：

(1) 投资估算指标项目的确定，应考虑以后几年编制建设项目建议书和可行性研究投资估算的需要。

(2) 投资估算指标的分类、项目划分、项目内容、表现形式等要结合各专业的特点，并且要与项目建议书、可行性研究报告的编制深度相适应。

(3) 投资估算指标的编制内容，典型工程的选择，必须遵循国家的有关建设方针政策，符合国家技术发展方向，贯彻国家高科技政策和发展方向原则，使指标的编制既能反映现实的高科技成果，反映正常建设条件下的造价水平，也能适应今后若干年的科技发展水平。坚持技术上先进、可行和经济上的合理，力争以较少的投入求得最大的投资效益。

(4) 投资估算指标的编制要反映不同行业、不同项目和不同工程的特点，投资估算指标要适应项目前期工作深度的需要，而且具有更大的综合性。投资估算指标要密切结合行业特点，项目建设的特定条件，在内容上既要贯彻指导性、准确性和可调性的原则，又要有一定的深度和广度。

(5) 投资估算指标的编制要体现国家对固定资产投资实施间接调控作用的特点。要贯彻能分能合、有粗有细、细算粗编的原则，使投资估算指标能满足项目建议书和可行性研究各阶段的要求，既能反映一个建设项目的全部投资及其构成，又要能组成建设项目投资的各个单项工程投资。做到既能综合使用，又能个别分解使用。占投资比例大的建筑工程工艺设备，要做到有量、有价，根据不同结构形式的建筑物列出每 $100m^2$ 的主要工程量和主要材料量，主要设备也要列有规格、型号、数量。同时，要以编制年度为基期计价，有必要的调整、换算办法等。便于由于设计方案、选厂条件、建设实施阶段的变化而对投资产生影响作相应的调整，也便于对现有企业实行技术改造和改、扩建项目投资估算的需要，扩大投资估算指标的覆盖面，使投资估算能够根据建设项目的具体情况合理准确地编制。

(6) 投资估算指标的编制要贯彻静态和动态相结合的原则。要充分考虑到在市场经济条件下，由于建设条件、实施时间、建设期限等因素的不同，考虑到建设期的动态因素，即价格、建设期利息、固定资产投资方向调节税及涉外工程的汇率等因素的变动，导致指标的量差、价差、利息差、费用差等“动态”因素对投资估算的影响，对上述动态因素给予必要的调整办法和调整参数，尽可能减少这些动态因素对投资估算准确度的影响，使指标具有较强的实用性和可操作性。

3. 投资估算指标的内容

投资估算指标是确定和控制建设项目全过程各项投资支出的技术经济指标，其范围涉及建设前期、建设实施期和竣工验收交付使用期等各个阶段的费用支出，内容因行业不同而各异，一般可分为建设项目综合指标、单项工程指标和单位工程指标 3 个层次。

(1) 建设项目综合指标。建设项目综合指标指按规定应列入建设项目总投资的从立项筹建开始至竣工验收交付使用的全部投资额，包括单项工程投资、工程建设其他费用和预备费等。

建设项目综合指标一般以项目的综合生产能力单位投资表示，如“元/t”“元/kW”，或以使用功能表示，如医院的“元/床”。

(2) 单项工程指标。单项工程指标指按规定应列入能独立发挥生产能力或使用效益的单项工程内的全部投资额，包括建筑工程费、安装工程费、设备、工器具及生产家具购置费和其他费用。单项工程一般划分原则如下：

1) 主要生产设施。指直接参加生产产品的工程项目，包括生产车间或生产装置。

2）辅助生产设施。指为主要生产车间服务的工程项目。包括集中控制室、中央实验室、机修、电修、仪器仪表修理及木工（模）等车间，原材料、半成品、成品及危险品等仓库。

3）公用工程。包括给排水系统（给排水泵房、水塔、水池及全厂给排水管网）、供热系统（锅炉房及水处理设施、全厂热力管网）、供电及通信系统（变配电所、开关所及全厂输电、电信线路）以及热电站、热力站、煤气站、空压站、冷冻站、冷却塔和全厂管网等。

4）环境保护工程。包括废气、废渣、废水等处理和综合利用设施及全厂性绿化。

5）总图运输工程。包括厂区防洪、围墙大门、传达及收发室、汽车库、消防车库、厂区道路、桥涵、厂区码头及厂区大型土石方工程。

6）厂区服务设施。包括厂部办公室、厂区食堂、医务室、浴室、哺乳室、自行车棚等。

7）生活福利设施。包括职工医院、住宅、生活区食堂、俱乐部、托儿所、幼儿园、子弟学校、商业服务点以及与之配套的设施。

8）厂外工程。如水源工程、厂外输电、输水、排水、通信、输油等管线以及公路、铁路专用线等。

单项工程指标一般以单项工程生产能力单位投资，如“元”或其他单位表示。如：变配电站：“元/（kV·A)”；锅炉房：“元/蒸汽吨”；供水站：“元/m”；办公室、仓库、宿舍、住宅等房屋则依据不同结构形式以“元/m^2”表示。

（3）单位工程指标。单位工程指标按规定应列入能独立设计、施工的工程项目的费用，即建筑安装工程费用。

单位工程指标一般以如下方式表示：如，房屋区别不同结构形式以“元/m^2”表示；道路区别不同结构层、面层以“元/m”表示；水塔区别不同结构层、容积以“元/座”表示；管道区别不同材质、管径以“元/m”表示。

七、费用定额

人工定额、材料定额、机械台班定额等都是通过资源的消耗量来进行表征的，可以称为实物量定额。在建设项目总投资构成中，有些费用并不能直接通过实物量和相应的单价进行，例如规费、税金、基本预备费等。对于这些费用，一般会通过文件规定的形式确定其取费标准。

费用定额是指在某一期间内，针对不便或不能用实物量与单价计算的费用项目所规定的取费标准。取费标准有两种具体的表示形式：①以绝对值用货币量表示的费用标准，这种取费标准的表现形式目前较少；②以相对值用比例（费率）表示的费用标准，这类表现形式在当前我国建设工程领域应用较为广泛。

2014年，江苏省住房和城乡建设厅出台了《江苏省建设工程费用定额（2014年）》，作为建设工程编制设计概算、施工图预（结）算、最高投标限价（招标控制价）、标底以及调节处理工程造价纠纷的依据，同时也是确定投标价、工程结算审核的指导，也可作为企业内部核算和制定企业定额的参考。在该文件中，对于各类工程费用的取费标准进行了规定。并且，根据工程类别的不同，取费标准也有一定的差异。实施“营改增”后，费用定额也做出了相应的调整。

（一）营改增后企业管理费和利润取费标准

以建筑工程企业管理费和利润取费为例，根据《江苏省建设工程费用定额（2014年）》，营改增后的取费标准见表2-1。

表2-1　　营改增后建筑工程企业管理费和利润取费标准

序号	项目名称	计算基础	企业管理费率/%			利润率/%
			一类工程	二类工程	三类工程	
一	建筑工程	人工费＋除税施工机具使用费	32	29	26	12
二	单独预制构件制作		15	13	11	6
三	打预制桩、单独构件吊装		11	9	7	5
四	制作兼打桩		17	15	12	7
五	大型土石方工程		6			4

根据《江苏省建设工程费用定额（2014年）》营改增后的取费标准，仿古建筑及园林绿化工程企业管理费和利润取费标准见表2-2。

表2-2　　营改增后仿古建筑及园林绿化工程企业管理费和利润取费标准

序号	项目名称	计算基础	企业管理费率/%			利润率/%
			一类工程	二类工程	三类工程	
一	仿古建筑工程	人工费＋除税施工机具使用费	48	43	38	12
二	园林绿化工程	人工费	29	24	19	14
三	大型土石方工程	人工费＋除税施工机具使用费	7			4

（二）营改增后措施项目费及安全文明施工费取费标准

根据《江苏省建设工程费用定额（2014年）》营改增后的取费标准，措施项目费及安全文明施工措施费取费标准分别见表2-3和表2-4。

表2-3　　营改增后措施项目费取费标准

项目	计算基础	各专业工程费率/%							
		建筑工程	单独装饰	安装工程	市政工程	修缮土建（修缮安装）	仿古（园林）	城市轨道交通	
								土建轨道	安装
临时设施	分部分项工程费＋单价措施项目费－除税工程设备费	1～2.3	0.3～1.3	0.6～1.6	1.1～2.2	1.1～2.1（0.6～1.6）	1.6～2.7（0.3～0.8）	0.5～1.6	
赶工措施		0.5～2.1	0.5～2.2	0.5～2.1	0.5～2.2	0.5～2.1	0.5～2.1	0.4～1.3	
按质论价		1～3.1	1.1～3.2	1.1～3.2	0.9～2.7	1.1～2.1	1.1～2.7	0.5～1.3	

表 2-4　　营改增后安全文明施工措施费取费标准

序号	工程名称		计费基础	基本费率/%	省级标化增加费/%
一	建筑工程	建筑工程	分部分项工程费+单价措施项目费－除税工程设备费	3.1	0.7
		单独构件吊装		1.6	—
		打预制桩/制作兼打桩		1.5/1.8	0.3/0.4
二	单独装饰工程			1.7	0.4
三	安装工程			1.5	0.3
四	市政工程	通用项目、道路、排水工程		1.5	0.4
		桥涵、隧道、水工构筑物		2.2	0.5
		给水、燃气与集中供热		1.2	0.3
		路灯及交通设施工程		1.2	0.3
五	仿古建筑工程			2.7	0.5
六	园林绿化工程			1.0	—
七	修缮工程			1.5	—
八	城市轨道交通工程	土建工程		1.9	0.4
		轨道工程		1.3	0.2
		安装工程		1.4	0.3
九	大型土石方工程			1.5	—

（三）营改增后其他项目取费标准

(1) 暂列金额、暂估价按发包人给定的标准计取。

(2) 计日工：由发承包双方在合同中约定。

(3) 总承包服务费：应根据招标文件列出的内容和向总承包人提出的要求，参照下列标准计算。

1) 建设单位仅要求对分包的专业工程进行总承包管理和协调时，按分包的专业工程估算造价的1%计算。

2) 建设单位要求对分包的专业工程进行总承包管理和协调，并同时要求提供配合服务时，根据招标文件中列出的配合服务内容和提出的要求，按分包的专业工程估算造价的2%～3%计算。

(4) 暂列金额、暂估价、总承包服务费中均不包括增值税可抵扣进项税额。

（四）营改增后规费取费标准

根据《江苏省建设工程费用定额（2014年）》营改增后的取费标准，社会保险费及公积金取费标准见表2-5。

表 2-5　　营改增后社会保险费及公积金取费标准

序号	工程类别		计算基础	社会保险费率/%	公积金费率/%
一	建筑工程	建筑工程	分部分项工程费＋措施项目费＋其他项目费－除税工程设备费	3.2	0.53
		单独预制构件制作、单独构件吊装、打预制桩、制作兼打桩		1.3	0.24
		人工挖孔桩		3	0.53
二	单独装饰工程			2.4	0.42
三	安装工程			2.4	0.42
四	市政工程	通用项目、道路、排水工程		2.0	0.34
		桥涵、隧道、水工构筑物		2.7	0.47
		给水、燃气与集中供热、路灯及交通设施工程		2.1	0.37
五	仿古建筑与园林绿化工程			3.3	0.55
六	修缮工程			3.8	0.67
七	单独加固工程			3.4	0.61
八	城市轨道交通工程	土建工程		2.7	0.47
		隧道工程（盾构法）		2.0	0.33
		轨道工程		2.4	0.38
		安装工程		2.4	0.42
九	大型土石方工程			1.3	0.24

另外，对于工程排污费：按工程所在地环境保护等部门规定的标准缴纳，按实计取列入。

（五）营改增后税金计算标准

税金以除税工程造价为计取基础，费率为11%。

第二节　生产要素消耗定额的确定及使用方法

一、定额编制的基本方法

定额编制的基本方法包括：

(1) 技术测定法。在工作时间分析的基础上，通过对施工过程中具体活动的实地观察，详细记录施工中人工、材料和机械等各类资源的消耗量，完成的产品数量以及影响资源消耗量的各种因素，并将记录的结果加以整理，分析各种因素对资源消耗量的影响程度，据此进行取舍，以获得各种资源消耗资料，从而制定消耗量定额的方法。

(2) 比较类推法。以某个典型定额项目的定额为依据进行对比分析，据此推算出其他同类项目定额的一种方法。

例如：知道了一类土的挖地槽的定额，可以据此推算出二类土、三类土、四类土的定额。

(3) 统计分析法。根据以往一定时期内同种工序施工的实际工时消耗和产品完成数量的原始资料，在统计分析和整理的基础上，考虑施工技术组织条件及其他有关因素的影响，测算出定额消耗量的方法。

(4) 经验估计法。根据具有丰富施工经验的生产工人、施工技术人员和定额管理人员的施工实践经验，并参考有关的技术资料，通过集体讨论，对完成某项工作所需消耗的资源数量进行分析，估计并最终制定出定额标准的方法。

(5) 理论计算法。运用一定的数学公式，通过理论计算来确定完成单位产品的资源消耗量的方法。

(6) 试验研究法。通过尝试性的试验研究活动，对完成既定质量标准的某项工作（或单位产品）所需消耗的资源数量标准进行分析确定的方法。

二、定额消耗量的确定

本书以预算定额为例，说明定额消耗量的确定方法。

按物资要素区分，预算定额分为人工定额、材料消耗定额和机械定额3类。

(一) 人工定额消耗量确定方法

基本工作时间：根据计时观察资料来确定。

辅助工作时间和准备与结束工作时间：根据计时观察资料来确定。

不可避免的中断时间：计时观察资料，或根据经验数据或工时规范的比例。

休息时间：根据作息制度、经验资料、计时观察资料确定。

$$\text{时间定额}=\text{基本工作时间}+\text{辅助工作时间}+\text{准备与结束工作时间}+\text{不可避免的中断时间}+\text{休息时间}$$

$$\text{时间定额}=\frac{\text{基本工作时间}}{1-\sum\text{其他工作时间比例}}$$

(二) 材料定额消耗量的确定方法

1. 实体性材料定额消耗量的确定

实体性材料是指一次性消耗的，构成工程实体的材料。实体性材料的定额消耗量是通过必须消耗的材料来确定的，也即在合理用料的条件下，生产合格产品所需消耗的材料。

必须消耗的材料包括两个部分的内容，材料净用量和材料损耗量。

材料净用量——直接构成工程实体的材料用量。

材料损耗量——不可避免的施工废料和材料损耗。

$$\text{定额消耗量}=\text{净用量}+\text{损耗量}=\text{净用量}\times(1+\text{损耗率})$$

2. 周转性材料定额消耗量的确定

周转性材料是指非一次性消耗的，可以多次周转使用的材料，其特点是多次使用、分次摊销。

周转性材料的定额是以摊销量计算的，也即在单位产品上每使用一次所应分摊的消耗量。

(三) 机械定额消耗量确定方法

机械定额消耗量的确定方法如下：

$$机械时间定额=\frac{1}{机械台班产量定额}$$

机械台班产量定额=机械纯工作 1h 的正常生产率×工作班延续时间×机械正常利用系数

1. 机械纯工作 1h 的正常生产率

机械纯工作时间指在正常施工组织条件下，机械处于工作状态的时间，即有效工作时间与不可避免的无负荷工作时间之和。

机械纯工作 1h 的正常生产率为机械纯工作 1h 生产的产品数量。

对于循环动作的机械：

机械纯工作 1h 的正常生产率=机械纯工作 1h 循环次数×一次循环生产的产品数量

对于连续动作的机械：

$$机械纯工作 1h 的正常生产率=\frac{工作时间内生产的产品数量}{工作时间（h）}$$

2. 工作班延续时间

工作班延续时间为 8h。

3. 机械正常利用系数

$$机械正常利用系数=\frac{机械在一个工作班内的纯工作时间}{8h}$$

三、预算定额的使用方法

（一）预算定额的直接套用

当施工图的设计要求与预算定额的项目内容一致时，可直接套用预算定额。

在编制单位工程施工图预算的过程中，大多数项目可以直接套用预算定额。套用定额时应注意以下几点：

（1）根据施工图、设计说明和做法说明，选择定额项目。

（2）要从工程内容、技术特征和施工方法上仔细核对，才能较准确地确定相对应的定额项目。

（3）分项工程的名称和计量单位要与预算定额相一致。

（二）预算定额的调整换算

定额换算的基本思路是：根据选定的预算定额基价，按规定换入增加的费用，换出扣除的费用。这一思路用下列表达式表述：

换算后的定额基价=原定额基价+换人的费用−换出的费用

1. 预算定额的换算原则

当施工图中的分项工程项目不能直接套用预算定额时，就产生了定额的换算。

为了保持定额的水平，在预算定额的说明中规定了有关换算原则，一般包括：

（1）定额的砂浆、混凝土强度等级，如设计与定额不同时，允许按定额附录的砂浆、混凝土配合比表换算，但配合比中的各种材料用量不得调整。

（2）定额中抹灰项目已考虑了常用厚度，各层砂浆的厚度一般不作调整。如果设计有特殊要求时，定额中工、料可以按厚度比例换算。

（3）必须按预算定额中的各项规定换算定额。

2. 预算定额的换算类型

预算定额的换算类型有以下6类：

（1）砌筑砂浆换算。

1）换算原因。当设计图纸要求的砌筑砂浆强度等级在预算定额中缺项时，就需要调整砂浆强度等级求出新的定额基价。

2）换算特点。由于砂浆用量不变，所以人工、机械费不变，因而只换算砂浆强度等级和调整砂浆材料费。

3）砌筑砂浆换算公式：

换算后定额基价＝原定额基价＋定额砂浆用量×（换入砂浆基价－换出砂浆基价）

例如，根据《江苏省建筑与装饰工程计价定额（2014版）》，求M7.5水泥砂浆砌砖基础的综合单价。

在具体计算过程中，查《江苏省建筑与装饰工程计价定额（2014版）》4－1及附录，得到M7.5水泥砂浆砌砖基础的综合单价如下：

综合单价＝406.25＋(182.23－180.37)×0.242＝406.70(元)

（2）抹灰砂浆换算。

1）换算原因。当设计图纸要求的抹灰砂浆配合比或抹灰厚度与预算定额的抹灰砂浆配合比或厚度不同时，就要进行抹灰砂浆换算。

2）换算特点。第一种情况：当抹灰厚度不变只换算配合比时，人工费、机械费不变，只调整材料费，即

换算后定额基价＝原定额基价＋抹灰砂浆定额用量×（换入砂浆基价－换出砂浆基价）

第二种情况：当抹灰厚度发生变化时，砂浆用量要改变，因而人工费、材料费、机械费均要换算。

3）换算公式。

换算后定额基价＝原定额基价＋（定额人工费＋定额机械费）×（K－1）
＋Σ（各层换入砂浆用量×换入砂浆基价－各层换出砂浆用量
×换出砂浆基价）

其中：

$$K=\frac{\text{设计抹灰砂浆总厚}}{\text{定额抹灰砂浆总厚}}$$

$$\text{各层换入砂浆用量}=\frac{\text{定额砂浆用量}}{\text{定额砂浆厚度}}\times\text{设计厚度}$$

$$\text{各层换出砂浆用量}=\text{定额砂浆用量}$$

式中　K——工、机换算系数。

（3）构件混凝土换算。

1）换算原因。当设计要求构件采用的混凝土强度等级，在预算定额中没有相符合的项目时，就产生了混凝土强度等级或石子粒径的换算。

混凝土用量不变，人工费、机械费不变，只换算混凝土强度等级或石子粒径。

2）换算公式。

换算后定额基价＝原定额基价＋定额混凝土用量×（换入混凝土基价
－换出混凝土基价）

(4) 楼地面混凝土换算。

1) 换算原因。楼地面混凝土面层的定额单位一般是平方米。因此，当设计厚度与定额厚度不同时，就产生了定额基价的换算。

2) 换算特点。同抹灰砂浆的换算特点。

3) 换算公式。

$$\text{换算后定额基价}=\text{原定额基价}+(\text{定额人工费}+\text{定额机械费})\times(K-1)$$
$$+\text{换入混凝土用量}\times\text{换入混凝土基价}$$
$$-\text{换出混凝土用量}\times\text{换出混凝土基价}$$

其中：

$$K=\frac{\text{混凝土设计厚度}}{\text{混凝土定额厚度}}$$

$$\text{换入混凝土用量}=\frac{\text{定额混凝土用量}}{\text{定额混凝土厚度}}\times\text{设计混凝土厚度}$$

$$\text{换出混凝土用量}=\text{定额混凝土用量}$$

式中　K——工、机费换算系数。

(5) 乘系数换算。系数换算是指用定额说明中规定的系数乘以相应定额基价（或人工费、材料费、材料用量、机械费）的一种换算。

(6) 其他换算。其他换算是指前面几种换算类型未包括的但又需进行的换算。

第三章　基础单价及工程单价

第一节　基础单价及工程单价的概念

一、基础单价

根据工程计价的原理可知，工程造价主要取决于工程量和工程单价，而工程单价又取决于构成工程产品的人工、材料和施工机具等生产要素的消耗量定额以及它们的价格。人工、材料和施工机具的价格是工程计价中最基础性的价格，也是构成工程单价的价格。

基础单价是在施工过程中，获取并使用单位劳动力、建筑材料和施工机具等基本生产要素的费用。例如，混凝土浇筑施工需要使用生产工人，水泥、骨料、水等建筑材料和搅拌机、运输车、振捣器等施工机械。那么，1个生产工人工作1个工作班（8h）所需的全部费用，包括工资、奖金、津贴等，就是使用单位劳动力的费用，称为人工单价或人工基价，有时也称人工预算单价；使用1t水泥的全部费用，包括自来源地购买的价格、运输装卸的费用、工地仓库的保管费用等，就是所用水泥的材料单价，也称材料预算单价；1台挖土机运行1个工作班的全部费用，包括机械的折旧费（或租赁费）、维修保养费、燃料动力费、机上人工费等，就是使用单位施工机械的费用，称为机械台班单价，或机械台班预算单价。

因此，根据生产要素的不同，基础单价可分为人工单价、材料单价和机械台班单价等几类，各类基础单价的确定方法不尽相同。另外，根据施工条件的不同，有些工程（如水利水电工程）还需要计算确定施工用电、水、风的基础单价。

二、工程单价

工程单价是指在施工过程中，生产单位数量工程产品的费用，如浇筑$1m^3$混凝土梁的费用、砌筑$1m^3$砖墙的费用、平整$1m^3$场地的费用等。

在理解工程单价时，注意把握以下几个要点：

(1) 此处的工程产品不是指工程整体产品，而是指工程的基本构造要素，即分部分项工程产品，也称作假定建筑安装产品，如现浇混凝土梁工程、砖墙砌筑工程等。

(2) 除了构成最终产品的分部分项工程外，工程产品还包括有助于最终产品完成的分部分项工程，如平整场地、挖运土方等。因此，工程单价有时也称为完成单位工程量的费用。

(3) 工程单价的费用包括人工费、材料费和施工机具费，其他费用视工程单价的种类确定，有些只包括人、材、机的费用，有些还包括管理费、利润，有些甚至包括全部费用。

(4) 工程单价与基础单价的区别与联系。工程单价与基础单价是针对两类不同对象的价格，工程单价是工程产品的价格，而基础单价是构成工程产品的生产要素的价格。当然，二者也有密切的联系，工程单价以基础单价为基础，基础单价构成了工程单价。

第二节　人工单价的确定

一、人工单价的费用组成

（一）人工单价的概念

在工程计价中，人工单价是指支付给一个生产工人单位工作时间的劳动报酬，包括计时工资或计件工资、奖金、津贴补贴、加班加点工资和特殊情况下支付的工资。

人工单价具有以下含义：

（1）人工单价是支付给生产工人的费用，管理人员的工资不在此列。人工单价要用于计算人工费，该人工费是指生产在第一线的建筑安装工人的费用，管理人员、材料保管员、机械操作工等的人员费用均不在其中。

（2）人工单价以“工日”或“工时”为计价单位。人工单价与工作时间长短有关，如果计价的单位时间取工作班（8h），人工单价的计价单位便为“工日”；计价的单位时间取小时，人工单价的计价单位则为“工时”。

（二）人工单价的费用组成

人工单价应包括支付给生产工人的全部费用，包括：

（1）计时工资或计件工资，指按计时工资标准和工作时间或对已做工作按计件单价支付给个人的劳动报酬。

（2）奖金，指对超额劳动和增收节支支付给个人的劳动报酬，如节约奖、劳动竞赛奖等。

（3）津贴补贴，指为了补偿职工特殊或额外的劳动消耗和因其他特殊原因支付给个人的津贴，以及为了保证职工工资水平不受物价影响支付给个人的物价补贴，如流动施工津贴、特殊地区施工津贴、高温（寒）作业临时津贴、高空津贴等。

（4）加班加点工资，指按规定支付的在法定节假日工作的加班工资额在法定日工作时间外延时工作的加点工资。

（5）特殊情况下支付的工资，指根据国家法律、法规和政策规定，因病、工伤、产假、计划生育假、婚丧假、事假、探亲假、定期休假、停工学习、执行国家或社会义务等原因按计时工资标准或者计件工资标准的一定比例支付的工资。

（三）影响人工单价的因素

影响人工单价的因素很多，并且因时、因地而异。根据对人工单价组成的分析，其影响因素大致可以归纳为以下4类：

（1）政策因素。除了当地政府规定的最低工资标准外，劳动工资制度（如津贴补贴规定，休假、培训制度等）也会影响人工单价水平。

（2）市场因素。工人工资水平取决于劳动力市场状况，如社会平均工资水平、劳动力供求关系、生活消费指数等。

（3）管理因素。不同的计酬方式（计时工资制或计件工资制）、不同的雇佣方式（长期雇佣或临时雇佣），会直接影响生产工人的工资水平。

（4）工程因素。工程的技术复杂程度高，所需的技术工人多，平均工资水平则高；工程的质量要求高，要求配备的工人技术水平就高，工资水平则高；工期要求紧迫，则需增加加班加点工资；工程所在地区不同，工资水平、地区津贴均不同。

二、人工单价的计算

根据劳动报酬性质的不同，生产人工的工资可以分为3部分：①在法定工作时间内施工作业应获得的工资，包括（计时或计件）工资、奖金、津贴补贴，可以称为正常作业工资；②在法定节假日和法定工作日时间外施工作业应获得的工资，即加班加点工资；③在年应工作天数内非作业天数的工资，即上述特殊情况下支付的工资，可以称为辅助工资。

人工单价就是折算成日工资标准的正常作业工资（G_1）、加班加点工资（G_2）和辅助工资（G_3）之和，即

$$人工单价 = G_1 + G_2 + G_3$$

正常作业日工资按照日平均（计时或计件）工资、奖金和津贴补贴之和除以年平均每月应工作天数计算，即

$$G_1 = \frac{平均每月工资(计时或计件) + 平均月奖金 + 平均月津贴补贴}{年平均月应工作天数}$$

加班加点工资应该根据工程的工期情况确定。

辅助日工资以正常作业日工资为基数，按照每年的非作业天数（一般在10～20天左右）占年应工作天数的比例将其分摊到每个工作日，即

$$G_3 = G_1 \frac{年非作业天数}{年应工作天数}$$

在计算上述人工单价时，国家有规定的按规定计算，国家没有规定的按实际情况和市场行情计算。

不同工种、不同技术等级的人工单价是不同的，一个工程项目的平均人工单价应对其加权平均计算。

第三节　材料单价的确定

一、材料单价的费用组成

（一）材料单价的概念

如前所述，工程施工中所用的材料按其消耗的不同性质，可分为实体材料和周转材料两种类型。由于实体材料和周转材料的消耗性质不同，所以其单价的概念和费用构成均不尽相同。

（1）实体材料的单价是指通过施工单位的采购活动到达施工现场时的材料价格，该价格的大小取决于材料从其来源地到达施工现场过程中所需发生费用的多少。从该费用的构成看，一般包括采购该材料时所支付的货价（或进口材料的抵岸价）、材料的运杂费和采购保管费用等因素。

（2）周转材料不是一次性消耗的，所以其消耗的形式一般为按周转次数进行分摊。由周转材料消耗量的计算公式可知，其消耗量由两部分组成：一部分为周转材料经过一次周转的损耗量；另一部分为周转材料按周转总次数的摊销量。对于经过一次周转的损耗量，

由于其消耗的形式与实体材料的消耗形式一样，所以其价格的确定也和实体材料一样；对于按周转总次数摊销的周转材料，如果将其一次摊销量乘以相应的采购价格即得该周转材料按周转总次数计提的折旧费。折旧是从成本核算的角度计算收回投资的方法，而周转材料作为施工企业的一种固定资产，如果从投资收益的角度看，其投资必须从其所实现的收益中得到回收。与施工机械的单价一样，施工企业通过拥有周转材料来实现收益的方式一般有两种：①装备在工程上通过计算相应周转材料的使用费从工程造价中实现收益；②对外出租周转材料通过租金收入实现收益。考虑到企业自备的周转材料同样具有通过出租实现收益的机会，所以，即使是采用企业自备的周转材料来装备工程，但在为工程估价而确定企业自备的周转材料的单价时也可以用周转材料的租赁单价为基础加以确定。

租赁单价一般可以理解为由于承租人占用出租人的资产而支付给出租人的报酬。占用资产的规模一般用占用量与占用时间的乘积来表示，所以租赁单价一般用单位时间的租金水平来表示。

综上所述，在确定周转材料的单价时应考虑两个部分，从投资收益的角度出发，其消耗量的第一部分即周转材料经一次周转的损耗量的单价的确定与实体材料的单价确定相同；其消耗量的第二部分应由按周转次数摊销改为按占用时间摊销，相应的单价应该以周转材料租赁单价的形式表示。

（二）材料单价的费用构成

1. 实体材料单价的构成

从实体材料的概念可以看出，其单价的费用构成一般包括：

（1）采购该材料时所支付的货价（或进口材料的抵岸价）。

（2）材料的运杂费。

（3）采购保管费用。

2. 周转材料单价的构成

从以上对周转材料单价概念的论述可以看出，周转材料的单价有两种情况：

（1）周转材料经一次周转的消耗量，其单价的概念及组成均与实体材料的单价相同。

（2）按占用时间来回收投资价值的方式，其相应的单价应该以周转材料租赁单价的形式表示，而确定周转材料租赁单价时必须考虑如下费用：一次性投资或折旧、购置成本(即贷款利息)、管理费、日常使用及保养费、周转材料出租人所要求的收益率。

二、材料单价的计算

（一）实体材料单价的确定

1. 货价

货价指购买材料时支付给该材料生产厂商或供应商的货款。货价一般由材料原价、供销部门手续费、包装费等因素组成。

（1）材料原价。材料原价是指材料生产单位的出厂价格或者材料供应商的批发牌价和市场采购价格。

在确定材料原价时，一般采用询价的方法确定该材料的供应单位。在此基础上通过鉴定材料供销合同来确定材料原价。从理论上讲，凡不同的材料均应分别确定其原价。

（2）供销部门手续费。供销部门手续费，是指根据国家现行的物资供应体制，不能直接向生产厂商采购、订货，需通过物资部门供应而发生的经营管理费用。不经物资供应部门的材料，不计供销部门手续费。随着商品市场的不断开放，需通过国家专门的物资部门供应的材料越来越少，相应地，需要计算供销部门手续费的材料也越来越少。

(3) 包装费。凡原价中没有包括包装费用的材料，当该材料又需包装时，应计算其包装费用。包装费是为便于材料运输和保护材料进行包装所发生和需要的一切费用，包括水运、陆运的支撑、篷布、包装袋、包装箱、绑扎材料等费用。材料运到现场或使用后，要对包装材料进行回收并按规定从材料价格中扣除包装品回收的残值。

2. 运杂费

运杂费是指材料由采购地点或发货地点至施工现场的仓库或工地存放点，含外埠中转运输过程中所发生的一切费用费。其费用一般包括运费（包括市内和市外的运费）、装卸费、运输保险费、有关过境费及上缴必要的管理费等。

运杂费的费用标准的取定，应根据材料的来源地、运输里程、运输方法，并根据国家有关部门或地方政府交通运输管理部门规定的运价标准分别计算。

材料运杂费通常按外埠运费和市内运费两段计算。

外埠运费是指材料由来源地（交货地）运至本市仓库的全部费用，包括调车费、装卸费、车船运费、保险费等。一般是通过公路、铁路和水路运输，有时是水路、铁路混合运输。公路、水路运输的运杂费按交通部门规定的运价计算；铁路运输的运杂费按铁道部门规定的运价计算。

市内运费是由本市仓库至工地仓库的运费。根据不同的运输方式和运输工具，运费也应按不同的方法分别计算。运费的计算按当地运输公司的运输里程示意图确定里程，然后再按货物所属等级，从运价表上查出运价。两者相乘。再加上必要的装卸费用即为该材料的市内运杂费。

需要指出的是，在材料价格的运杂费中应考虑一定的场外运输损耗费用。这是指材料在装卸和运输过程中所发生的合理损耗。

3. 采购及保管费

采购及保管费是指施工企业的材料供应部门（包括工地仓库及其以上各级材料管理部门），在组织采购、供应和保管材料过程中所需的各项费用。采购及保管费所包含的具体费用项目有采购保管人员的人工费、办公费、差旅及交通费，采购保管该材料时所需的固定资产使用费、工具用具使用费、劳动保护费、检验试验费、材料储存损耗及其他。

采购及保管费一般按材料到库价格以费率取定。该费率由施工企业通过以往的统计资料经分析整理后得到。

在分别确定了材料的货价、单位运杂费及单位采购保管费后，把 3 种费用相加即得实体性材料的单价。

(二) 周转材料单价的确定

通过对周转材料单价概念及其费用组成的分析可知，周转材料按消耗方式的不同可分为经一次周转的损耗量和按周转次数（或按使用时间）的摊销量两个部分。其中经一次周转损耗量的材料单价，其概念及确定方法等同于实体性材料的单价；而对于按周转次数（或按使用时间）摊销的部分，如果从成本核算的角度考虑，其摊销材料单价等同于实体性材料的单价，相应地，这部分摊销量的材料费为按周转次数计算的摊销量与相应的摊销材料单价的乘积；如果从投资收益的角度考虑，其材料单价应按周转性材料租赁单价的形式表示。相应地，这部分摊销量的材料费为周转材料的一次使用量与相应的周转性材料租赁单价再与使用时间的乘积。

有关实体材料单价的问题前面已作讨论，下面主要讨论周转材料租赁单价的确定方法。

1. 影响周转材料租赁单价的因素

从周转材料租赁单价的费用构成分析得知，在确定周转材料租赁单价时应考虑包括购买周转材料时的一次性投资或折旧、购置成本（即贷款利息）、管理费、日常使用及保养费及周转材料出租人所要求的收益率在内的费用。而决定这些费用大小的因素与影响机械租赁单价的因素基本相同，具体包括下述各项：

（1）周转材料的采购方式。施工企业如果决定采购周转材料而不是临时租用，则可在众多的采购方式中选择一种方式进行购买，不同的采购方式带来不同的资金流量，从而影响周转材料租赁单价的大小。

（2）周转材料的性能。周转材料的性能决定着周转材料可用的周转次数、使用中的损坏情况、需要修理的情况等状况，而这些状况直接影响着周转材料的使用寿命及在其寿命期内所需的修理费用、日常使用成本（如给钢模板上机油等）及到期的残值。

（3）市场条件。市场条件主要是指市场的供求及竞争条件，市场条件直接影响着周转材料出租率的大小、周转材料出租单位的期望利润水平的高低等。

（4）银行利率水平及通货膨胀率。银行利率水平的高低直接影响着资金成本的大小及资金时间价值的大小。如果银行利率水平高，则资金的折现系数大。在此条件下如需保本则需达到更大的内部收益率，而如要达到更高的内部收益率则必须提高租赁单价。通货膨胀即货币贬值，其贬值的速度（比率）即为通货膨胀率。如果通货膨胀率高，则为了不受损失就要以更高的收益率扩大货币的账面价值，而如要达到更高的内部收益率则必须提高租赁单价。

（5）折旧的方法。折旧的方法有直线折旧法、余额递减折旧法、定额存储折旧法等不同的种类，同一种周转材料以不同的方法提取折旧，其每次计提的费用是不同的。

（6）管理水平及有关政策上的规定。不同的管理水平有不同的管理费用，管理费用的大小取决于不同的管理水平。

有关政策上的规定也能影响租赁单价的大小，如规定的税费、按规定必须办理的保险费等。

2. 周转材料租赁单价的确定

和施工机械租赁单价的确定方法一样，周转材料租赁单价的确定一般也有两种方法：一种是静态的方法；另一种是动态的方法。

（1）静态方法。静态方法即不考虑资金时间价值的方法，其计算租赁单价的基本思路是，首先根据租赁单价的费用组成，计算周转材料在单位时间里所必须发生的费用总和作为该周转材料的边际租赁单价（即仅仅保本的单价），然后增加一定的利润即成确定的租赁单价。

(2) 动态方法。动态方法即在计算租赁单价时考虑资金时间价值的方法，一般可以采用“折现现金流量法”来计算考虑资金时间价值的租赁单价。

(三) 我国现行体制下的材料单价

我国现行体制下的材料单价一般也称为材料预算价格，材料预算价格是编制施工图预算、确定工程预算造价的主要依据。因此，合理确定材料预算价格构成，正确编制材料预算价格，有利于合理确定和有效控制工程造价。

材料预算价格按适用范围划分，有地区材料预算价格和某项工程使用的材预算价格。地区材料预算价格是按地区（城市或建设区域）编制的，供该地区所有工程使用；某项工程（一般指大中型重点工程）使用的材料预算价格是以一个工程为编制对象，专供该工程项目使用。

地区材料预算价格与某项工程使用的材料预算价格的编制原理和方法是一致的，只是在材料来源地、运输数量权数等具体数据上有所不同。

以地区材料预算价格的编制为例，我国地区材料预算价格是由造价管理部门统一编制的，作为确定和控制本地区工程造价的一种指导性标准。造价管理部门在统一编制本地区材料预算价格时，一般采用综合平均的方法，通过抽样调查并计算分析，以本地区的平均价格作为材料的预算价格。

材料预算价格是指材料（包括构件、成品及半成品等）从其来源地（或交货地点供应者仓库提货地点）到达施工工地仓库（施工地点内存放材料的地点）后出库的综合平均价格。

材料预算价格一般由材料原价、供销部门手续费、包装费、运杂费、采购及保管费组成。

为方便应用，也常把上述5项构成中的材料原价、供销部门手续费、包装费合并称为材料货价。这样，材料预算价格则由材料货价、运杂费和采购保管费3项构成。

第四节　机械台班单价的确定

一、机械台班单价的费用组成

(一) 机械台班单价的概念

机械台班单价是指施工机械每个工作台班所必需消耗的人工、材料、燃料动力和应分摊的费用，每台班按8h工作制计算。

(二) 机械台班单价的费用组成

施工机械台班单价由七项费用组成，包括折旧费、大修理费、经常修理费、安拆费及场外运费、燃料动力费、人工费、养路费及车船使用费等。

(1) 折旧费。它是指机械设备在规定的使用年限内，陆续收回其原值及所支付贷款利息的费用。

其计算公式如下：

$$台班折旧费=\frac{机械预算价格\times(1-残值率)}{耐用总台班数}$$

机械预算价格包括国产机械预算价格和进口机械预算价格两种。国产机械预算价格是指机械出厂价格加上从生产厂家（或销售单位）交货地点运至使用单位验收入库的全部费用，包括出厂价格、供销部门手续费和一次运杂费。进口机械预算价格是由进口机械设备原价以及由口岸运至使用单位验收入库的全部费用。

残值率是指施工机械报废时其回收的残余价值占机械原值（即机械预算价格）的比率，依据《施工、房地产开发企业财务制度》的规定，残值率按照固定资产原值的2%～5%确定。各类施工机械的残值率综合确定如下：运输机械为2%；特、大型机械为3%；中、小型机械为4%；掘进机械为5%。

耐用总台班是指机械在正常施工作业条件下，从投入使用起到报废止所使用总台班数。

(2) 大修理费。它是指机械设备按规定的大修间隔台班必须进行大修理，以恢复机械正常功能所需的费用。台班大修理费则是机械使用期限内全部大修理费之和在台班费中的分摊额。其计算公式为

$$台班大修理费=\frac{一次大修理费\times 寿命期内大修理次数}{耐用台班数}$$

一次大修理费是指机械设备按规定的大修理范围和修理工作内容，进行一次全面修理所需消耗的工时、配件、辅助材料、机油燃料以及送修运输等全部费用。

寿命期大修理次数是指机械设备为恢复原机械功能按规定在使用期限内需要进行的大修理次数。

(3) 经常修理费。它是指机械设备除大修理以外必须进行的各级保养（包括一级、二级、三级保养）以及临时故障排除和机械停置期间的维护保养等所需的各项费用；为保障机械正常运转所需替换设备、随机工具附具的摊销及维护费用；机械运转及日常保养所需润滑、擦拭材料费用。机械寿命期内上述各项费用之和分摊到台班费中，即为台班经常修理费。其计算公式为

$$台班经常修理费=\frac{\sum(各级保养修理费\times 寿命期各级保养总次数)+临时故障排除费用}{耐用总台班数}$$
$$+替换设备台班摊销费+工具附具台班摊销费+例保辅料费$$

各级保养一次费用分别指机械在各个使用周期内为保证机械处于完好状况，必须按规定的各级保养间隔周期、保养范围和内容进行的一级、二级、三级保养或定期保养所消耗的工时、配件、辅料、油燃料等费用，计算方法同一次大修费计算方法。

寿命期各级保养总次数分别指一级、二级、三级保养或定期保养在寿命期内各个使用周期中保养次数之和。

机械临时故障排除费用是指机械除规定的大修理及各级保养以外，临时故障所需费用以及机械在工作日以外的保养维护所需润滑擦拭材料费。经调查和测算，按各级保养（不包括例保辅料费）费用之和的3%计算。

替换设备及工具附具台班摊销费是指轮胎、电缆、蓄电池、运输皮带、钢丝绳、胶皮管、履带板等消耗性物品和按规定随机配备的全套工具附具的台班摊销费用。

辅料费是指机械日常保养所需润滑擦拭材料的费用。

(4) 安拆费及场外运费。安拆费是指机械在施工现场进行安装、拆卸所需人工、材

料、机械和试运转费用以及安装所需的机械辅助设施（如基础、底座、固定锚桩、行走轨道、枕木等）的折旧、搭设、拆除等费用。场外运费是指机械整体或分体从停置地点运至施工现场或从一工地运至另一工地的运输、装卸、辅助材料以及架线等费用。

定额台班基价内所列安拆费及场外运输费，均分别按不同机械、型号、重量、外形、体积、安拆和运输方法测算其工、料、机械的耗用量综合计算取定。除地下工程机械外，均按年平均运输 4 次、运输路程平均在 25km 以内。

安拆费及场外运输费的计算公式如下：

$$\text{台班安拆费}=\frac{\text{机械一次安拆费}\times\text{年平均安拆次数}}{\text{年工作台班}}+\text{台班设施摊销费}$$

$$\text{台班辅助设施摊销费}=\frac{\text{辅助设施一次费用}\times(1-\text{残值率})}{\text{辅助设施耐用台班}}$$

$$\text{台班场外运费}=\frac{\left(\begin{matrix}\text{一次运输}\\\text{级装卸费}\end{matrix}+\text{辅助材料一次摊销费}+\text{一次架线费}\right)\times\begin{matrix}\text{年平均场外}\\\text{运输次数}\end{matrix}}{\text{年工作台班}}$$

(5) 燃料动力费。它是指机械设备在运转施工作业中所耗用的固体燃料（煤炭、木材）、液体燃料（汽油、柴油）、电力、水等费用。

其计算公式如下：

$$\text{台班燃料动力费}=\text{台班燃料动力消耗量}\times\text{相应单价}$$

(6) 人工费。它是指机上司机、司炉和其他操作人员的工作日以及上述人员在机械规定的年工作台班以外的人工费用。工作台班以外机上人员人工费用，以增加机上人员的工日数形式列入定额内。计算公式如下：

$$\text{台班人工费}=\text{定额机上人工工日}\times\text{日工资单价}$$

$$\text{定额机上人工工日二机上定员工日}\times(1+\text{增加工日系数})$$

$$\text{增加工日系数}=\frac{\text{年度工日}-\text{年工作台班}-\text{管理费内非生产天数}}{\text{年工作台班}}$$

(7) 养路费及车船使用费。它是指按照国家有关规定应交纳的运输机械养路费和车船使用费，按各省（自治区、直辖市）规定标准计算后列入定额。其计算公式为

$$\begin{aligned}\text{台班养路费及车船使用费}=&\text{载重量（或核定吨位）}\times\{\text{养路费}[\text{元}/(\text{t}\cdot\text{月})]\times12\\&+\text{车船使用费}[\text{元}/(\text{t}\cdot\text{月})]\}\end{aligned}$$

下列机械台班中未计该项费用：第一类是金属切削加工机械等，由于该类机械系安装在固定的车间房屋内，不需经常安拆运输；第二类是不需要拆卸安装自身能开行的机械，例如水平运输机械；第三类是不适合按台班摊销本项费用的机械，例如特、大型机械，其安拆费及场外运输费按定额规定另行计算。

二、机械台班单价的计算

机械台班单价＝台班折旧费＋台班大修理费＋台班安拆费及场外运输费＋台班燃料动力费＋台班人工费＋台班养路费及车船使用费

机械台班单价的组成包括折旧费、大修理费、经常修理费、安拆费及场外场外运输费、人工费、燃料动力费和其他费用共计七项。这些费用大部分都是按照编制期或报价期为准的静态形式组价，但是折旧费却考虑了购买机械设备的资金时间价值。

按照《2001 年全国统一施工机械台班费用编制规则》的规定，其中折旧费是指施工机械在规定的使用期限内，陆续收回其原址及购置资金的时间价值。计算公式如下：

台班折旧费＝机械预算价格×(1－残值率)×时间价值系数/耐用总台班

耐用总台班＝折旧年限×年工作台班＝大修间隔台班×大修周期

大修周期＝寿命期大修理次数×1

时间价值系数＝1＋[(折旧年限＋1)/2]×年折现率(%)

我国现行体制规定机械台班单价一律根据统一的费用划分标准，按照有关会计制度的规定由政府授权部门在综合平均的基础上统一编制，其价格水平属于社会平均水平，是合理控制工程造价的一个重要依据。

我国现行体制条件下，政府授权部门根据以上所述的机械台班单价的费用组成及确定方法，经综合后统一编制，并以《全国统一施工机械台班费用定额》的形式作为一种经济标准，要求在进行工程估价（如施工图预算、设计概算、标底报价等）及结算工程造价时必须按照该标准执行，不得任意调整及修改。所以，目前在国内编制确定工程造价时，均以《全国统一施工机械台班费用定额》或该定额在某一地区的单位估价表所规定的台班单价作为计算机械费的依据。

第五节　工程单价的确定

一、工程单价的分类

人工单价、材料单价、机械台班单价等基础单价是工程产品生产力中所消耗的劳动力、建筑材料、施工机械等基本生产要素的单价，而工程单价是工程产品的单价，即生产单位工程产品的费用。所以说，工程单价是由工程产品生产所消耗的人、材、机等生产要素的定额消耗量及相应的基础单价构成的，当然还可能包括一些其他费用。

工程单价有多种表示形式，从不同的角度可以有不同的分类。

1. 按照适用对象划分

按照适用对象的不同，工程单价有建筑工程单价和安装工程单价之分。

(1) 建筑工程单价是适用于建筑工程的工程单价。这里所说的建筑工程一般指土建工程、给排水与采暖工程、通风与空调工程、电气照明工程、弱电工程以及特殊构筑实物工程等。

(2) 安装工程单价是适用于安装工程的工程单价。安装工程包括机械设备安装工程、电气设备安装工程等。

2. 按照用途划分

根据所用工程计价阶段的不同，工程单价可以分为工程预算单价和工程概算单价。

(1) 工程预算单价是用于编制施工图预算的工程单价。

(2) 工程概算单价是用于编制设计概算的工程单价。

3. 按照适用范围划分

按照适用范围的不同，工程单价又可以分为地区单价和个别单价。

(1) 地区单价是根据某个地区的消耗量定额和基础单价编制，在该地区范围内使用的单价。

(2) 个别单价是专门针对特定工程编制的，仅仅适用于该工程的工程单价。

4. 按照费用综合程度划分

根据对费用的综合程度不同，工程单价又有工料单价、综合单价和全费用单价之分。

(1) 工料单价是包含人工费、材料费、施工机具费的工程单价。

(2) 综合单价是包括承包商可以直接支配的费用，即人工费、材料费、施工机具费、企业管理费和利润的工程单价。

2013版的《计价规范》第2.0.8条对综合单价定义为：为完成一个规定清单项目所需的人工费、材料和工程设备费、施工机具使用费和企业管理费、利润以及一定范围内的风险费用。因此，《计价规范》中所用的工程单价即为综合单价。

(3) 全费用单价包括了建筑安装工程费中的全部费用项目，即人工费、材料费、施工机具费、企业管理费、利润、规费和税金的工程单价。

二、工程单价的编制

(一) 工程单价的编制依据

工程单价由人工费、材料费、施工机具费等费用构成，这些费用涉及“量”“价”“费”3个方面。

量——生产单位工程产品所需的人工、材料和施工机具等基本生产要素的消耗量标准，即工程定额。

价——与所消耗的基本生产要素相对应的人工单价、材料单价和机械台班单价，即基础单价。

费——人工费、材料费和施工机具费之外的费用，如企业管理费、利润、规费、税金等的收费标准，即费率。

(二) 工程单价的确定

按照费用的综合程度不同，工程单价有工料单价、综合单价和全费用单价之分。不同的工程单价所包含的费用内容不同，确定的方法也不同。

1. 工料单价的确定

工料单价由人工费、材料费和施工机具费组成，即

工料单价＝单位工程量人工费＋单位工程量材料费＋单位工程量施工机具费

其中 单位工程量人工费＝人工消耗定额×人工单价

单位工程量材料费＝$\sum$(材料消耗定额×材料单价)

单位工程量施工机具费＝$\sum$(机具消耗定额×机具单价)

2. 综合单价的确定

综合单价由人工费、材料费、施工机具费、企业管理费和利润构成。因为工料单价包含了人工费、材料费和施工机具费，所以综合单价是在工料单价的基础上，再加上单位工程量所分摊的企业管理费和利润，即

综合单价＝工料单价＋单位工程量企业管理费＋单位工程量利润

单位工程量分摊的企业管理费和利润，目前国内主要采用费率（管理费率和利润率）计算，即以工料单价或者其中的部分费用（如人工费、施工机具费）为基数，乘以一定的

费率。这种计算方法简便易行，计算工作量小，但计算结果不尽合理，尤其是企业管理费。虽然企业管理费总额与工程造价成正比，但并不是成线性比例关系。因此，采用固定费率计算得到的企业管理费，小项目偏低，而大项目偏高。单位工程量的企业管理费和利润的合理计算方法，应该是根据企业管理费总额和期望利润总额，通过分摊计算得到。

3. 全费用单价的确定

全费用单价由建筑安装工程费中的全部费用组成，即在综合单价的基础上，加上单位工程量的规费和税金。

全费用单价＝综合单价＋单位工程量规费＋单位工程量税金

单位工程量的规费和税金均按照规定的计算基数和相应的费率和税率计算。

第四章　房屋建筑与装饰工程计量

第一节　建筑面积计算

一、建筑面积计算规则

住房和城乡建设部于2013年出台了《建筑工程建筑面积计算规范》（GB/T 50353—2013），并于2014年7月1日正式实施。

建筑面积的主要计算规则如下：

（1）建筑物的建筑面积应按自然层外墙结构外围水平面积之和计算。结构层高在2.20m及以上的，应计算全面积；结构层高在2.20m以下的，应计算1/2面积。

（2）建筑物内设有局部楼层时，对于局部楼层的二层及以上楼层，有围护结构的应按其围护结构外围水平面积计算，无围护结构的应按其结构底板水平面积计算，且结构层高在2.20m及以上的，应计算全面积，结构层高在2.20m以下的，应计算1/2面积。

建筑物内的局部楼层如图4-1所示。

（3）对于形成建筑空间的坡屋顶，结构净高在2.10m及以上的部位应计算全面积；结构净高在1.20m及以上至2.10m以下的部位应计算1/2面积；结构净高在1.20m以下的部位不应计算建筑面积。

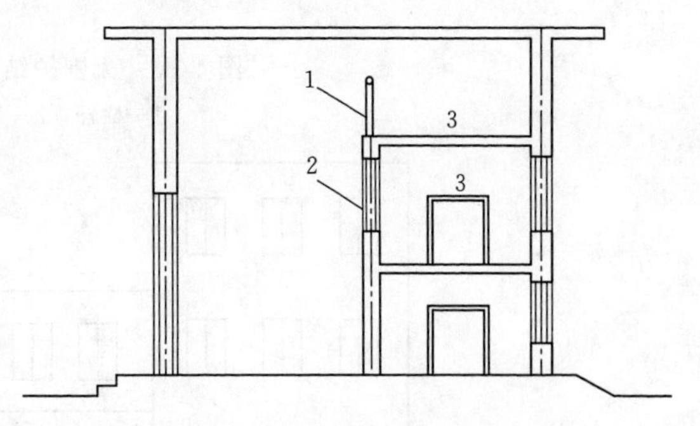

图4-1　建筑物内的局部楼层

1—围护设施；2—围护结构；3—局部楼层

（4）对于场馆看台下的建筑空间，结构净高在2.10m及以上的部位应计算全面积；结构净高在1.20m及以上至2.10m以下的部位应计算1/2面积；结构净高在1.20m以下的部位不应计算建筑面积。室内单独设置的有围护设施的悬挑看台，应按看台结构底板水平投影面积计算建筑面积。有顶盖无围护结构的场馆看台应按其顶盖水平投影面积的1/2计算面积。

（5）地下室、半地下室应按其结构外围水平面积计算。结构层高在2.20m及以上的，应计算全面积；结构层高在2.20m以下的，应计算1/2面积。

（6）出入口外墙外侧坡道有顶盖的部位，应按其外墙结构外围水平面积的1/2计算面积。

（7）建筑物架空层及坡地建筑物吊脚架空层，应按其顶板水平投影计算建筑面积。结构层高在2.20m及以上的，应计算全面积；结构层高在2.20m以下的，应计算1/2面积。

建筑物吊脚架空层如图4-2所示。

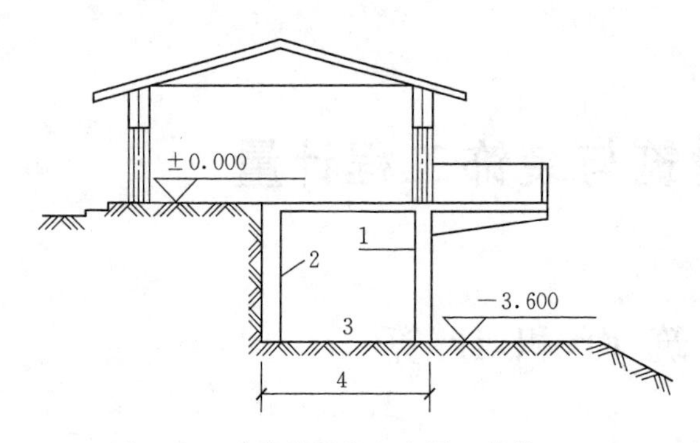

图 4-2　建筑物吊脚架空层（单位：m）

1—柱；2—墙；3—吊脚架空层；4—计算建筑面积部位

（8）建筑物的门厅、大厅应按一层计算建筑面积，门厅、大厅内设置的走廊应按走廊结构底板水平投影面积计算建筑面积。结构层高在 2.20m 及以上的，应计算全面积；结构层高在 2.20m 以下的，应计算 1/2 面积。

（9）对于建筑物间的架空走廊，有顶盖和围护设施的，应按其围护结构外围水平面积计算全面积；无围护结构、有围护设施的，应按其结构底板水平投影面积计算 1/2 面积。

无围护结构的架空走廊如图 4-3 所示，有围护结构的架空走廊如图 4-4 所示。

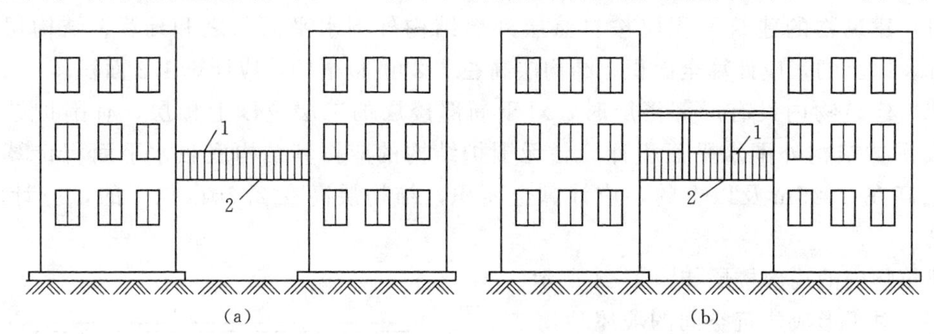

图 4-3　无围护结构的架空走廊

1—栏杆；2—架空走廊

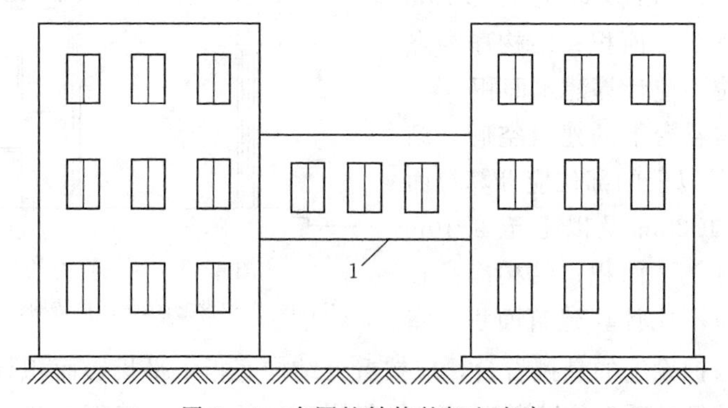

图 4-4　有围护结构的架空走廊

1—架空走廊

（10）对于立体书库、立体仓库、立体车库，有围护结构的，应按其围护结构外围水平面积计算建筑面积；无围护结构、有围护设施的，应按其结构底板水平投影面积计算建筑面积。无结构层的应按一层计算，有结构层的应按其结构层面积分别计算。结构层高在 2.20m 及以上的，应计算全面积；结构层高在 2.20m 以下的，应计算 1/2 面积。

（11）有围护结构的舞台灯光控制室，应按其围护结构外围水平面积计算。结构层高在 2.20m 及以上的，应计算全面积；结构层高在 2.20m 以下的，应计算 1/2 面积。

(12) 附属在建筑物外墙的落地橱窗，应按其围护结构外围水平面积计算。结构层高在 2.20m 及以上的，应计算全面积；结构层高在 2.20m 以下的，应计算 1/2 面积。

(13) 窗台与室内楼地面高差在 0.45m 以下且结构净高在 2.10m 及以上的凸（飘）窗，应按其围护结构外围水平面积计算 1/2 面积。

(14) 有围护设施的室外走廊（挑廊），应按其结构底板水平投影面积计算 1/2 面积；有围护设施（或柱）的檐廊，应按其围护设施（或柱）外围水平面积计算 1/2 面积。

檐廊如图 4-5 所示。

(15) 门斗应按其围护结构外围水平面积计算建筑面积，且结构层高在 2.20m 及以上的，应计算全面积；结构层高在 2.20m 以下的，应计算 1/2 面积。

(16) 门廊应按其顶板的水平投影面积的 1/2 计算建筑面积；有柱雨篷应按其结构板水平投影面积的 1/2 计算建筑面积；无柱雨篷的结构外边线至外墙结构外边线的宽度在 2.10m 及以上的，应按雨篷结构板的水平投影面积的 1/2 计算建筑面积。

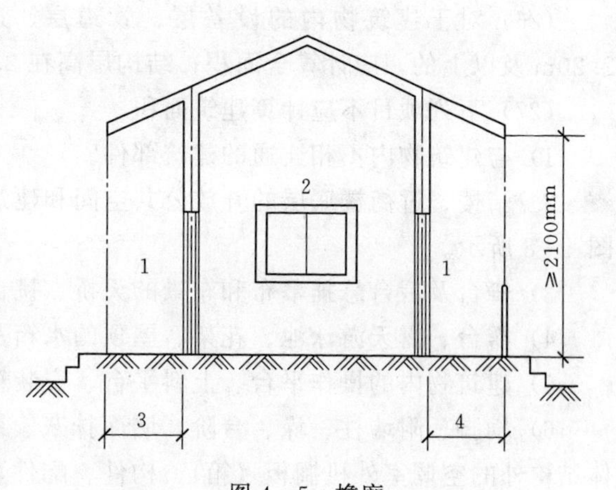

图 4-5 檐廊

1—檐廊；2—室内；3—不计算建筑面积部位；4—计算 1/2 建筑面积部位

(17) 设在建筑物顶部的、有围护结构的楼梯间、水箱间、电梯机房等，结构层高在 2.20m 及以上的应计算全面积；结构层高在 2.20m 以下的，应计算 1/2 面积。

(18) 围护结构不垂直于水平面的楼层，应按其底板面的外墙外围水平面积计算。结构净高在 2.10m 及以上的部位，应计算全面积；结构净高在 1.20m 及以上至 2.10m 以下的部位，应计算 1/2 面积；结构净高在 1.20m 以下的部位，不应计算建筑面积。

斜围护结构如图 4-6 所示。

(19) 建筑物的室内楼梯、电梯井、提物井、管道井、通风排气竖井、烟道，应并入建筑物的自然层计算建筑面积。有顶盖的采光井应按一层计算面积，且结构净高在 2.10m 及以上的，应计算全面积；结构净高在 2.10m 以下的，应计算 1/2 面积。

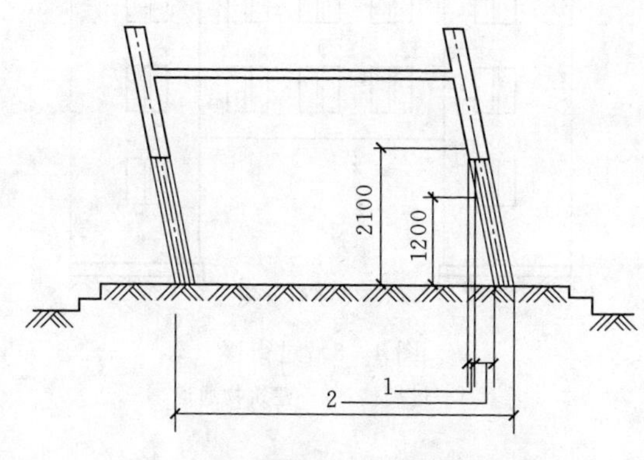

图 4-6 斜围护结构（单位：mm）

1—计算 1/2 建筑面积部位；2—不计算建筑面积部位

(20) 室外楼梯应并入所依附建筑物自然层，并应按其水平投影面积的 1/2 计算建筑面积。

(21) 在主体结构内的阳台，应按其结构外围水平面积计算全面积；在主体结构外的阳台，应按其结构底板水平投影面积计算 1/2 面积。

(22) 有顶盖无围护结构的车棚、货棚、站台、加油站、收费站等，应按其顶盖水平投影面积的1/2计算建筑面积。

(23) 以幕墙作为围护结构的建筑物，应按幕墙外边线计算建筑面积。

(24) 建筑物的外墙外保温层，应按其保温材料的水平截面积计算，并计入自然层建筑面积。

(25) 与室内相通的变形缝，应按其自然层合并在建筑物建筑面积内计算。对于高低联跨的建筑物，当高低跨内部连通时，其变形缝应计算在低跨面积内。

(26) 对于建筑物内的设备层、管道层、避难层等有结构层的楼层，结构层高在2.20m及以上的，应计算全面积；结构层高在2.20m以下的，应计算1/2面积。

(27) 下列项目不应计算建筑面积。

1) 与建筑物内不相连通的建筑部件。

2) 骑楼、过街楼底层的开放公共空间和建筑物通道。骑楼如图4-7所示，过街楼如图4-8所示。

3) 舞台及后台悬挂幕布和布景的天桥、挑台等。

4) 露台、露天游泳池、花架、屋顶的水箱及装饰性结构构件。

5) 建筑物内的操作平台、上料平台、安装箱和罐体的平台。

6) 勒脚、附墙柱、垛、台阶、墙面抹灰、装饰面、镶贴块料面层、装饰性幕墙，主体结构外的空调室外机搁板（箱）、构件、配件，挑出宽度在2.10m以下的无柱雨篷和顶盖高度达到或超过两个楼层的无柱雨篷。

7) 窗台与室内地面高差在0.45m以下且结构净高在2.10m以下的凸（飘）窗，窗台与室内地面高差在0.45m及以上的凸（飘）窗。

8) 室外爬梯、室外专用消防钢楼梯。

9) 无围护结构的观光电梯。

10) 建筑物以外的地下人防通道，独立的烟囱、烟道、地沟、油（水）罐、气柜、水塔、贮油（水）池、贮仓、栈桥等构筑物。

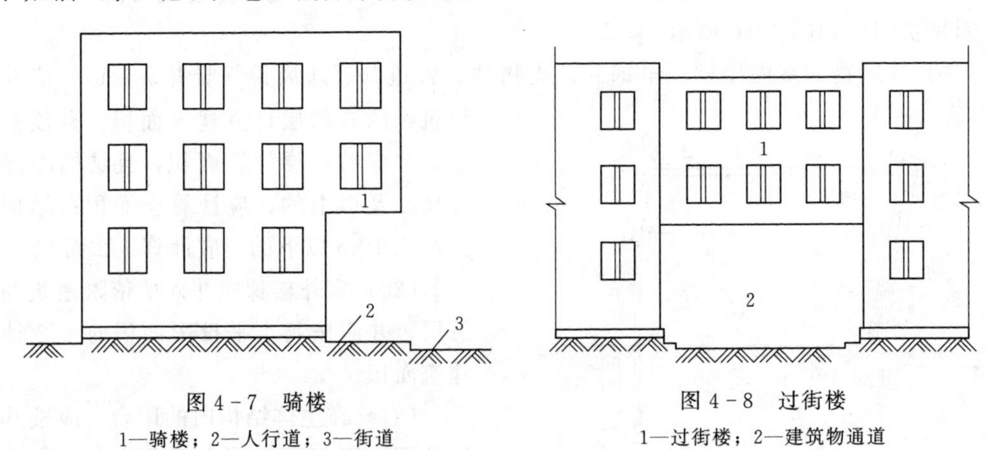

图4-7　骑楼
1—骑楼；2—人行道；3—街道

图4-8　过街楼
1—过街楼；2—建筑物通道

二、建筑面积计算实例

【例4-1】 计算如图4-9所示的单层厂房的建筑面积。

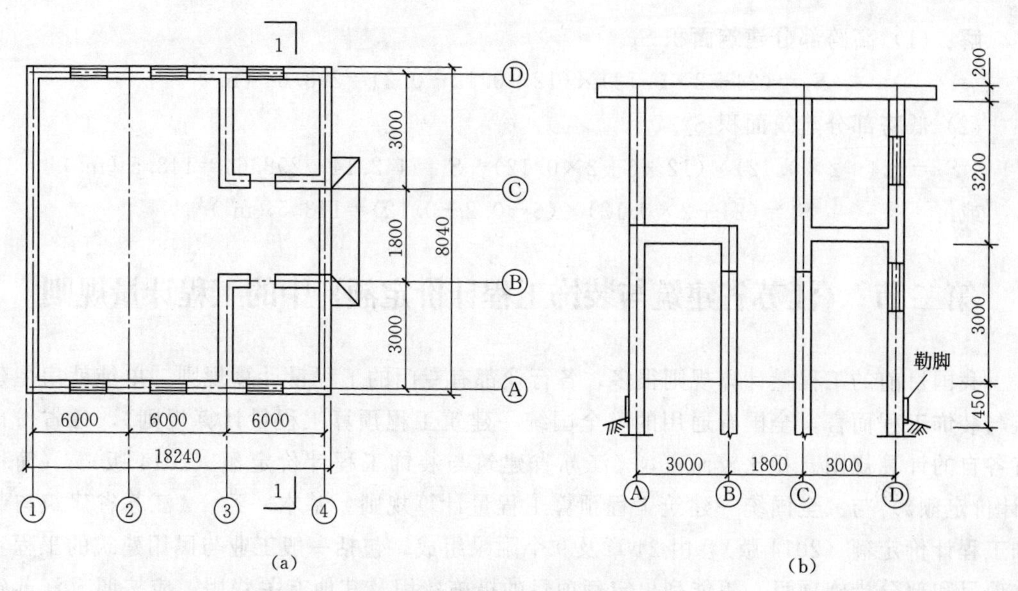

图 4-9　单层厂房（墙厚 240mm）（单位：mm）

(a) 平面图；(b) 剖面图

解：(1) 底层建筑面积 S_1。

$$S_1 = 18.24 \times 8.04 = 146.65\ (\text{m}^2)$$

(2) 局部二层建筑面积 S_2。

$$S_2 = (6 + 0.24) \times (3 + 0.24) = 20.22\ (\text{m}^2)$$

(3) 单层厂房建筑面积 S。

$$S = S_1 + S_2 = 146.65 + 20.22 = 166.87\ (\text{m}^2)$$

【例 4-2】 计算如图 4-10 所示单层工业厂房高跨部分及低跨部分的建筑面积。

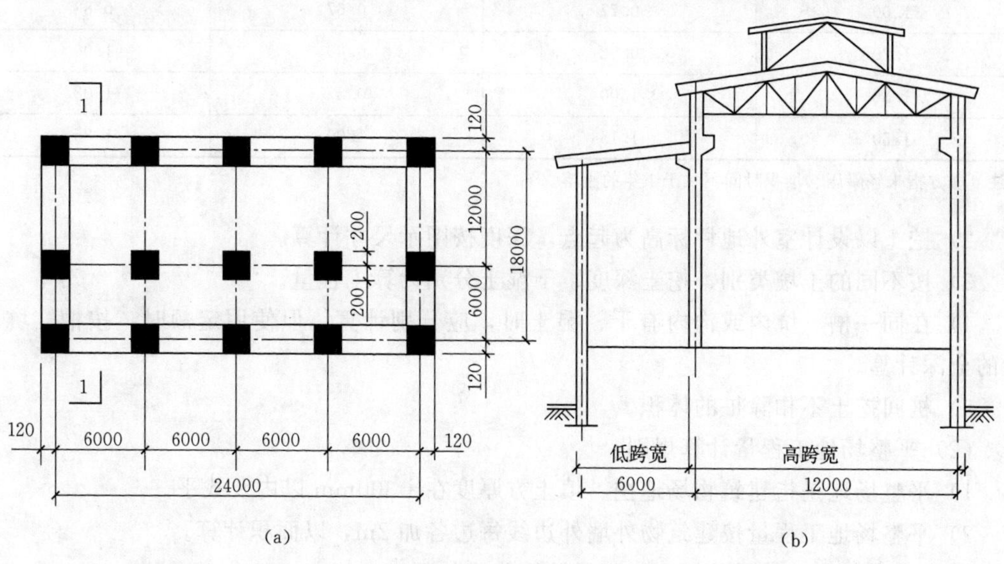

图 4-10　高低联跨的单层工业厂房（单位：mm）

(a) 平面图；(b) 剖面图

解：(1) 高跨部分建筑面积 S_1。

$$S_1=(24+2\times0.12)\times(12+0.12+0.2)=298.64\ (m^2)$$

(2) 低跨部分建筑面积 S_2。

$$S_2=(24+2\times0.12)\times(12+6+2\times0.12)-S_1=442.14-298.64=143.5\ (m^2)$$

或

$$S_2=(24+2\times0.12)\times(6-0.2+0.12)=143.5\ (m^2)$$

第二节　《江苏省建筑与装饰工程计价定额》中的工程计量规则

我国目前的工程量计算规则很多，各行业都有专门的工程量计算规则。单纯就房屋建筑与装饰工程而言，全国有通用的《全国统一建筑工程预算工程量计算规则》，各省份也有各自的计算规则。相比较而言，《江苏省建筑与装饰工程计价定额（2014版）》（简称《计价定额》）与《全国统一建筑工程预算工程量计算规则》基本一致。《江苏省建筑与装饰工程计价定额（2014版）》由24章及9个附录组成，包括一般工业与民用建筑的工程实体项目和部分措施项目。不能列出定额项目的措施费用及其他有关费用，应按照《江苏省建设工程费用定额》（2014年）的规定进行计算。

一、土、石方工程计量

（一）土、石方工程量的计算规则及应用要点

1. 人工土、石方

(1) 一般规则。

1) 土方体积，以挖凿前的天然密实体系（m^3）为准，若虚方计算，按表4-1进行折算。

表4-1　土方体积折算表　　单位：m^3

虚方体积	天然密实体积	夯实后体积	松填体积
1.00	0.77	0.67	0.83
1.20	0.92	0.80	1.00
1.30	1.00	0.87	1.08
1.50	1.15	1.00	1.25

注　虚方指未经碾压、堆积时间不长于1年的土壤。

2) 挖土以设计室外地坪标高为起点，深度按图示尺寸计算。

3) 按不同的土壤类别、挖土深度、干湿土分别计算工程量。

4) 在同一槽、坑内或沟内有干、湿土时，应分别计算，但使用定额时，按槽、坑或沟的全深计算。

5) 桩间挖土不扣除桩的体积。

(2) 平整场地工程量计算规则。

1) 平整场地是指建筑物场地挖、填土方厚度在±300mm以内及找平。

2) 平整场地工程量按建筑物外墙外边线每边各加2m，以面积计算。

对于矩形平面，其平整场地工程量计算公式如下：

$$S=(A+4)(B+4)=底层建筑面积+2\times外墙外边线长+16$$

式中 A、B——矩形的长和宽。

(3) 沟槽、基坑土石方工程量计算规则。

1) 沟槽、基坑划分。底宽小于等于7m且底长大于3倍底宽的为沟槽。套用定额计价时，应根据底宽的不同，分别按底宽3～7m间、3m以内，套用对应的定额子目。

底长小于等于3倍底宽且底面积小于等于150m²的为基坑。套用定额计价时，应根据底面积的不同，分别按底面积20～150m²、20m²以内，套用对应的定额子目。

凡沟槽底宽7m以上，基坑底面积150m²以上，按挖一般土方或挖一般石方计算。

2) 沟槽工程量计算规则。沟槽工程量按沟槽长度乘以沟槽截面积计算。其中：

沟槽长度：外墙按图示基础中心线长度计算，内墙按图示基础底宽加工作面宽度之间净长度计算。

沟槽底宽：按设计宽度加基础施工所需工作面宽度计算。

突出墙面的附墙烟囱、垛等体积并入沟槽土方工程量内。

3) 基坑工程量计算规则。基坑有矩形和圆形两种形式，其工程量按基坑体积计算。

基坑工程量的通用计算公式：

$$V=\left(\text{坑上口面积}+\text{坑底面积}+\frac{1}{2}H\text{处中部面积的4倍}\right)\times H\div 6$$

式中 H——挖土深度。

4) 放坡高度及比例的确定。挖沟槽、基坑、一般土方需放坡时，以施工组织设计规定计算。施工组织设计无明确规定时，放坡高度、比例按照表4-2的规定计算。

表4-2　放坡高度、比例确定表

土壤类别	放坡深度规定/m	高与宽之比			
		人工挖土	机械挖土		
			坑内作业	坑上作业	顺沟槽在坑上作业
一、二类土	超过1.20	1∶0.5	1∶0.33	1∶0.75	1∶0.5
三类土	超过1.50	1∶0.33	1∶0.25	1∶0.67	1∶0.33
四类土	超过2.0	1∶0.25	1∶0.10	1∶0.33	1∶0.25

注　沟槽、基坑中土壤类别不同时，按其土壤类别、放坡比例以及不同土类别厚度分别计算；计算放坡时，在交接处的工程量不扣除。原槽、坑做基础垫层时，放坡自垫层上表面开始计算。

5) 基础施工所需工作面宽度的确定。基础施工所需工作面宽度按照表4-3中的规定计算。

表4-3　基础施工所需工作面宽度表

基础材料	每边各增加工作面宽度/mm
砖基础	200
浆砌毛石、条石基础	150
混凝土基础垫层支模板	300
混凝土基础支模板	300
基础垂直面做防水层	1000（防水层面）

6）挡土板面积的确定。沟槽、基坑需支挡土板时，挡土板面积按槽、坑边实际支挡板面积（即：每块挡板的最长边×挡板的最宽边之积）计算。

（4）管沟土石方工程量计算规则。

1）管沟土方按立方米计算，管沟按图示中心线长度计算，不扣除各类井的长度，井的土方并入；沟底宽度设计有规定的，按设计规定，设计未规定的，按管道结构宽加工作面宽度计算。管沟施工每侧所需工作面见表4-4。

表4-4　　管沟施工每侧所需工作面宽度计算表

管道结构宽/mm 管沟材料	≤500	≤1000	≤2500	>2500
混凝土及钢筋混凝土管道/mm	400	500	600	700
其他材质管道/mm	300	400	500	600

注　管道结构宽：有管座的按基础外缘，无管座的按管道外径；按表中数据计算管道沟土方工程量时，各种井类及管道接口等处需加宽增加的土方量不另行计算；底面积大于 $20m^2$ 的井类，其增加的土方量并入管沟土方内计算。

2）管道地沟、地槽、基坑深度，按图示槽、坑、垫层底面至室外地坪深度计算。

（5）回填土工程量计算规则。回填土区分夯填、松填，以体积计算。

1）基槽、基坑回填土工程量＝挖土体积－设计室外地坪以下埋设的体积（包括基础垫层、柱、墙基础及柱等）。

2）室内回填土（也称为房心回填土）工程量按主墙间净面积乘以填土厚度计算，不扣除附垛及附墙烟囱等体积。

3）管道沟槽回填工程量，以挖方体积减去管外径体积计算。管外径小于或等于500mm时，不扣除管道所占体积。管外径超过500mm时，按表4-5中的规定进行扣除。

表4-5　　管道体积扣除表　　单位：m^3/m管长

管道名称	管道公称直径/mm				
	≥600	≥800	≥1000	≥1200	≥1400
钢管	0.21	0.44	0.71	—	—
铸铁管、石棉水泥管	0.24	0.49	0.77	—	—
混凝土、钢筋混凝土、预应力混凝土管	0.33	0.60	0.92	1.15	1.35

回填土类型如图4-11所示。

（6）余土外运及缺土内运工程量计算规则。余土外运、缺土内运工程量按照下式计算：

运土工程量＝挖土工程量－回填土工程量，正值为余土外运，负值为缺土外运。

2. 机械土、石方

（1）机械土、石方运距的规定。机械土、石方运距按下列规定计算：

1）推土机推距：按挖方区重心至回填区重心之间的直线距离计算。

2）铲运机运距：按挖方区重心至卸土区重心加转向距离45m计算。

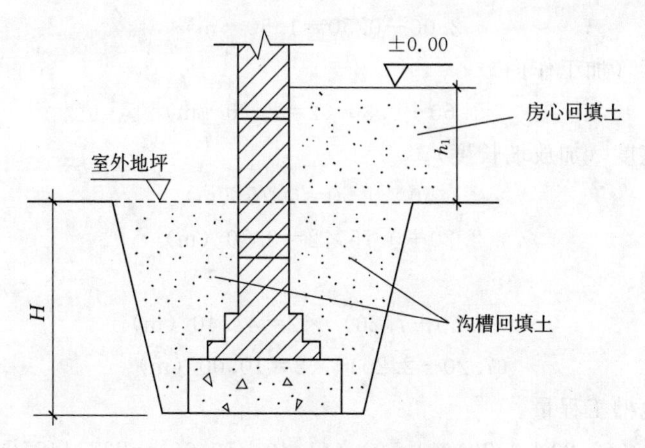

图 4-11 回填土类型示意图

3）自卸汽车运距：按挖方区重心至填土区（或堆放地点）重心的最短距离计算。

（2）建筑场地原土碾压以面积计算，填土碾压按图示填土厚度以体积计算。

（二）土、石方工程量的计算实例

【例 4-3】 如图 4-12 所示某房屋基础平面图及基础详图。土壤为二类土、干土、场内运土。计算人工挖地槽工程量。

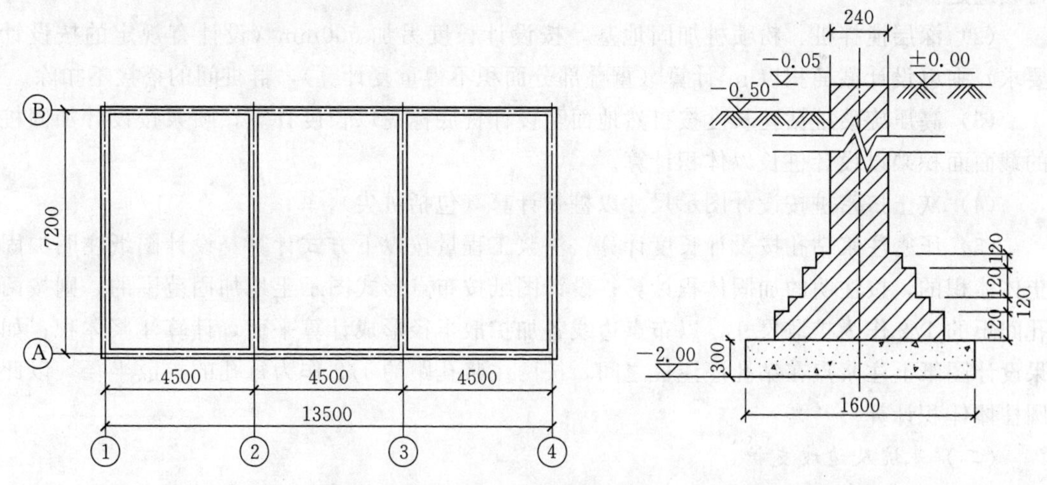

图 4-12 某房屋基础平面图及基础详图（高程单位：m；尺寸单位：mm）

相关信息：

（1）挖土深度从设计室外地坪至垫层底面，二类土，挖土深度 1.50m，超过 1.20m，按表 4.2，按 1∶0.50 放坡。

（2）垫层需要支模板，工作面从垫层边至槽边，按表 4-3，每边各增加工作面宽度 300mm。

（3）地槽长度：外墙按基础中心线长度计算，内墙按扣去基础宽和工作面后的净长线计算，放坡增加的宽度不扣。

解： 工程量计算如下：

（1）挖土深度。

2.00－0.50＝1.50（m）

（2）槽底宽度（加工作面）。

1.60＋0.30×2＝2.20（m）

（3）槽上口宽度（加放坡长度）。

放坡长度：　　1.50×0.50＝0.75（m）

槽上口宽度：　　2.20＋0.75×2＝3.70（m）

（4）地槽长度。

外：　　（13.50＋7.20）×2＝41.40（m）

内：　　（7.20－2.20）×2＝10.00（m）

（5）人工挖地槽工程量。

1/2×(2.20＋3.70)×1.50×(41.40＋10.00)＝227.445（m^3）

二、地基处理及边坡支护工程计量

地基处理及边坡支护工程量的计算规则及应用要点如下。

（一）地基处理

地基处理工程量计算规则及应用要点如下：

（1）强夯加固地基，以夯锤底面积计算，并根据设计要求的夯击能量和每点夯击数执行相应定额。

（2）深层搅拌桩、粉喷桩加固地基，按设计长度另加500mm（设计有规定的按设计要求）乘以设计截面积以m^3计算（重叠部分面积不得重复计算），群桩间的搭接不扣除。

（3）高压旋喷桩钻孔长度按自然地面至设计桩底标高以长度计算，喷浆按设计加固桩的截面面积乘以设计桩长以体积计算。

（4）灰土挤密桩按设计图示尺寸以桩长计算（包括桩尖）。

（5）压密注浆钻孔按设计长度计算。注浆工程量按以下方式计算：设计图纸注明加固土体体积的，按注明的加固体积计算；设计图纸按布点形式图示土地加固范围的，则按两孔间距的1/2作为扩散尺寸，以布点边线各加扩散半径形成计算平面，计算注浆体积；如果设计图纸上注浆点在钻孔灌注桩之间，按两注浆孔距的1/2作为每孔的扩散半径，以此圆柱体体积计算。

（二）基坑及边坡支护

（1）基坑锚喷护壁成孔、斜拉锚桩成孔及孔内注浆按设计图示尺寸以长度计算。护壁喷射混凝土按设计图示尺寸以面积计算。

（2）土钉支护钉土锚按设计图示尺寸以长度计算。挂钢筋网按设计图纸以面积计算。

（3）基坑钢管支撑以坑内的钢立柱、支撑、围檩、活络接头、法兰盘、预埋铁件的合并质量计算。

（4）打、拔钢板桩按设计钢板桩质量计算。

三、桩基工程计量

（一）桩基工程量的计算规则及应用要点

1. 打桩

（1）打预制钢筋混凝土桩的体积，按设计桩长（包括桩尖，不扣除桩尖虚体积）乘以桩界面面积计算；管桩（空心方桩）的空心体积应扣除；管桩（空心方桩）的空心部分设计要求灌注混凝土或其他填充材料时，应另行计算。

（2）接桩：按每个接头计算。

（3）送桩：以送桩长度（自桩顶面至自然地坪另加500mm）乘以桩界面面积以体积计算。

2. 灌注桩

（1）泥浆护壁钻孔灌注桩。

1）钻土孔与钻岩孔工程量应分别计算。钻土孔自自然地面至岩石表面之深度乘以设计桩截面积以体积计算；钻岩石孔以深入岩深度乘桩截面面积以体积计算。

2）混凝土灌入量以设计桩长（含桩尖长）另加一个直径（设计有规定的，按设计要求）乘以桩截面积以体积计算；地下室基础超灌高度按现场具体情况另行计算。

3）泥浆外运的体积按钻孔的体积计算。

（2）打孔沉管、夯扩灌注桩。

1）灌注混凝土、砂、碎石桩使用活瓣桩尖时，单打、复打桩体积均按设计桩长（包括桩尖）另加250mm（设计有规定，按设计要求）乘以标准管外径以体积计算。使用预制钢筋混凝土桩尖时，单打、复打桩体积均按设计桩长（不包括预制桩尖）另加250mm乘以标准管外径以体积计算。

2）打孔、沉管灌注桩空沉管部分，按空沉管的实体积计算。

3）夯扩桩体积分别按每次设计夯扩前投料长度（不包括预制桩尖）乘以标准管内径体积计算，最后管内灌注混凝土按设计桩长另加250mm乘以标准管外径体积计算。

4）打孔灌注桩、夯扩桩使用预制混凝土桩尖的，桩尖个数另列项目计算，单打、复打的桩尖按单打、复打次数之和计算，桩尖费用另计。

（3）其他规定。

1）长螺旋或钻盘式钻机钻孔灌注桩的单桩体积，按设计桩长（含桩尖）另加500mm（设计有规定，按设计要求）再乘以螺旋外径或设计截面积以体积计算。

2）注浆管、声测管按打桩前的自然地坪标高至设计桩底标高的长度另加0.2m，按长度计算。

3）灌注桩后注浆按设计注入水泥用量，以质量计算。

4）人工挖孔灌注混凝土桩中挖井坑土、挖井坑岩石、砖砌井壁、混凝土井壁、井壁内灌注混凝土均按图示尺寸以体积计算。如设计要求超灌时，另行增加超灌工程量。

5）凿灌注混凝土桩头按体积计算，凿、截断预制方（管）桩均以根计算。

（二）桩基工程量的计算实例

【例4-4】 某工程打设（400mm×400mm×24000mm）钢筋混凝土预制方桩，共计150根，预制桩的每节长度为8m，送桩深度为5m，桩的连接采用焊接接头。试求：（1）打预制方桩的工程量；（2）送桩工程量；（3）桩接头数量。

相关知识：

（1）设计桩长包括桩尖，不扣除桩尖虚体积。

（2）送桩长度从桩顶面到自然地面另加500mm。

解：（1）打预制方桩的工程量。

$$0.4\times0.4\times24\times150=576\ (\text{m}^3)$$

（2）送桩工程量。

$$0.4\times0.4\times(5+0.5)\times150=132\ (\text{m}^3)$$

（3）桩接头数量。

$$2\times150=300\ (\text{个})$$

【例4-5】 某工程采用钻孔灌注桩，共300根，桩的直径为800mm，桩总长为38m，其中入岩深度预计平均为3m。混凝土灌入从桩底到地下室底板，总计30m，留8m空孔。试求：（1）钻土、钻岩工程量；（2）混凝土灌入体积；（3）泥浆外运量。

相关知识：

（1）钻土孔与钻岩孔应分别计算。

（2）钻土孔深度从自然地面至岩石表面，钻岩石孔深度为入岩深度。

（3）土孔与岩石孔灌注混凝土的量分别计算。

（4）灌注混凝土桩长是设计桩长（包括桩尖）另加一个直径，如果设计有规定，则加设计要求长度。

解：（1）钻土、钻岩工程量。

钻土工程量：$3.14\times0.4\times0.4\times(38-3)\times300=5275.20\ (\text{m}^3)$

钻岩工程量：$3.14\times0.4\times0.4\times3\times300=452.16\ (\text{m}^3)$

（2）混凝土灌入体积。

混凝土灌入体积（土孔）：

$$3.14\times0.4\times0.4\times(38-3+0.8)\times300=5395.78\ (\text{m}^3)$$

混凝土灌入体积（岩石孔）：

$$3.14\times0.4\times0.4\times3\times300=452.16\ (\text{m}^3)$$

（3）泥浆外运量。

即钻孔体积：　　$5275.2+452.16=5727.36\ (\text{m}^3)$

四、砌筑工程计量

（一）砌筑工程量的计算规则及应用要点

1. 一般规则

（1）计算墙体工程量时，应扣除门窗、洞口、嵌入墙内的钢筋混凝土柱、梁、圈梁、挑梁、过梁及凹进墙内的壁龛、管槽、暖气槽、消火栓箱所占体积，不扣除梁头、板头、檩头、垫木、木楞头、沿缘木、木砖、门窗走头、砖墙内加固钢筋、木筋、铁件、钢管及单个面积不大于0.3m^{2}的孔洞所占的体积。突出墙面的腰线、挑檐、压顶、窗台线、虎头砖、门窗套的体积亦不增加。凸出墙面的砖垛并入墙体体积内计算。

（2）附墙烟囱、通风道、垃圾道按其外形体积并入所依附的墙体积内合并计算，不扣除每个横截面在0.1m^{2}以内的孔洞体积。

2. 墙体厚度计算规定

（1）多孔砖、空心砖墙、加气混凝土、硅酸盐砌块、小型空心砌块墙均按砖或砌块的厚度计算，不扣除砖或砌块本身的空心部分体积。

(2) 标准砖墙计算厚度见表4-6。

表4-6 标砖砖墙厚度计算表

砖墙计算厚度	1/4	1/2	3/4	1	3/2	2
标准砖/mm	53	115	178	240	365	490

3. 基础与墙身的划分

(1) 砖墙：基础与墙(柱)身使用同一种材料时，以设计室内地面为界(有地下室者，以地下室室内设计地面为界)，以下为基础，以上为墙(柱)身。基础与墙身使用不同材料时，位于设计室内地面高度±300mm以内时，以不同材料为分界线；位于高度±300mm以外时，以设计室内地面为分界线。

(2) 石墙：外墙以设计室外地坪，内墙以设计室内地坪为界，以下为基础，以上为墙身。

(3) 砖、石围墙以设计室外地坪为分界线，以下为基础，以上为墙身。

4. 砖石基础长度的确定

(1) 外墙墙基按外墙中心线长度计算。

(2) 内墙墙基按内墙基最上一步净长度计算。基础大放脚T形接头处重叠部分以及嵌入基础的钢筋、铁件、管道、基础防水砂浆防潮层、通过基础单个面积在0.3m^2以内孔洞所占的体积不扣除，但靠墙暖气沟的挑檐亦不增加。附墙垛基础宽出部分体积，并入所依附的基础工程量内。

5. 墙身长度的确定

外墙按中心线、内墙按净长计算。弧形墙按中心线处长度计算。

6. 墙身高度的确定

设计有明确高度时以设计高度计算，未明确时按下列规定计算：

(1) 外墙：坡(斜)屋面无檐口天棚者，算至屋面板底；有屋架且室内外均有天棚者，算至屋架下弦底另加200mm；无天棚者，算至屋架下弦另加300mm，出檐宽度超过600mm时按实砌高度计算；有现浇钢筋混凝土平板楼层者，算至平板地面。

(2) 内墙：位于屋架下弦者，算至屋架下弦底；无屋架者，算至天棚底另加100mm；有钢筋混凝土楼板隔层者，算至楼板底；有框架梁时，算至梁底。

(3) 女儿墙：从屋面板上表面算至女儿墙顶面(如有混凝土压顶时算至压顶下表面)。

7. 其他规定

(1) 砖砌台阶按水平投影面积以面积计算。

(2) 填充墙按设计图示尺寸以填充墙外形体积计算，其实砌部分即填充料已包括在定额内，不另计算。

(3) 墙基防潮层按墙基顶面水平宽度乘以长度以面积计算，有附垛时将其面积并入墙基内。

(4) 基础垫层按设计图示尺寸以m^3计算，外墙基础垫层长度按外墙中心线长度计算，内墙基础垫层长度按内墙基础垫层净长计算。

（二）砌筑工程量的计算实例

【例 4-6】 图 4-13 所示为某房屋基础平面图及基础详图。室内地坪±0.00m，防潮层-0.05m 处，防潮层以下用 M10 水泥砂浆砌标准砖基础，防潮层以上为多孔砖墙身。试计算砖基础的工程量。

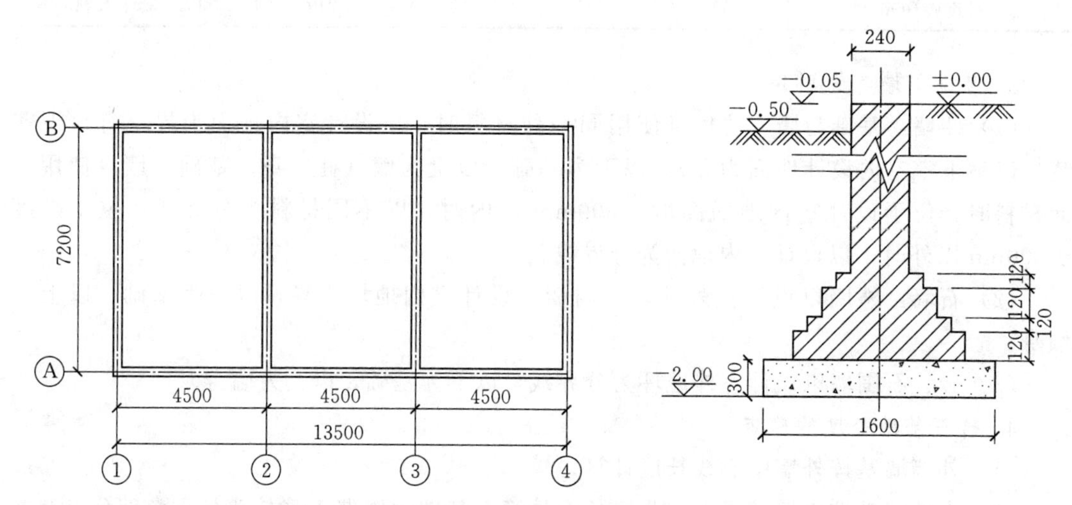

图 4-13　某房屋基础平面图及基础详图（高程单位：m；尺寸单位：mm）

相关信息：

(1) 基础与墙身使用不同材料的分界线位于-50mm 处，在设计室内地坪±300mm 范围内，因此，-0.05m 以下为基础，-0.05m 以上为墙身。

(2) 砖基础的长度计算：外墙按中心线，内墙按净长线，大放脚 T 形接头处重叠部分不扣除。

解：(1) 外墙基础长度：(13.50+7.20)×2=41.40 (m)

内墙基础长度：(7.20-0.24)×2=13.92 (m)

(2) 基础高度：2.00-0.30-0.05=1.65 (m)

基础大放脚折加高度：等高式，240mm 厚墙，4 层，双面，0.656m。

(3) 砖基础体积：0.24×(1.65+0.656)×(41.40+13.92)=30.62 (m^3)

五、钢筋工程计量

（一）钢筋工程量的计算规则及应用要点

(1) 编制预算时，钢筋工程量可暂按构件体积（或水平投影面积、外围面积、延长米）×钢筋含量计算。结算工程量计算应按设计图示、标准图集和规范要求计算。

(2) 钢筋工程应区别现浇构件、预制构件、加工厂预制构件、预应力构件、点焊网片等以及不同规格，分别按设计展开长度（展开长度、保护层、搭接长度应符合规范规定）乘单位理论质量计算。

(3) 计算钢筋工程量时，搭接长度按规范规定计算。当梁、板（包括整版基础）Φ8 以上的通筋未涉及搭接位置时，预算书暂按 9m 一个双面电焊接头考虑，结算时应按钢筋实际定尺长度调整搭接个数，搭接方式按已审定的施工组织设计确定。

(4) 先张法预应力构件中的预应力和非预应力钢筋工程量应合并按设计长度计算，按预应力钢筋定额（梁、大型屋面板、F板执行ф5外的定额，其余均执行ф5内定额）执行。后张法预应力钢筋与非预应力钢筋分别计算，预应力钢筋按设计图规定的预应力钢筋预留孔道长度，区别不同锚具类型，分别按下列规定计算：

1）低合金钢筋两端采用螺杆锚具时，预应力钢筋按预留孔道长度减350mm，螺杆另行计算。

2）低合金钢筋一端采用镦头插片，另一端螺杆锚具时，预应力钢筋长度按预留孔道长度计算。

3）低合金钢筋一端采用镦头插片，另一端采用帮条锚具时，预应力钢筋增加150mm，两端均用帮条锚具时，预应力钢筋共增加300mm计算。

4）低合金钢筋采用后账混凝土自锚时，预应力钢筋长度增加350mm计算。

5）低合金钢筋（钢绞线）采用JM、XM、QM型锚具，孔道长度不大于20m时，钢筋长度增加1m计算，孔道长度大于20m时，钢筋长度增加1.8m计算。

6）碳素钢丝采用锥形锚具，孔道长度不大于20m时，钢丝束长度按孔道长度增加1m计算，孔道长度大于20m时，钢丝束长度按孔道长度增加1.8m计算。

7）碳素钢丝采用墩头锚具时，钢丝束长度按孔道长度增加0.35m计算。

(5) 电渣压力焊、直螺纹、冷压套管挤压等接头以“个”计算。预算书中，底板、梁暂按9m长1个接头的50%计算；柱按自然层每根钢筋1个接头计算。结算时应按钢筋实际接头个数计算。

(6) 地脚螺栓制作、端头螺杆螺帽制作按设计尺寸以质量计算。

(7) 植筋按设计数量以根计算。

(8) 桩顶部破碎混凝土后主筋与底板钢筋焊接分别分为灌注桩、方桩（离心管桩、空心方桩按方桩）以桩的根数计算。每根桩端焊接钢筋根数不调整。

(9) 在加工厂制作的铁件（包括半成品铁件）、已弯曲成型钢筋的场外运输以质量计算。各种砌体内的钢筋加固分绑扎、不绑扎以质量计算。

(10) 混凝土柱中埋设的钢柱，其制作、安装应按相应的钢结构制作、安装定额执行。

(11) 基础中钢支架、铁件的计算。

1）基础中，多层钢筋的型钢支架、垫铁、撑筋、马凳等按已审定的施工组织设计合并用量计算，按金属结构的钢平台、走道制、安定额执行。现浇楼板中设置的撑筋按已审定的施工组织设计用量与现浇构件钢筋用量合并计算。

2）铁件按设计尺寸以质量计算，不扣除孔眼、切肢、切角、切边的质量。在计算不规则或多边形钢板质量时以矩形面积计算。

3）预制柱上钢牛腿按铁件以质量计算。

(12) 后张法预应力钢丝束、钢绞线束按设计图纸预应力筋的结构长度（即孔道长度）加操作长度之和乘钢材单位理论质量计算（无黏结钢绞线封油包塑的质量不计算），其操作长度按下列规定计算：

1）钢丝束采用墩头锚具时，不论一端张拉或两端张拉，均不增加操作长度（即结构长度等于计算长度）。

2）钢丝束采用锥形锚具时，一端张拉为1.0m，两端张拉为1.6m。

3）有黏结钢绞线采用多根夹片锚具时，一端张拉为 0.9m，两端张拉为 1.5m。

4）无黏结预应力钢绞线采用单根夹片锚具时，一端张拉为 0.6m，两端张拉为 1.5m。

5）使用转角器（变角张拉工艺）张拉操作长度应在定额规定的结构长度及操作长度基础上另外增加操作长度；无黏结钢绞线每个张拉端增加 0.60m，有黏结钢绞线每个张拉端增加 1.00m。

6）特殊张拉的预应力筋，其操作长度应按实计算。

（13）当曲线张拉时，后张法预应力钢丝束、钢绞线计算长度可按直线长度乘以下列系数确定：梁高 1.50m 内，乘以 1.015；梁高 1.50m 以上，乘以 1.025；10m 以内跨度的梁，当矢高 650mm 以上时，乘以 1.02。

（14）后张法预应力钢丝束、钢绞线锚具，按设计规定所穿钢丝或钢绞线的孔数计算（每孔均包括了张拉端和固定端的锚具），波纹管按设计图示以延长米计算。

（二）钢筋工程量的计算实例

【例 4-7】 某建筑物有现浇钢筋混凝土梁 L1，配筋如图 4-14 所示。③、④号钢筋为 45°弯起，⑤号箍筋按抗震结构要求，试计算各号钢筋下料长度及该梁钢筋重量。钢筋保护层厚度取 25mm，各种钢筋单位长度的重量为：ф6（0.222kg/m），ф10（0.617kg/m），ф20（2.47kg/m）。

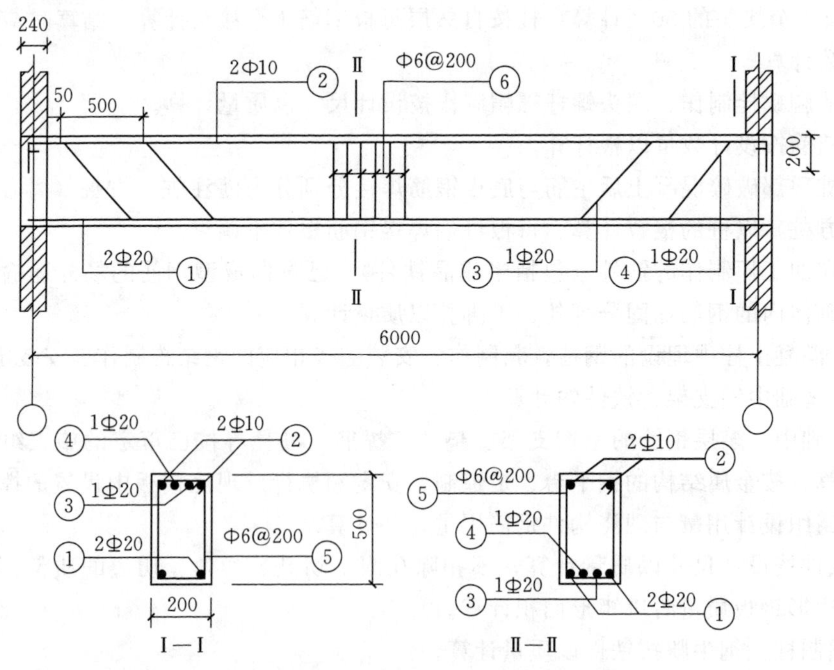

图 4-14　某建筑物现浇钢筋混凝土梁配筋图（单位：mm）

解：（1）长度及数量计算。

①号钢筋（ф20，2 根）：

L1＝6＋0.24－0.025×2＝6.19（m）

②号钢筋（ф10，2 根，末端 180°弯钩）：

L2＝6＋0.24－0.025×2＋6.25×0.01×2＝6.315（m）

③号钢筋（ф20，1根，45°弯起，锚固长度200mm）：

弯起钢筋增加长度＝(0.5－0.025×2)×(1/sin45°－1) ×2＝0.373（m）

L3＝6＋0.24－0.025×2＋0.2×2＋0.373＝6.963（m）

④号钢筋（ф20，1根，45°弯起，锚固长度200mm）：

同③号钢筋。

⑤号箍筋（ф6，末端135°弯钩，双肢箍）：

箍筋根数为（6000－240－50×2)/200＋1＝30（根）

单根箍筋长度：

L5＝[(0.5－0.025×2)＋(0.2－0.025×2)]×2＋4.9×0.006×2＝1.2588（m）

箍筋总长度为1.2588×30＝37.764（m）。

(2) 重量计算。

ф20：[6.19×2＋6.963×2]×2.47＝64.98（kg）

ф10：6.315×2×0.617＝7.79（kg）

ф6：37.764×0.222＝8.38（kg）

重量合计：81.15kg。

六、混凝土工程计量

(一) 混凝土工程量的计算规则及应用要点

1. 现浇混凝土

混凝土工程量除另有规定者外，均按图示尺寸以体积计算。不扣除构件内钢筋、支架、螺栓孔、螺栓、预埋铁件及墙、板中不大于0.3m²的孔洞所占体积。留洞所增加工、料不再另增费用。

(1) 混凝土基础垫层。

1) 混凝土基础垫层是指砖、石、混凝土、钢筋混凝土等基础下的混凝土垫层，按图示尺寸以体积计算，不扣除深入承台基础的桩头所占体积。

2) 外墙基础垫层长度按外墙中心线长度计算，内墙基础垫层长度按内墙基础垫层净长计算。

(2) 基础。按图示尺寸以体积计算。不扣除伸入承台基础的桩头所占体积。

1) 带形基础长度：外墙下条形基础按外墙中心线长度、内墙下带形基础按基底、有斜坡的按斜坡间的中心线长度、有梁部分按梁净长计算，独立柱基间带形基础按基底净长计算。

2) 有梁带形混凝土基础，其梁高与梁宽之比在4∶1以内的，按有梁式带形基础计算(带形基础梁高是指梁底部到上部的高度)。超过4∶1时，其基础底按无梁式带形基础计算，上部按墙计算。

3) 满堂（板式）基础有梁式（包括反梁）、无梁式应分别计算，仅带有边肋者，按无梁式满堂基础套用定额。

4) 设备基础除块体以外，其他类型设备基础分别按基础、梁、柱、板、墙等有关规定计算，套相应的定额。

5) 独立柱基、桩承台：按图示尺寸实体积以体积计算至基础扩大顶面。

6）杯形基础套用独立柱基定额。杯口外壁高度大于杯口外长边的杯形基础，套“高颈杯形基础”定额。

（3）柱。按图示断面尺寸乘柱高以体积计算，应扣除构建内型钢体积。柱高按下列规定确定：

1）有梁板的柱高，应自柱基上表面（或楼板上表面）至上一层楼板上表面之间的高度计算，不扣除板厚。

2）无梁板的柱高，自柱基上表面（或楼板上表面）至柱帽下表面的高度计算。

3）有预制板的框架柱柱高自柱基上表面至柱顶高度计算。

4）构造柱按全高计算，与砖墙嵌接部分的混凝土体积并入柱身体积内计算。

5）依附柱上的牛腿和升板的柱帽，并入相应柱身体积内计算。

6）L形、T形、十字形柱，按L形、T形、十字形柱相应定额执行。当两边之和超过2000mm，按直形墙相应定额执行。

（4）梁。按图示断面尺寸乘梁长以体积计算。梁长按下列规定确定：

1）梁与柱连接时，梁长算至柱侧面。

2）主梁与侧梁连接时，次梁长算至主梁侧面。深入砖墙内的梁头、梁垫体积并入梁体积内计算。

3）圈梁、过梁应分别计算，过梁长度按图示尺寸，图纸无明确表示时，按门窗洞口外围宽另加500mm计算。平板与砖墙上混凝土圈梁相交时，圈梁高应算至板底面。

4）依附于梁、板、墙（包括阳台梁、圈过梁、挑檐板、混凝土栏板、混凝土墙外侧）上的混凝土线条（包括弧形线条）按小型构件定额执行（梁、板、墙宽算至线条内侧）。

5）现浇挑梁按挑梁计算，其压入墙身部分按圈梁计算；挑梁与单、框架梁连接时，其挑梁应并入相应梁内计算。

6）花篮梁二次浇捣部分执行圈梁定额。

（5）板。按图示面积乘板厚以体积计算（梁板交接处不得重复计算），不扣除单个面积0.3m^2以内的柱、垛以及孔洞所占体积。应扣除构建中压型钢板所占体积。其中：

1）有梁板按梁（包括主、次梁）、板体积之和计算，有后浇带时，后浇板带（包括主、次梁）应扣除。厨房间、卫生间墙下设计有素混凝土防水坎时，工程量并入板内，执行有梁板定额。

2）无梁板按板和柱帽之和以体积计算。

3）平板按体积计算。

4）现浇挑檐、天沟与板（包括屋面板、楼板）连接时，以外墙面为分界线，与圈梁（包括其他梁）连接时，以梁外边线为分界线。外墙边线以外或梁外边线以外为挑檐、天沟。天沟底板与侧板工程量应分别计算，底板按板式雨篷以板底水平投影面积计算，侧板按天、檐沟竖向裧板以体积计算。

5）飘窗的上下裧板按板式雨篷以板底水平投影面积计算。

6）各类板深入墙内的板头并入板体积内计算。

7）预制板缝宽度在100mm以上的现浇板缝按平板计算。

8）后浇墙、板带（包括主、次梁）按设计图示尺寸以体积计算。

9）现浇混凝土空心楼板混凝土按图示面积乘板厚以 m^3 计算，其中空心管、箱体及空心部分体系扣除。

10）现浇混凝土空心楼板内筒芯按设计图示中心线长度计算；无机阻燃型箱体按设计图示数量计算。

（6）墙。外墙按图示中心线（内墙按净长）乘墙高、墙厚以体积计算，应扣除门、窗洞口及 $0.3m^2$ 外的孔洞体积。单面墙垛其突出部分并入墙体体积内计算，双面墙垛（包括墙）按柱计算。弧形墙按弧线长度乘墙高、墙厚以体积计算，地下室墙有后浇墙带时，后浇墙带应扣除。梯形断面墙按上口与下口的平均宽度计算。墙高按下列规定确定：

1）墙与梁平行重叠，墙高算至梁顶面；当设计梁宽超过墙宽时，梁、墙分别按相应定额计算。

2）墙与板相交，墙高算至板底面。

3）屋面混凝土女儿墙按直（圆）形墙以体积计算。

（7）其他现浇混凝土构件。

1）整体楼梯包括休息平台、平台梁、斜梁及楼梯梁，按水平投影面积计算，不扣除宽度在 500mm 以内的楼梯井，伸入墙内部分不另增加，楼梯与楼板连接时，楼梯算至楼梯梁外侧面。当现浇楼板无梯梁连接时，以楼梯的最后一个踏步边缘加 300mm 为界。圆弧形楼梯包括圆弧形梯段、圆弧形边梁及与楼板连接的平台，按楼梯的水平投影面积计算。

2）阳台、雨篷，按伸出墙外的板底水平投影面积计算，伸出墙外的牛腿不另计算。

3）阳台、檐廊栏杆的轴线柱、下嵌、扶手以扶手的长度按延长米计算。混凝土栏板、竖向挑板以体积计算。栏板的斜长如图纸无规定时，按水平长度乘以系数 1.18 计算。地沟底、壁应分别计算，沟底按基础垫层定额执行。

4）预制钢筋混凝土框架的梁、柱现浇接头，按设计断面以体积计算，套用“柱接柱接头”定额。

5）台阶按水平投影以面积计算，设计混凝土用量超过定额含量时，应调整。台阶与平台的分界线以最上层台阶的外口增 300mm 宽度为准，台阶宽以外部分并入地面工程量计算。

6）空调板按板式雨篷以板底水平投影面积计算。

2. 现场、加工厂预制混凝土

（1）混凝土工程量均按图示尺寸以体积计算，扣除圆孔板内圆孔体积，不扣除构件内钢筋、铁件、后张法预应力钢筋灌浆孔及板内 $0.3m^2$ 以内的孔洞所占体积。

（2）预制桩按桩全长（包括桩尖）乘设计桩断面积（不扣除桩尖虚体积）以体积计算。

（3）混凝土与钢杆件组合的构件，混凝土按构件以体积计算，钢拉杆按第七章中相应内容执行。

（4）漏空混凝土花格窗、花格芯按外形面积以面积计算。

（5）天窗格、端壁、檩条、支撑、楼梯、板类及厚度在 50mm 以内的薄型构建按设计图纸加定额规定的场外运输、安装损耗以体积计算。

（二）混凝土工程量的计算实例

【例 4-8】 某建筑物无筋混凝土独立基础如图 4-15 所示，计算 20 个无筋混凝土独立基础工程的混凝土工程量。

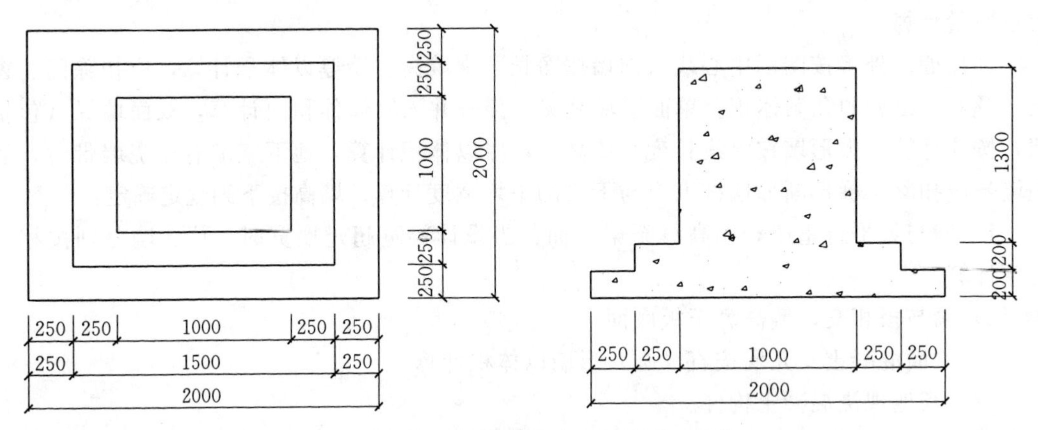

图 4-15　某建筑物无筋混凝土独立基础图（单位：mm）

解： 无筋混凝土独立基础工程量为

$$V=(2.0\times2.0\times0.2+1.5\times1.5\times0.2+1.0\times1.0\times1.3)\times20=51\ (\mathrm{m}^3)$$

【例 4-9】 某四层住宅楼梯平面如图 4-16 所示，计算整体楼梯混凝土工程量。

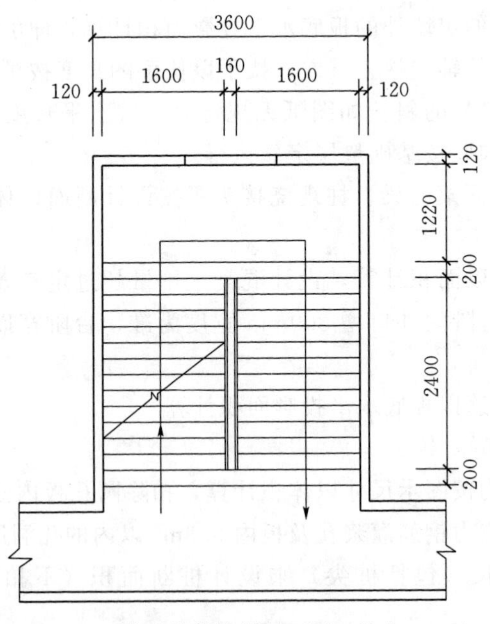

图 4-16　某建筑物楼梯平面图（单位：mm）

解： 整体楼梯水平投影为

$$S=(3.60-0.24)\times(1.22+0.20+2.40+0.20)\times3=40.52\ (\mathrm{m}^2)$$

七、屋面及防水工程计量

屋面及防水工程量的计算规则及应用要点如下。

1. 屋面工程

（1）瓦屋面。屋面按图示尺寸的水平投影面积乘以屋面坡度延长系数C计算（瓦出线已包括在内），不扣除房上烟囱、风帽底座、风道、屋面小气窗、斜沟等所占面积，屋面小气窗的出檐部分也不增加。

瓦屋面的屋脊、蝴蝶瓦的檐口花边、滴水应另列项目按延长米计算。

屋面坡度延长系数及隅延长系数D见表4-7。

表4-7 屋面坡度延长米系数表

坡度比例 a/b	角度 θ	延长系数 C	隅延长系数 D
1/1	45°	1.4142	1.7321
1/1.5	33°40′	1.2015	1.5620
1/2	26°34′	1.1180	1.5000
1/2.5	21°48′	1.0770	1.4697
1/3	18°26′	1.0541	1.4530

注 屋面坡度大于45°时，按设计斜面积计算。

（2）彩钢夹芯板、彩钢复合板屋面。

1）彩钢夹芯板、彩钢复合板屋面按设计图示尺寸以面积计算，支架、槽铝、角铝等均包含在定额内。

2）彩板屋脊、天沟、泛水、包角、山头按设计长度以延长米计算，堵头已包含在定额内。

（3）卷材屋面。

1）卷材屋面按图示尺寸的水平投影面积乘以规定的坡度系数计算，但不扣除房上烟囱、风帽底座、风道、屋面小气窗和斜沟所占面积。女儿墙、伸缩缝、天窗等处的弯起高度按图示尺寸计算并入屋面工程量内；如图纸无规定时，伸缩缝、女儿墙的弯起高度按250mm计算，天窗弯起高度按500mm计算并入屋面工程量内；檐沟、天沟按展开面积并入屋面工程量内。

2）油毡屋面均不包括附加层在内，附加层按设计尺寸和层数另行计算。

3）其他卷材屋面已包括附加层在内，不另行计算；收头、接缝材料已列入定额内。

2. 防水工程

（1）屋面刚性防水按设计图示尺寸以面积计算，不扣除房上烟囱、风帽底座、风道等所占面积。

（2）屋面涂膜防水工程量计算同卷材屋面。

（3）平、立面防水工程量按以下规定计算。

1）涂刷油类防水按设计涂刷面积计算。

2）防水砂浆防水按设计抹灰面积计算，扣除凸出地面的构筑物、设备基础及室内铁道所占的面积，不扣除附墙垛、柱、间壁墙、附墙烟囱及$0.3m^2$以内孔洞所占面积。

3）粘贴卷材、布类：①平面，建筑物地面、地下室防水层按主墙（承重墙）间净面积计算，扣除凸出地面的构筑物、柱、设备基础等所占面积，不扣除附墙垛、间壁墙、附墙烟囱及$0.3m^2$以内孔洞所占面积，与墙间连接处高度在300mm以内者，按展开面积计算并入平面工程量内，超过 300mm 时，按立面防水层计算；②立面，墙身防水层按设计图示尺寸以面积计算，扣除立面孔洞所占面积（0.3m^{2}以内孔洞不扣）；③构筑物防水层按设计图示尺寸以面积计算，不扣除 0.3m^{2}以内孔洞面积。

3. 屋面排水工程

（1）玻璃钢、PVC、铸铁水落管、檐沟，均按图示尺寸以延长米计算。水斗、女儿墙弯头、铸铁落水口（带罩），均按只计算。

（2）阳台 PVC 管通水落管按只计算。每只阳台出水口至水落管中心线斜长按 1m 计算（内含 2 只 135°弯头，1 只异径三通）。

八、楼地面工程计量

（一）楼地面工程量的计算规则及应用要点

1. 地面垫层

地面垫层按室内主墙间净面积乘以设计厚度以 m^3 计算，应扣除凸出地面的构筑物、设备基础、室内铁道、地沟等所占体积，不扣除柱、垛、间壁墙、附墙烟囱及面积在 0.3m^{2}以内孔洞所占体积，但门洞、空窗、暖气包槽、壁龛的开口部分亦不增加。

2. 整体面层、找平层

整体面层、找平层均按主墙间净空面积以 m^2 计算，应扣除凸出地面建筑物、设备基础、地沟等所占面积，不扣除柱、垛、间壁墙、附墙烟囱及面积在 0.3m^{2}以内孔洞所占面积，但门洞、空窗、暖气包槽、壁龛的开口部分亦不增加。看台台阶、阶梯教室地面整体面层按展开后的净面积计算。

3. 地板及块料面层

地板及块料面层，按图示尺寸实铺面积以 m^2 计算，应扣除凸出地面的构筑物、设备基础、柱、间壁墙等不做面层的部分，0.3m^{2}以内孔洞面积不扣除。门洞、空窗、暖气包槽、壁龛的开口部分的工程量另增并入相应的面层内计算。

4. 楼梯

（1）楼梯整体面层按楼梯的水平投影面积以 m^2 计算，包括踏步、踢脚板、中间休息平台、踢脚线、梯板侧面及堵头。楼梯井宽在 200mm 以内者不扣除，超过 200mm 者，应扣除其面积，楼梯间与走廊连接的，应算至楼梯梁的外侧。

（2）楼梯块料面层，按展开实铺面积以 m^2 计算，踏步板、踢脚板、休息平台、踢脚线、堵头工程量应合并计算。

5. 其他

（1）台阶（包括踏步及最上一步踏步扣外延 300mm）整体面层按水平投影面积以 m^2 计算；块料面层，按展开（包括两侧）实铺面积以 m^2 计算。

（2）水泥砂浆、水磨石踢脚线按延长米计算，其洞口、门口长度不予扣除，但洞口、门口、垛、附墙烟囱等侧壁也不增加；块料面层踢脚线按图示尺寸以实贴延长米计算，门洞扣除，侧壁另加。

（3）栏杆、扶手、扶手下托板均按扶手的延长米计算，楼梯踏步部分的栏杆与扶手应按水平投影长度乘以系数 1.18。

（4）斜坡、散水、搓牙均按水平投影面积以 m^2 计算，明沟与散水连在一起，明沟按宽 300mm 计算，其余为散水，散水、明沟应分开计算，散水、明沟应扣除踏步、斜坡、花台等的长度。

(5) 明沟按图示尺寸以延长米计算。

(二) 楼地面工程量的计算实例

【例 4-10】 某建筑物平面如图 4-17 所示，嵌铜条的彩色镜面现浇水磨石地面，地面做法为：混凝土结构基层；素水泥浆结合层一道；30mm 厚 1∶2.5 水泥砂浆找平层；素水泥浆结合层一道；25mm 厚 1∶2 白水泥彩色石子浆磨光。计算该水磨石地面的工程量。

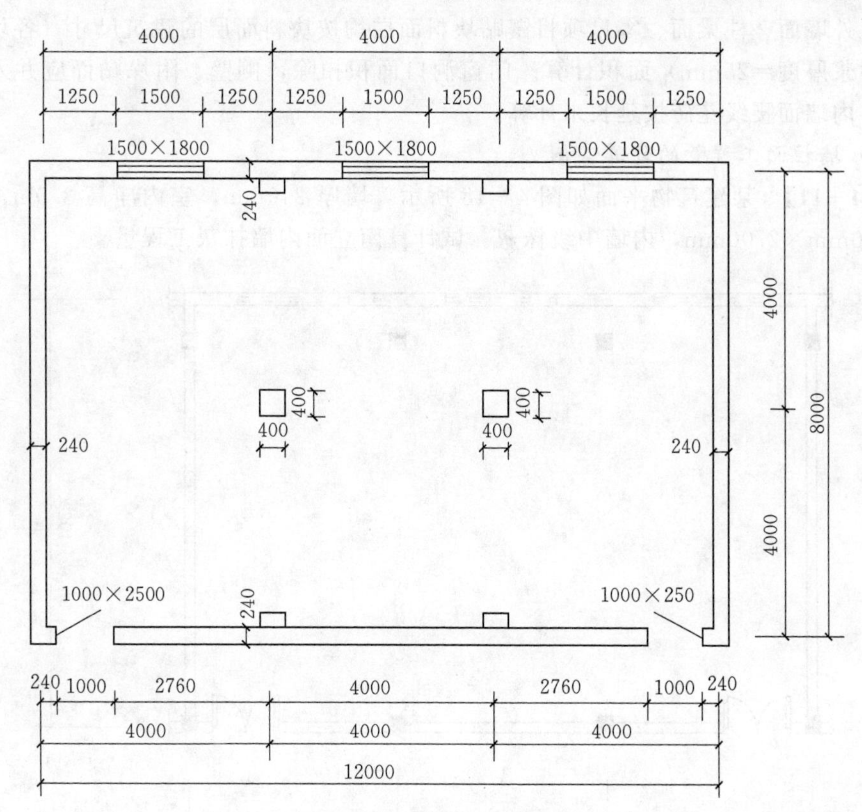

图 4-17 某建筑物平面图（单位：mm）

相关信息：

整体面层、找平层均按主墙间净空面积以 m^2 计算，应扣除凸出地面建筑物、设备基础、地沟等所占面积，不扣除柱、垛、间壁墙、附墙烟囱及面积在 0.3m^2 以内孔洞所占体积，但门洞、空窗、暖气包槽、壁龛的开口部分亦不增加。

解： 彩色镜面现浇水磨石地面工程量为(12－0.24)×(8－0.24)＝91.26 (m^2)

九、墙柱面工程计量

(一) 墙柱面工程量的计算规则及应用要点

1. 内墙面抹灰

内墙面抹灰面积应扣除门窗洞口和空圈所占的面积，不扣除踢脚线、挂镜线、0.3m^2 以内的孔洞和墙与构件交接处的面积；但其洞口侧壁和顶面抹灰亦不增加。垛的侧面抹灰面积应并入内墙面工程量内计算。

内墙面抹灰长度，以主墙间的图示净长计算，其高度按实际抹灰高度确定，不扣除间壁所占的面积。

2. 外墙抹灰

外墙抹灰面积按外墙面的垂直投影面积计算，应扣除门窗洞口和空圈所占的面积，不扣除 $0.3m^2$ 以内的孔洞面积。但门窗洞口、空圈的侧壁、顶面及垛等抹灰，应按结构展开面积并入墙面抹灰中计算。外墙面不同品种砂浆抹灰，应分别计算按相应子目执行。

3. 挂、贴块料面层

内、外墙面、柱梁面、零星项目镶贴块料面层均按块料面层的建筑尺寸（各块料面层＋粘贴砂浆厚度＝25mm）面积计算。门窗洞口面积扣除，侧壁、附垛贴面应并入墙面工程量中。内墙面腰线花砖按延长米计算。

（二）墙柱面工程量的计算实例

【例 4-11】 某建筑物平面如图 4-18 所示，墙厚 240mm，室内净高 3.9m，门尺寸均为 1500mm×2700mm，内墙中级抹灰。试计算南立面内墙抹灰工程量。

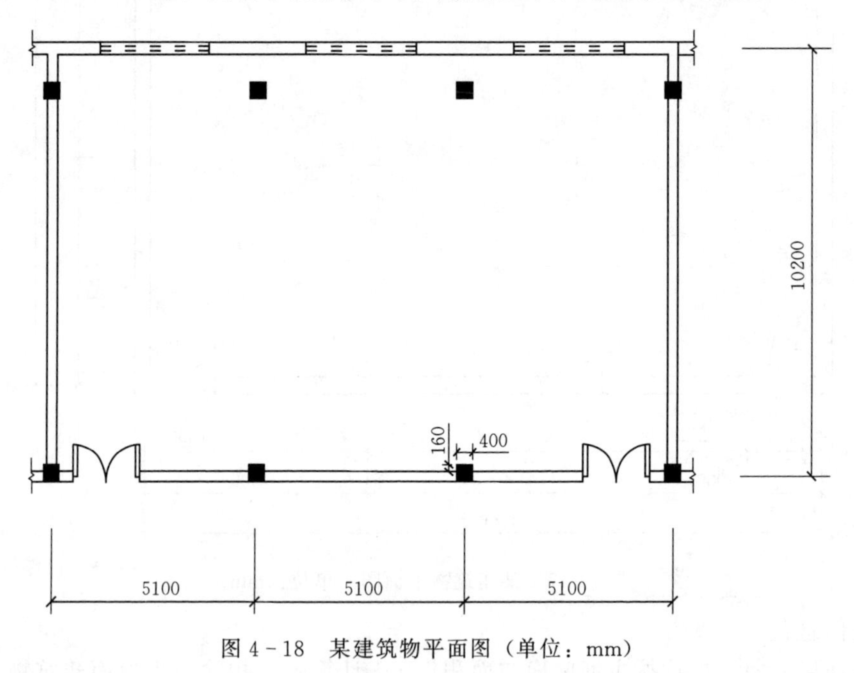

图 4-18　某建筑物平面图（单位：mm）

相关知识：

(1) 内墙面抹灰面积应扣除门窗洞口和空圈所占的面积，不扣除踢脚线、挂镜线、$0.3m^2$ 以内的孔洞和墙与构件交接处的面积；但其洞口侧壁和顶面抹灰亦不增加。垛的侧面抹灰面积应并入内墙面工程量内计算。

(2) 内墙面抹灰长度，以主墙间的图示净长计算，其高度按实际抹灰高度确定，不扣除间壁所占的面积。

解： 南立面内墙面抹灰工程量＝墙面工程量＋柱侧面工程量－门洞口工程量

内墙面净长＝5.1×3－0.24＝15.06（m）

柱侧面工程量＝0.16×3.9×6＝3.744（m^2）

门洞口工程量＝1.5×2.7×2＝8.1（m^2）

墙面抹灰工程量＝15.06×3.9＋3.744－8.1＝54.38（m^2）

十、天棚工程计量

（一）天棚工程量的计算规则及应用要点

1. 天棚饰面

天棚饰面的面积按净面积计算，不扣除间壁墙、检修孔、附墙烟囱、柱垛和管道所占面积，但应扣除独立柱、0.3m^2以上的灯饰面积（石膏板、夹板天棚面层的灯饰面积不扣除）与天棚相连接的窗帘盒面积，整体金属板中间开孔的灯饰面积不扣除。

2. 天棚龙骨

天棚龙骨的面积按主墙间的水平投影面积计算。天棚龙骨的吊筋按每10m^2龙骨面积套相应子目计算；全丝杆的天棚吊筋按主墙间的水平投影面积计算。

圆弧形、拱形的天棚龙骨应按其弧形或拱形部分的水平投影面积计算套用复杂型子目，龙骨用量按设计进行调整。

3. 天棚面抹灰

天棚面抹灰按主墙间天棚水平面积计算，不扣除间壁墙、垛、柱、附墙烟囱、检查洞、通风洞、管道等所占的面积。

密肋梁、井字梁、带梁天棚抹灰面积，按展开面积计算，并入天棚抹灰工程量内。斜天棚抹灰按斜面积计算。

（二）天棚工程量的计算实例

【例4－12】 某办公室现浇混凝土井字梁天棚如图4－19所示。计算天棚抹灰工程量。

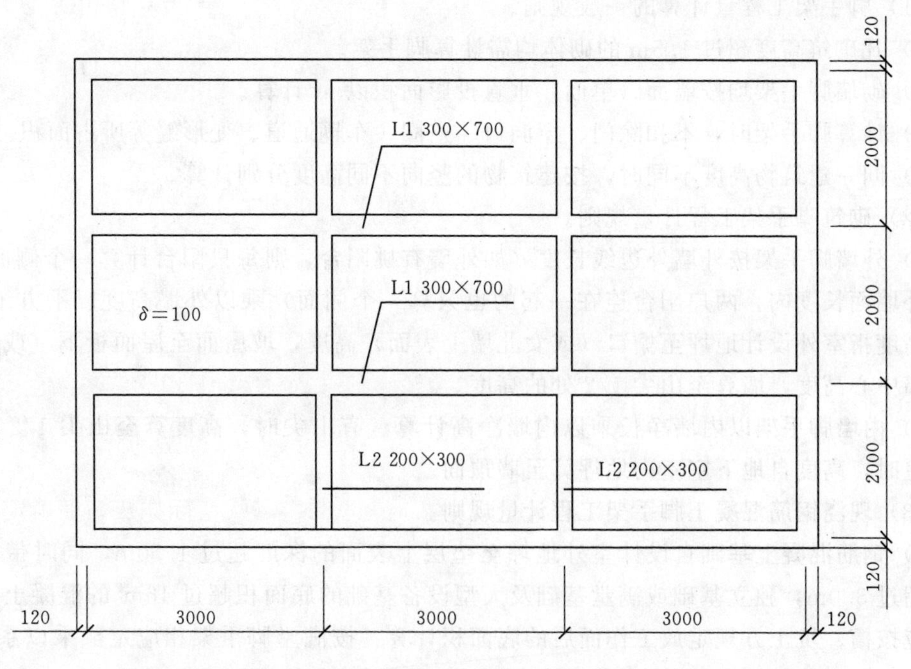

图4－19 某办公室现浇混凝土井字梁天棚示意图（单位：mm）

相关知识：

（1）天棚面抹灰按主墙间天棚水平面积计算，不扣除间壁墙、垛、柱、附墙烟囱、检查洞、通风洞、管道等所占的面积。

（2）井字梁天棚抹灰面积，按展开面积计算，并入天棚抹灰工程量内。

解：主墙间水平投影面积：

$$(9-0.24)\times(6-0.24)=50.46\ (m^2)$$

主梁侧面展开面积：

$$(9-0.24-0.20\times2)\times(0.70-0.10)\times2\times2=20.06\ (m^2)$$

侧梁侧面展开面积：

$$(6-0.24-0.30\times2)\times(0.30-0.10)\times2\times2=4.13\ (m^2)$$

合计：74.62m²。

十一、脚手架工程计量

凡工业与民用建筑、构筑物所需搭设的脚手架，均按定额执行。

脚手架的一般规定适用于檐高在20m以内的建筑物，不包括女儿墙、屋顶水箱、突出主体建筑的楼梯间等高度，前后檐高不同，按平均高度计算。檐高在20m以上的建筑物脚手架除按规定计算一般脚手架项目外，其超过部分需增加加固措施，还需计算超高脚手架材料增加费。

（一）脚手架工程量的计算规则及应用要点

1. 综合脚手架

综合脚手架按建筑面积计算。单位工程中不同层高的建筑面积应分别计算。

2. 单项脚手架

（1）脚手架工程量计算的一般规则。

1）凡砌筑高度超过1.5m的砌体均需计算脚手架。

2）砌墙脚手架均按墙面（单面）垂直投影面积以m²计算。

3）计算脚手架时，不扣除门、窗洞口、空圈、车辆通道、变形缝等所占面积。

4）同一建筑物高度不同时，按建筑物的竖向不同高度分别计算。

（2）砌筑脚手架工程计量规则。

1）外墙脚手架按外墙外边线长度（如外墙有挑阳台，则每只阳台计算一个侧面宽度，计入外墙面长度内，两户阳台连在一起的也只算一个侧面）乘以外墙高度以平方米计算。外墙高度指室外设计地坪至檐口（或女儿墙上表面）高度，坡屋面至屋面板下（或椽子顶面）墙中心高度，墙算至山尖1/2处的高度。

2）内墙脚手架以内墙净长乘以内墙净高计算。有山尖时，高度算至山尖1/2处；有地下室时，高度自地下室室内地坪算至墙顶面。

（3）现浇钢筋混凝土脚手架工程计量规则。

1）钢筋混凝土基础自设计室外地坪至垫层上表面的深度超过1.50m，同时带形基础底宽超过3.0m，独立基础或满堂基础及大型设备基础的底面积超过16m²的混凝土浇捣脚手架应按槽、坑土方规定放工作面后的底面积计算，按满堂脚手架相应定额乘以系数0.3计算。

2）现浇钢筋混凝土独立柱、单梁、墙高度超过3.6m应计算浇捣脚手架。柱的浇捣脚手架以柱的结构周长加3.6m乘以柱高计算；梁的浇捣脚手架按梁的净长乘以地面（或楼面）至梁顶面的高度计算；墙的浇捣脚手架以墙的净长乘以墙高计算，套柱、梁、墙混凝土浇捣脚手架。

3）层高超过3.60m的钢筋砼框架柱、墙（楼板、屋面板为现浇板）所增加的混凝土浇捣脚手架费用，以每$10m^2$框架轴线水平投影面积，按满堂脚手架相应子目乘以0.3系数执行；层高超过3.60m的钢筋混凝土框架柱、梁、墙（楼板、屋面板为预制空心板）所增加的混凝土浇捣脚手架费用，以每$10m^2$框架轴线水平投影面积，按满堂脚手架相应子目乘以0.4系数执行。

（二）脚手架工程量的计算实例

【例4-13】 根据如图4-20所示尺寸，计算建筑物外墙砌筑脚手架工程量。

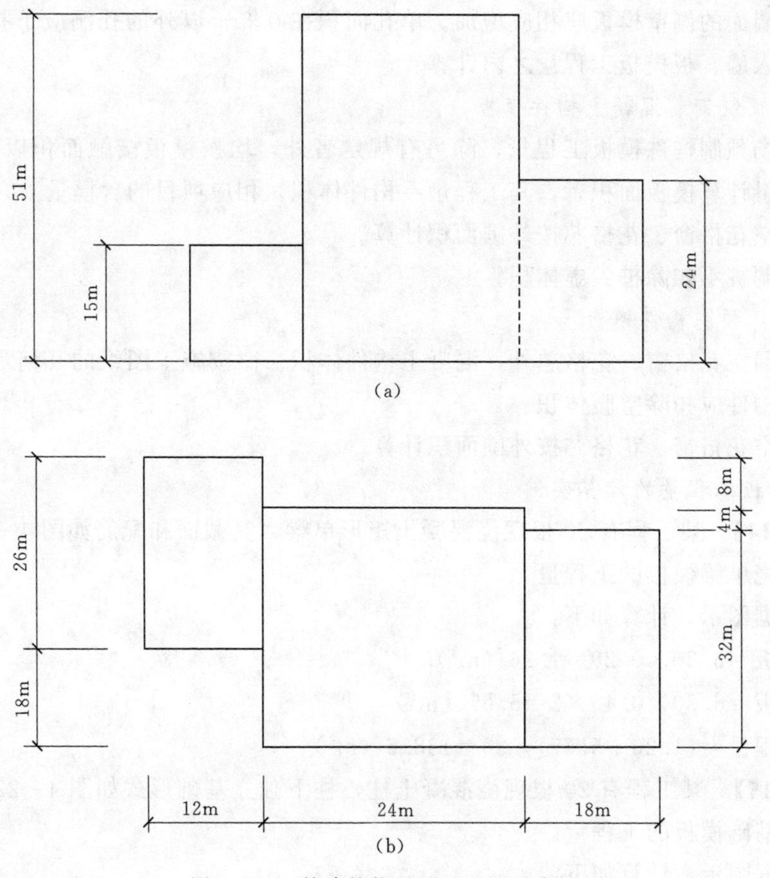

图4-20 某建筑物平面及立面示意图

相关知识：

(1) 外墙砌筑脚手架按外墙外边线长度乘以外墙高度以m^2计算。

(2) 外墙高度指室外设计地坪至檐口（或女儿墙上表面）高度。

解：该建筑物外墙脚手架均采用双排脚手架：

双排脚手架（15m高）＝(26＋12×2＋8)×15＝870（m^2）

双排脚手架（27m 高）$=32\times27=864$（m^2）

双排脚手架（24m 高）$=(18\times2+32)\times24=1632$（$m^2$）

双排脚手架（36m 高）$=26\times36=936$（m^2）

双排脚手架（5lm 高）$=(18+24\times2+4)\times51=3570$（$m^2$）

十二、模板工程计量

（一）模板工程量的计算规则及应用要点

1. 现浇混凝土及钢筋混凝土模板

（1）现浇混凝土及钢筋混凝土模板工程量除另有规定者外，均按混凝土与模板的接触面积计算。若使用含模量计算模板接触面积者，其工程量＝构件体积×相应项目的含模量。

（2）钢筋混凝土墙、板上单孔面积在 0.3m^2 以内的孔洞不予扣除，洞侧壁模板不另增加，但突出墙面的侧壁模板应相应增加。单孔面积在 0.3m^2 以外的孔洞应予扣除，洞侧壁模板面积并入墙、板模板工程量之内计算。

2. 现场预制钢筋混凝土构件模板

（1）现场预制构件模板工程量，除另有规定者外，均按模板接触面积以平方米计算。若使用含模量计算模板面积者，其工程量＝构件体积×相应项目的含模量。

（2）漏空花格窗、花格芯按外围面积计算。

（3）预制桩不扣除桩尖虚体积。

3. 加工厂预制构件模板

（1）除漏空花格窗、花格芯外，混凝土构件体积一律按施工图纸的几何尺寸以实体积计算，空腹构件应扣除空腹体积。

（2）漏空花格窗、花格芯按外围面积计算。

（二）模板工程量的计算实例

【例 4－14】 某工程有 20 根现浇混凝土矩形单梁，其截面和配筋如图 4－21 所示，计算该工程现浇单梁模板的工程量。

解：根据图示，计算如下：

梁底模板$=6.30\times0.20=1.26$（m^2）

梁侧模板$=6.30\times0.45\times2=5.67$（$m^2$）

模板工程量$=(1.26+5.67)\times20=138.6$（$m^2$）

【例 4－15】 某工程有 20 根现浇混凝土柱，柱下独立基础形式如图 4－22 所示，计算该工程独立基础模板的工程量。

解：根据图示，计算如下：

该独立基础为阶梯形，其模板接触面积应分阶计算如下：

$S_{上}=(1.20+1.25)\times2\times0.40=1.96$（$m^2$）

$S_{下}=(1.80+2.00)\times2\times0.40=3.04$（$m^2$）

独立基础模板工程量：

$S=(1.96+3.04)\times20=100$（$m^2$）

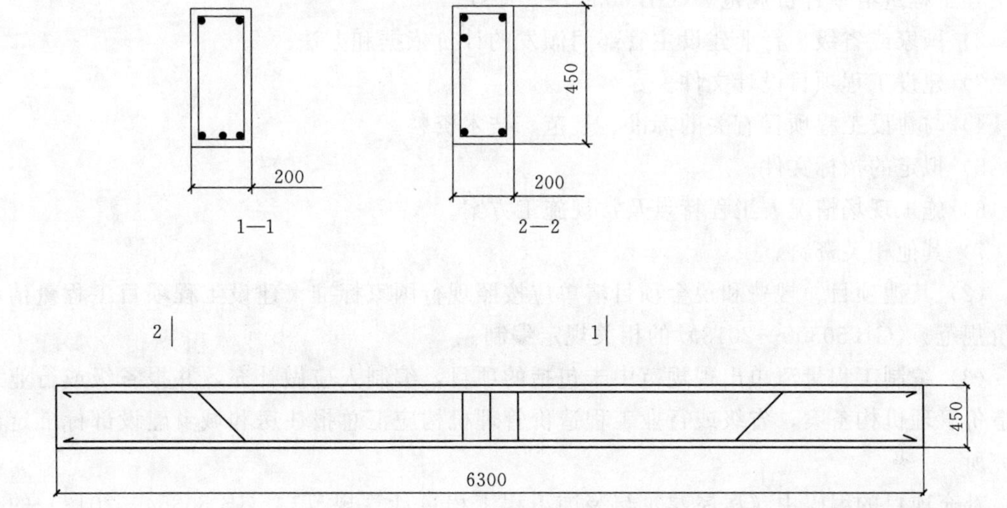

图 4-21 某工程现浇混凝土矩形单梁截面及配筋示意图（单位：mm）

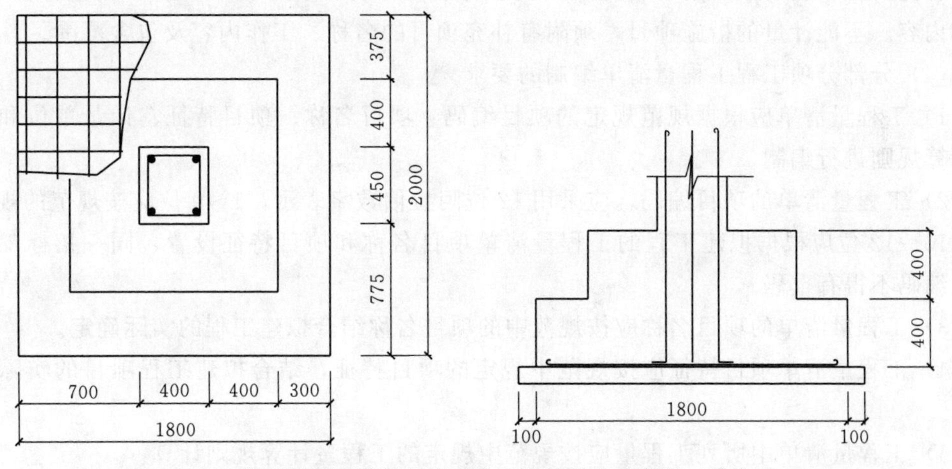

图 4-22 某工程现浇混凝土柱下独立基础形式示意图（单位：mm）

第三节 《房屋建筑与装饰工程工程量计算规范》(GB 50854—2013) 中的工程计量规则

对于工业与民用的房屋建筑与装饰工程发、承包及实施阶段计价活动中的工程计量和工程量清单编制，按照《房屋建筑与装饰工程工程量计算规范》(GB 50854—2013)（简称《计算规范》）进行。

一、《计算规范》中关于工程计量的一般规定

(1) 编制工程量清单应依据：

1)《房屋建筑与装饰工程工程量计算规范》(GB 50854—2013) 和现行国家标准《建

设工程工程量清单计价规范》(GB 50500—2013)。

2）国家或省级、行业建设主管部门颁发的计价依据和办法。

3）建设工程项目设计文件。

4）与建设工程项目有关的标准、规范、技术资料。

5）拟定的招标文件。

6）施工现场情况、工程特点及常规施工方案。

7）其他相关资料。

(2) 其他项目、规费和税金项目清单应按照现行国家标准《建设工程项目工程量清单计价规范》(GB 50500—2013) 的相关规定编制。

(3) 编制工程量清单出现规范中未包括的项目，编制人应做补充，并报省级或行业工程造价管理机构备案，省级或行业工程造价管理机构应汇总报住房和城乡建设部标准定额研究所。

补充项目的编码由《房屋建筑与装饰工程工程量计算规范》(GB 50854—2013) 的代码 01 与 B 和 3 位阿拉伯数字组成，并应从 01B001 起顺序编制，同一招标工程的项目不得重码。

补充的工程量清单需附有补充项目的名称、项目特征、计量单位、工程量计算规则、工作内容。不能计量的措施项目，须附有补充项目的名称、工作内容及包含范围。

(4) 分部分项工程工程量清单编制的要求。

1）工程量清单应根据规范规定的项目编码、项目名称、项目特征、计量单位和工程量计算规则进行编制。

2）工程量清单的项目编码，应采用 12 位阿拉伯数字表示，1～9 位应按规范的规定设置，10～12 位应根据拟建工程的工程量清单项目名称和项目特征设置，同一招标工程的项目编码不得有重码。

3）工程量清单的项目名称应按规范中的项目名称结合拟建工程的实际确定。

4）工程量清单项目特征应按规范中规定的项目特征，结合拟建工程项目的实际予以描述。

5）工程量清单中所列工程量应按规范中规定的工程量计算规则计算。

6）工程量清单的计量单位应按规范中规定的计量单位确定。

7）现浇混凝土工程项目“工作内容”中包括模板工程的内容，同时在措施项目中单列了现浇混凝土模板工程项目。对此，招标人应根据工程实际情况选用。若招标人在措施项目清单中未编列现浇混凝土模板项目清单，即表示现浇混凝土模板项目不单列，现浇混凝土工程项目的综合单价中应包括模板工程费用。

8）预制混凝土构件按现场制作编制项目，“工作内容”中包括模板工程，不再另列。若采用成品预制混凝土构件时，构件成品价（包括模板、钢筋、混凝土等所有费用）应计入综合单价中。

9）金属结构构件按成品编制项目，构件成品价应计入综合单价中，若采用现场制作，包括制作的所有费用。

10）门窗（橱窗除外）按成品编制项目，门窗成品价应计入综合单价中。若采用现场制作，包括制作的所有费用。

二、土石方工程计量

（一）土石方工程量的计算规则

《计算规范》中土石方工程量清单主要项目设置及工程量计算规则，与《江苏省建筑与装饰工程计价定额（2014版）》有较大的区别，主要体现在清单项目的工作内容与《计价定额》子目的差异较大，在工程量计算方法方面也存在一定的区别。

土石方工程工程量清单主要项目设置、项目特征描述的内容、计量单位及工程量计算规则，应按表4-8的规定执行。

表4-8　土石方工程量清单主要项目设置及工程量计算规则

项目编码	项目名称	项目特征	计量单位	工程量计量规则	工作内容
010101001	平整场地	1. 土壤类别； 2. 弃土运距； 3. 取土运距	m^2	按设计图示尺寸以建筑物首层建筑面积计算	1. 土方挖填； 2. 场地找平； 3. 运输
010101002	挖一般土方	1. 土壤类别； 2. 挖土深度； 3. 弃土运距	m^3	按设计图示尺寸以体积计算	1. 排地表水； 2. 土方开挖； 3. 围护（挡土板）及拆除； 4. 基底钎探； 5. 运输
010101003	挖沟槽土方			按设计图示尺寸以基础垫层底面积乘以挖土深度计算	
010101004	挖基坑土方				
010101005	冻土开挖	1. 冻土厚度； 2. 弃土运距		按设计图示尺寸开挖面积乘厚度以体积计算	1. 爆破； 2. 开挖； 3. 清理； 4. 运输
010101006	挖淤泥、流砂	1. 挖掘深度； 2. 弃淤泥、流砂距离		按设计图示位置、界限以体积计算	1. 开挖； 2. 运输
010103001	回填方	1. 密实度要求； 2. 填方材料品种； 3. 填方粒径要求； 4. 填方来源、运距	m^3	按设计图示尺寸以体积计算： 1. 场地回填：回填面积乘平均回填厚度； 2. 室内回填：主墙间面积乘回填厚度，不扣除间隔墙； 3. 基础回填：按挖方清单项目工程量减去自然地坪以下埋设的基础体积（包括基础垫层及其他构筑物）	1. 运输； 2. 回填； 3. 压实
010103002	余方弃置	1. 废弃料品种； 2. 运距	m^3	按挖方清单项目工程量减利用回填方体积（正数）计算	余方点装料运输至弃置点

（二）土石方工程量的计算实例

【例4-16】 如图4-23所示某房屋基础平面图及基础详图。土壤为二类土、干土、场内运土。计算人工挖地槽工程量并编制工程量清单。

相关知识：

（1）《计算规范》中将挖基础土方分为挖一般土方、挖沟槽土方、挖基坑土方等内容，其中，挖一般土方按设计图示尺寸以体积计算；挖沟槽土方和挖基坑土方则按设计图示尺寸以基础垫层底面积乘以挖土深度计算。

（2）底宽小于等于7m且底长大于3倍底宽为沟槽；底长小于等于3倍底宽且底面积小于等于150m²为基坑；超出上述范围则为一般土方。

（3）不需要分土壤类别、干土、湿土，只需在项目特征中进行描述。

（4）不需要考虑工作面、放坡。

（5）不需要考虑运土，只需在项目特征中进行描述。

解：本工程工作内容为挖沟槽土方，工程量计算如下：

（1）挖土深度：2.00－0.50＝1.50（m）

（2）垫层宽度：1.60m

（3）垫层长度：

外：(13.50＋7.20)×2＝41.40（m）

内：(7.20－1.60)×2＝11.20（m）

（4）人工挖地槽工程量：

1.60×1.50×(41.40＋11.20)＝126.24（m³）

根据上述计算结果，结合《计算规范》的清单子目，编制工程量清单见表4-9。

表4-9　　分部分项工程量清单

项目编码	项目名称	项目特征	计量单位	工程量
010101003001	挖沟槽土方	1. 二类土、干土； 2. 挖土深度：1.5m； 3. 弃土运距：300m	m³	126.24

三、地基处理与边坡支护工程计量

《计算规范》中地基处理与边坡支护工程量清单主要项目设置及工程量计算规则，与《江苏省建筑与装饰工程计价定额（2014版）》有较大的区别，主要体现在清单项目的工作内容与《计价定额》子目的差异较大，在工程量计算方法方面也存在一定的区别。

地基处理与边坡支护工程量清单主要项目设置、项目特征描述的内容、计量单位及工程量计算规则，应按表4-10的规定执行。

表 4-10 地基处理与边坡支护工程量清单主要项目设置及工程量计算规则

项目编码	项目名称	项目特征	计量单位	工程量计量规则	工作内容
010201001	换填垫层	1. 材料种类及配比； 2. 压实系数； 3. 掺加剂品种	m^3	按设计图示尺寸以体积计算	1. 分层铺填； 2. 碾压、振密或夯实； 3. 材料运输
010201006	振冲桩（填料）	1. 地层情况； 2. 空桩长度、桩长； 3. 桩径； 4. 填充材料种类	1. m； 2. m^3	1. 以 m 计量，按设计图示尺寸以桩长计算； 2. 以 m^3 计量，按设计桩截面乘以桩长以体积计算	1. 振冲成孔、填料、振实； 2. 材料运输； 3. 泥浆运输
010201007	砂石桩	1. 地层情况； 2. 空桩长度、桩长； 3. 桩径； 4. 成孔方法； 5. 材料种类、级配		1. 以 m 计量，按设计图示尺寸以桩长（包括桩尖）计算； 2. 以 m^3 计量，按设计桩截面乘以桩长（包括桩尖）以体积计算	1. 成孔； 2. 填充、振实； 3. 材料运输
010201012	高压喷射注浆桩	1. 地层情况； 2. 空桩长度、桩长； 3. 桩截面； 4. 注浆类型、方法； 5. 水泥强度等级		按设计图示尺寸以桩长计算	1. 成孔； 2. 水泥浆制作、高压喷射注浆； 3. 材料运输
010201016	注浆地基	1. 地层情况； 2. 空钻深度、注浆深度； 3. 注浆间距； 4. 浆液种类及配比； 5. 注浆方法； 6. 水泥强度等级	1. m； 2. m^3	1. 以 m 计量，按设计图示尺寸以钻孔深度计算； 2. 以 m^3 计量，按设计图示尺寸以加固体积计算	1. 成孔； 2. 注浆导管制作、安装； 3. 浆液制作、压浆； 4. 材料运输
010201017	褥垫层	1. 厚度； 2. 材料品种及比例	1. m^2； 2. m^3	1. 以 m^2 计量，按设计图示尺寸以铺设面积计算； 2. 以 m^3 计量，按设计图示尺寸以体积计算	材料拌和、运输、铺设、压实

四、桩基工程计量

（一）桩基工程量的计算规则

《计算规范》中桩基工程量清单主要项目设置及工程量计算规则，与《江苏省建筑与装饰工程计价定额（2014 版）》有较大的区别，主要体现在清单项目的工作内容与《计价定额》子目的差异较大，在工程量计算方法方面也存在一定的区别。

桩基工程量清单主要项目设置、项目特征描述的内容、计量单位及工程量计算规则，应按表 4-11 的规定执行。

表 4-11　　桩基工程量清单主要项目设置及工程量计算规则

项目编码	项目名称	项目特征	计量单位	工程量计量规则	工作内容
010301001	预制钢筋混凝土方桩	1. 地层情况； 2. 送桩深度、桩长； 3. 桩截面； 4. 桩倾斜度； 5. 沉桩方法； 6. 接桩方式； 7. 混凝土强度等级	1. m； 2. m^3； 3. 根	1. 以m计量，按设计图示尺寸以桩长（包括桩尖）计算； 2. 以m^3计量，按设计图示截面积乘以桩长（包括桩尖）以实体积计算； 3. 以根计量，按设计图示数量计算	1. 工作平台搭拆； 2. 桩机竖拆、移位； 3. 沉桩； 4. 接桩； 5. 送桩
010301004	截（凿）桩头	1. 桩类型； 2. 桩头截面、高度； 3. 混凝土强度等级； 4. 有无钢筋	1. m^3； 2. 根	1. 以m^3计量，按设计桩截面乘以桩头长度以体积计算； 2. 以根计量，按设计图示数量计算	1. 截（切割）桩头； 2. 凿平； 3. 废料外运
010302001	泥浆护壁成孔灌注桩	1. 地层情况； 2. 空桩长度、桩长； 3. 桩径； 4. 成孔方法； 5. 护筒类型、长度； 6. 混凝土种类、强度等级	1. m； 2. m^3； 3. 根	1. 以m计量，按设计图示尺寸以桩长（包括桩尖）计算； 2. 以m^3计量，按不同截面在桩上范围内以体积计算； 3. 以根计量，按设计图示数量计算	1. 护筒埋设； 2. 成孔、固壁； 3. 混凝土制作、运输、灌注、养护； 4. 土方、废泥浆外运； 5. 打桩场地硬化及泥浆池、泥浆沟
010302005	人工挖孔灌注桩	1. 桩芯长度； 2. 桩芯直径、扩底直径、扩底高度； 3. 护壁厚度、高度； 4. 护壁混凝土种类、强度等级； 5. 桩芯混凝土种类、强度等级	1. m^3； 2. 根	1. 以m^3计量，按桩芯混凝土体积计算； 2. 以根计量，按设计图示数量计算	1. 护壁制作； 2. 混凝土制作、运输、灌注、振捣、养护
010302007	灌注桩后压浆	1. 注浆导管倒料、规格； 2. 注浆导管长度； 3. 单孔注浆量； 4. 水泥强度等级	孔	按设计图示以注浆孔数计算	1. 注浆导管制作、安装； 2. 浆液制作、运输、压浆

(二) 桩基工程量的计算实例

【例 4-17】 某工程打设(400mm×400mm×24000mm)钢筋混凝土预制方桩,共计150 根,预制桩的每节长度为 8m,送桩深度为 5m,桩的连接采用焊接接头。计算打桩工程量并编制工程量清单。

相关知识:

(1)计量单位为 m 时,只需要按图示桩长(包括桩尖)计算长度,不需要考虑送桩、接桩。桩截面尺寸不同时,按不同截面分别计算及列项。

(2)计量单位为 m^3时,只需要按设计图示截面积乘以桩长(包括桩尖)以实体积计算,不需要考虑送桩、接桩。桩截面尺寸不同时,按不同截面分别计算及列项。

(3)计量单位为根时,只需要按设计图示数量计算,不需要考虑送桩、接桩。桩截面尺寸不同时,按不同截面分别计算及列项。

解:工程量计算如下:

(1)计量单位为"m"时,桩长为 24×150=3600(m)。

(2)计量单位为"m^3"时,桩工程量为 0.4×0.4×24×150=576(m^3)。

(3)计量单位为"根"时,桩根数为 150 根。

根据上述计算结果,结合《计算规范》的清单子目,编制工程量清单见表 4-12。

表 4-12　　分部分项工程量清单

项目编码	项目名称	项目特征	计量单位	工程量
010301001001	预制钢筋混凝土方桩	1. 送桩深度:5m; 2. 桩截面:400mm×400mm×24000mm; 3. 沉桩方式:静力压桩; 4. 接桩方式:焊接接头	m	3600

以"m^3"和"根"为计量单位下的清单编制略。

【例 4-18】 某工程采用钻孔灌注桩,共 300 根,桩的直径为 800mm,桩总长为38m,其中入岩深度预计平均为 3m。混凝土灌入从桩底到地下室底板,总计 30m,留 8m空孔。计算灌注桩工程量并编制工程量清单。

相关知识:

(1)计算灌注桩桩长,不需要考虑增加一个桩直径长度。

(2)桩在土孔中和严控中的深度要分别计算。

(3)计量单位可以为"m""m^3"或者"根"。

解:以计量单位为"m"为例,工程量计算如下:

钻土孔桩=(38-3)×300=10500(m)

桩岩石孔桩=3×300=900(m)

根据上述计算结果,结合《计算规范》的清单子目,编制工程量清单见表 4-13。

表 4-13 分部分项工程量清单

序号	项目编码	项目名称	项目特征	计量单位	工程量
1	010302001001	泥浆护壁成孔灌注桩	1. 地层情况：土层； 2. 桩长：35m； 3. 桩径：800mm； 4. 成孔方法：钻孔	m	10500
2	010302001002	泥浆护壁成孔灌注桩	1. 地层情况：岩石层； 2. 桩长：3m； 3. 桩径：800mm； 4. 成孔方法：钻孔	m	900

五、砌筑工程计量

（一）砌筑工程量的计算规则

《计算规范》中土石方工程量清单主要项目设置及工程量计算规则，与《江苏省建筑与装饰工程计价定额（2014版）》基本一致。各部分计算规则如下所述。

1. 砖基础工程量计算规则

按设计图示尺寸以体积计算包括附墙垛基础宽出部分体积，扣除地梁（圈梁）、构造柱所占体积，不扣除基础大放脚T形接头处的重叠部分及嵌入基础内的钢筋、铁件、管道、基础砂浆防潮层和单个面积不大于0.3m^2的孔洞所占体积，靠墙暖气沟的挑檐不增加基础长度：外墙按外墙中心线，内墙按内墙净长线计算。

2. 实心砖墙、多孔砖墙、空心砖墙工程量计算规则

按设计图示尺寸以体积计算扣除窗、洞口、嵌入墙内的钢筋混凝土柱、梁、圈梁、挑梁、过梁及凹进墙内的壁龛、管槽、暖气槽、消火栓箱所占体积，不扣除梁头、板头、檩头、垫木、木楞头、沿缘木、木砖、门窗走头、砖墙内加固钢筋、木筋、铁件、钢管及单个面积不大于0.3m^2的孔洞所占的体积。凸出墙面的腰线、挑檐、压顶、窗台线、虎头砖、门窗套的体积亦不增加。凸出墙面的砖垛并入墙体体积内计算。

（1）墙长度：外墙按中心线、内墙按净长计算。

（2）墙高度。

1）外墙：斜（坡）屋面无檐口天棚者算至屋面板底；有屋架且室内外均有天棚者算至屋架下弦底另加200mm；无天棚者算至屋架下弦底另加300mm，出檐宽度超过600mm时按实砌高度计算；与钢筋混凝土楼板隔层者算至板顶。平屋顶算至钢筋混凝土板底。

2）内墙：位于屋架下弦者，算至屋架下弦底；无屋架者算至天棚底另加100mm；有钢筋混凝土楼板隔层者算至楼板顶；有框架梁时算至梁底。

3）女儿墙：从屋面板上表面算至女儿墙顶面（如有混凝土压顶时算至压顶下表面）。

4）内、外山墙：按其平均高度计算。

（3）框架间墙：不分内外墙按墙体净尺寸以体积计算。

（4）围墙：高度算至压顶上表面（如有混凝土压顶时算至压顶下表面），围墙柱并入围墙体积内。

3. 砌块墙工程量计算规则

按设计图示尺寸以体积计算扣除门窗、洞口、嵌入墙内的钢筋混凝土柱、梁、圈梁、挑梁、过梁及凹进墙内的壁龛、管槽、暖气槽、消火栓箱所占体积，不扣除梁头、板头、檩头、垫木、木楞头、沿缘木、木砖、门窗走头、砌块墙内加固钢筋、木筋、铁件、钢管及单个面积不大于 $0.3m^2$ 的孔洞所占的体积。凸出墙面的腰线、挑檐、压顶、窗台线、虎头砖、门窗套的体积亦不增加。凸出墙面的砖垛并入墙体体积内计算。

(1) 墙长度：外墙按中心线、内墙按净长计算。

(2) 墙高度。

1) 外墙：斜（坡）屋面无檐口天棚者算至屋面板底；有屋架且室内外均有天棚者算至屋架下弦底另加 200mm；无天棚者算至屋架下弦底另加 300mm，出檐宽度超 600mm 时按实砌高度计算；与钢筋混凝土楼板隔层者算至板顶；平屋面算至钢筋混凝土板底。

2) 内墙：位于屋架下弦者，算至屋架下弦底；无屋架者算至天棚底另加 100mm；有钢筋混凝土楼板隔层者算至楼板顶；有框架梁时算至梁底。

3) 女儿墙：从屋面板上表面算至女儿墙顶面（如有混凝土压顶时算至压顶下表面）。

4) 内、外山墙：按其平均高度计算。

(3) 框架间墙：不分内外墙按墙体净尺寸以体积计算。

(4) 围墙：高度算至压顶上表面（如有混凝土压顶时算至压顶下表面），围墙柱并入围墙体积内。

(二) 砌筑工程量的计算实例

【例 4-19】 如图 4-13 所示某房屋基础平面图及基础详图。室内地坪±0.00m，防潮层-0.05m 处，防潮层以下用 M10 水泥砂浆砌标准砖基础，防潮层以上为多孔砖墙身。试计算砖基础的工程量并编制工程量清单。

相关知识：

(1) 砌筑工程量清单主要项目设置及工程量计算规则，与《江苏省建筑与装饰工程计价定额（2014 版）》基本一致。

(2) 砖基础的长度计算：外墙按中心线，内墙按净长线，大放脚 T 形接头处重叠部分不扣除。

解： 根据例 4-6 中的计算数据，砖基础的工程量为 $30.62m^3$。

根据上述计算结果，结合《计算规范》的清单子目，编制工程量清单见表 4-14。

表 4-14 **分部分项工程量清单**

项目编码	项目名称	项目特征	计量单位	工程量
010401001001	砖基础	1. 标准砖； 2. M10 水泥砂浆	m^3	30.62

六、混凝土及钢筋混凝土工程计量

(一) 混凝土及钢筋混凝土工程量的计算规则

《计算规范》中混凝土及钢筋混凝土工程量清单主要项目设置及工程量计算规则，与《江苏省建筑与装饰工程计价定额（2014 版）》基本一致，在《江苏省建筑与装饰工程计价定额（2014版）》是分为两个部分，而《计算规范》中则是将两个合并为一个部分。

另外，现浇混凝土工程项目“工作内容”中包括模板工程的内容，同时又在措施项目中单列了现浇混凝土模板工程项目。对此，招标人应根据工程实际情况选用。若招标人在措施项目清单中未编列现浇混凝土模板项目清单，即表示现浇混凝土模板项目不单列，现浇混凝土工程项目的综合单价中应包括模板工程费用。

预制混凝土构件按现场制作编制项目，“工作内容”中包括模板工程，不再另列。若采用成品预制混凝土构件时，构件成品价（包括模板、钢筋、混凝土等所有费用）应计入综合单价中。

混凝土及钢筋混凝土工程量清单主要项目设置及工程量计算规则，如下所述。

1. 现浇混凝土工程量计算规则

（1）现浇混凝土垫层、带形基础、独立基础、桩承台基础、设备基础，按设计图示尺寸以体积计算。不扣除伸入承台基础的桩头所占体积。

（2）现浇混凝土矩形柱、构造柱、异形柱，按设计图示尺寸以体积计算。

柱高：有梁板的柱高，应自柱基上表面（或楼板上表面）至上一层楼板上表面之间的高度计算；无梁板的柱高，应自柱基上表面（或楼板上表面）至柱帽下表面之间的高度计算；框架柱的柱高，应自柱基上表面至柱顶高度计算；构造柱按全高计算，嵌接墙体部分（马牙槎）并入柱身体积；依附柱上的牛腿和升板的柱帽，并入柱身体积计算。

（3）现浇混凝土基础梁、矩形梁、异型梁、圈梁、过梁、弧形及拱形梁，按设计图示尺寸以体积计算。伸入墙内的梁头、梁垫并入梁体积内。

梁长：梁与柱连接时，梁长算至柱侧面；主梁与次梁连接时，次梁长算至主梁侧面。

（4）现浇混凝土直形墙、弧形墙、短肢剪力墙、挡土墙，按设计图示尺寸以体积计算扣除门窗洞口及单个面积大于0.3m^2的孔洞所占体积，墙垛及突出墙面部分并入墙体体积计算内。

（5）现浇混凝土有梁板、无梁板、平板、拱板、薄壳板、栏板，按设计图示尺寸以体积计算，不扣除单个面积不大于0.3m^2的柱、垛以及孔洞所占面积。压形钢板混凝土楼板扣除构件内压形钢板所占体积。有梁板（包括主、次梁与板）按梁、板体积之和计算，无梁板按板和柱帽体积之和计算，各类板伸入墙内的板头并入板体积内，薄壳板的肋、基梁并入薄壳体积内计算。

（6）现浇混凝土直形楼梯和弧形楼梯，以平方米计量，按设计图示尺寸以水平投影面积计算。不扣除宽度不大于500mm的楼梯井，伸入墙内部分不计算；或者以立方米计量，按设计图尺寸以体积计算。

2. 预制混凝土工程量计算规则

预制混凝土柱、梁，以m^3计量，按设计图示尺寸以体积计算；或者以根计量，按设计图示尺寸以数量计算。

3. 钢筋工程工程量计算规则

现浇构件钢筋、预制构件钢筋、钢筋网片，按设计图示钢筋（网）长度（面积）乘单位理论质量计算。

（二）混凝土及钢筋混凝土工程量的计算实例

【例4-20】 某建筑物无筋混凝土独立基础如图4-15所示，计算20个无筋混凝土独立基础工程的混凝土工程量并编制工程量清单。

解：根据例 4-8 中的计算数据，砖基础的工程量为 30.62m^3。无筋混凝土独立基础工程量为 51m^3。

根据上述计算结果，结合《计算规范》的清单子目，编制工程量清单见表 4-15。

表 4-15　　分部分项工程量清单

项目编码	项目名称	项目特征	计量单位	工程量
010501003001	独立基础	1. 混凝土种类：普通混凝土； 2. 混凝土强度等级：C25	m^3	51

【例 4-21】 某建筑物有现浇钢筋混凝土梁 L1，配筋如图 4-14 所示。③、④号钢筋为 45°弯起，⑤号箍筋按抗震结构要求，试计算各号钢筋下料长度及该梁钢筋重量并编制工程量清单。钢筋保护层厚度取 25mm，各种钢筋单位长度的重量为：ϕ6 (0.222kg/m)，ϕ10 (0.617kg/m)，ϕ20 (2.47kg/m)。

解：根据例 4-7 中的计算数据：

ϕ20：64.98kg；ϕ10：7.79kg；ϕ6：8.38kg。

根据上述计算结果，结合《计算规范》的清单子目，编制工程量清单见表 4-16。

表 4-16　　分部分项工程量清单

序号	项目编码	项目名称	项目特征	计量单位	工程量
1	010515001001	现浇构件钢筋	ϕ20	t	0.065
2	010515001002	现浇构件钢筋	ϕ10	t	0.008
3	010515001003	现浇构件钢筋	ϕ6	t	0.008

七、屋面及防水工程计量

《计算规范》中屋面及防水工程量清单主要项目设置及工程量计算规则，与《江苏省建筑与装饰工程计价定额 (2014 版)》基本一致。

屋面及防水工程量清单主要项目设置、项目特征描述的内容、计量单位及工程量计算规则，应按表 4-17 的规定执行。

表 4-17　　屋面及防水工程量清单主要项目设置及工程量计算规则

项目编码	项目名称	项目特征	计量单位	工程量计量规则	工作内容
010901001	瓦屋面	1. 瓦品种、规格； 2. 黏结层砂浆的配合比	m^2	按设计图示尺寸以斜面积计算不扣除房上烟囱、风帽底座、风道、小气窗、斜沟等所占面积。小气窗的出檐部分不增加面积	1. 砂浆制作、运输、摊铺、养护； 2. 安瓦、做瓦脊
010901002	型材屋面	1. 型材品种、规格； 2. 金属檩条材料品种、规格； 3. 接缝、嵌缝材料种类			1. 檩条制作、运输、安装； 2. 屋面型材安装； 3. 接缝、嵌缝

续表

项目编码	项目名称	项目特征	计量单位	工程量计量规则	工作内容
010902001	屋面卷材防水	1. 卷材品种、规格、厚度； 2. 防水层数； 3. 防水层做法	m^2	按设计图示尺寸以面积计算： 1. 斜屋顶（不包括平屋顶找坡）按斜面积计算，平屋顶按水平投影面积计算； 2. 不扣除房上烟囱、风帽底座、风道、屋面小气窗和斜沟所占面积； 3. 屋面的女儿墙、伸缩缝和天窗等处的弯起部分，并入屋面工程量内	1. 基层处理； 2. 刷底油； 3. 铺油毡卷材、接缝
010903001	墙面卷材防水	卷材品种、规格、厚度； 防水层数； 防水层做法	m^2	按设计图示尺寸以面积计算	1. 基层处理； 2. 刷黏结剂； 3. 铺防水卷材； 4. 接缝、嵌缝

八、楼地面装饰工程计量

（一）楼地面装饰工程量的计算规则

《计算规范》中楼地面装饰工程量清单主要项目设置及工程量计算规则，与《江苏省建筑与装饰工程计价定额（2014版）》基本一致。

楼地面装饰工程量清单主要项目设置、项目特征描述的内容、计量单位及工程量计算规则，应按表4－18的规定执行。

表4－18 楼地面装饰工程量清单主要项目设置及工程量计算规则

项目编码	项目名称	项目特征	计量单位	工程量计量规则	工作内容
011101001	水泥砂浆楼地面	1. 找平层厚度、砂浆配合比； 2. 素水泥浆遍数； 3. 面层厚度、砂浆配合比； 4. 面层做法要求	m^2	按设计图示尺寸以面积计算。扣除凸出地面构筑物、设备基础、室内铁道、地沟等所占面积，不扣除间壁墙及不大于0.3m^2柱、垛、附墙烟囱及孔洞所占面积。门洞、空圈、暖气包槽、壁龛的开口部分不增加面积	1. 基层清理； 2. 抹找平层； 3. 抹面层； 4. 材料运输
011101002	现浇水磨石楼地面	1. 找平层厚度、砂浆配合比； 2. 面层厚度、水泥石子浆配合比； 3. 嵌条材料种类、规格； 4. 石子种类、规格、颜色； 5. 颜料种类、颜色； 6. 图案要求； 7. 磨光、酸洗、打蜡要求			1. 基层清理； 2. 抹找平层； 3. 面层铺设； 4. 嵌缝条安装； 5. 磨光、酸洗打蜡； 6. 材料运输

续表

项目编码	项目名称	项目特征	计量单位	工程量计量规则	工作内容
011102001	石材楼地面	1. 找平层厚度、砂浆配合比； 2. 结合层厚度、砂浆配合比； 3. 面层材料品种、规格、颜色； 4. 嵌缝材料种类； 5. 防护层材料种类； 6. 酸洗、打蜡要求	m^2	按设计图示尺寸以面积计算。门洞、空圈、暖气包槽、壁龛的开口部分并入相应的工程量内	1. 基层清理； 2. 抹找平层； 3. 面层铺设、磨边； 4. 嵌缝； 5. 刷防护材料； 6. 酸洗、打蜡； 7. 材料运输

(二) 楼地面装饰工程量的计算实例

【例 4-22】 某建筑物平面如图 4-17 所示，嵌铜条的彩色镜面现浇水磨石地面，地面做法为：混凝土结构基层；素水泥浆结合层一道；30mm 厚 1∶2.5 水泥砂浆找平层；素水泥浆结合层一道；25mm 厚 1∶2 白水泥彩色石子浆磨光。计算该水磨石地面的工程量并编制工程量清单。

解： 根据例 4-10 中的计算数据：

彩色镜面现浇水磨石地面工程量：91.26 (m^2)

根据上述计算结果，结合《计算规范》的清单子目，编制工程量清单见表 4-19。

表 4-19 **分部分项工程量清单**

项目编码	项目名称	项目特征	计量单位	工程量
011101002001	现浇构件水磨石楼地面	1. 找平层：30mm 厚 1∶2.5 水泥砂浆； 2. 素水泥浆结合层一道； 3. 25mm 厚 1∶2 白水泥彩色石子浆磨光	m^2	91.26

九、墙、柱面装饰与隔断、幕墙工程

(一) 墙、柱面装饰与隔断、幕墙工程量的计算规则

《计算规范》中墙、柱面装饰与隔断、幕墙工程量清单主要项目设置及工程量计算规则，与《江苏省建筑与装饰工程计价定额 (2014 版)》基本一致。

墙、柱面装饰与隔断、幕墙工程量清单主要项目设置及工程量计算规则，如下所述：

1. 墙面抹灰工程量计算规则

墙面一般抹灰、墙面装饰抹灰、墙面勾缝、立面砂浆找平，按设计图示尺寸以面积计算。扣除墙裙、门窗洞口及单个大于 0.3m^2 的孔洞面积，不扣除踢脚线、挂镜线和墙与构件交接处的面积，门窗洞口和孔洞的侧壁及顶面不增加面积。附墙柱、梁、垛、烟囱侧壁并入相应的墙面面积内。

外墙抹灰面积按外墙垂直投影面积计算。

外墙裙抹灰面积按其长度乘以高度计算。

内墙抹灰面积按主墙间的净长乘以高度计算：无墙裙的，高度按室内楼地面至天棚底面计算；有墙裙的，高度按墙裙顶至天棚底面计算；有吊顶天棚抹灰，高度算至天棚底。

内墙裙抹灰面按内墙净长乘以高度计算。

2. 柱（梁）面抹灰工程量计算规则

柱面抹灰，按设计图示柱断面周长乘高度以面积计算。

梁面抹灰，按设计图示梁断面周长乘长度以面积计算。

（二）墙、柱面装饰与隔断、幕墙工程量的计算实例

【例4-23】 某建筑物平面如图4-18所示，墙厚240mm，室内净高3.9m，门尺寸均为1500mm×2700mm，内墙中级抹灰。试计算南立面内墙抹灰工程量并编制工程量清单。

解： 根据例4-11中的计算数据，

墙面抹灰工程量为54.38m²。

根据上述计算结果，结合《计算规范》的清单子目，编制工程量清单见表4-20。

表4-20　　分部分项工程量清单

项目编码	项目名称	项目特征	计量单位	工程量
011201001001	墙面一般抹灰	1. 墙厚240mm； 2. 内墙中级抹灰	m²	54.38

十、天棚工程计量

（一）天棚工程量的计算规则

《计算规范》中天棚工程量清单主要项目设置及工程量计算规则，与《江苏省建筑与装饰工程计价定额（2014版）》基本一致。

天棚工程量清单主要项目设置、项目特征描述的内容、计量单位及工程量计算规则，应按表4-21的规定执行。

表4-21　　天棚工程量清单主要项目设置及工程量计算规则

项目编码	项目名称	项目特征	计量单位	工程量计量规则	工作内容
011301001	天棚抹灰	1. 基层类型； 2. 抹灰厚度、材料种类； 3. 砂浆配合比	m²	按设计图示尺寸以水平投影面积计算。不扣除间壁墙、垛、柱、附墙烟囱、检查口和管道所占的面积，带梁天棚的梁两侧抹灰面积并入天棚面积内，板式楼梯底面抹灰按斜面积计算，锯齿形楼梯底板抹灰按展开面积计算	1. 基层清理； 2. 底层抹灰； 3. 抹面层
011302001	吊顶天棚	1. 吊顶形式、吊杆规格、高度； 2. 龙骨材料种类、规格、中距； 3. 基层材料种类、规格； 4. 面层材料品种、规格； 5. 压条材料种类、规格； 6. 嵌缝材料种类； 7. 防护材料种类	m²	按设计图示尺寸以水平投影面积计算。天棚面中的灯槽及跌级、锯齿形、吊挂式、藻井式天棚面积不展开计算。不扣除间壁墙、检查口、附墙烟囱、柱垛和管道所占面积，扣除单个大于0.3m²的孔洞、独立柱及与天棚相连的窗帘盒所占的面积	1. 基层清理、吊杆安装； 2. 龙骨安装； 3. 基层板铺贴； 4. 面层铺贴 5. 嵌缝； 6. 刷防护材料

（二）天棚工程量的计算实例

【例4-24】 某办公室现浇混凝土井字梁天棚如图4-20所示。计算天棚抹灰工程量

并编制工程量清单。

解：根据例 4－12 中的计算数据：

天棚抹灰工程量为 74.62m^2。

根据上述计算结果，结合《计算规范》的清单子目，编制工程量清单见表 4－22。

表 4－22　　　分部分项工程量清单

项目编码	项目名称	项目特征	计量单位	工程量
011301001001	天棚抹灰	基层类型：钢筋混凝土	m^2	74.62

十一、措施项目工程计量

（一）脚手架工程量的计算规则

《计算规范》中脚手架工程量清单主要项目设置及工程量计算规则，与《江苏省建筑与装饰工程计价定额（2014 版）》基本一致。

脚手架工程量清单主要项目设置、项目特征描述的内容、计量单位及工程量计算规则，应按表 4－23 的规定执行。

表 4－23　　　脚手架工程量清单主要项目设置及工程量计算规则

<table>
<tr><th>项目编码</th><th>项目名称</th><th>项目特征</th><th>计量单位</th><th>工程量计量规则</th><th>工作内容</th></tr>
<tr><td>011701001</td><td>综合脚手架</td><td>1. 建筑结构形式；
2. 檐口高度</td><td rowspan="5">m^2</td><td>按建筑面积计算</td><td>1. 场内、场外材料搬运；
2. 搭、拆脚手架、斜道、上料平台；
3. 安全网的铺设；
4. 选择附墙点与主体连接；
5. 测试电动装置、安全锁等；
6. 拆除脚手架后材料的堆放</td></tr>
<tr><td>011701002</td><td>外脚手架</td><td rowspan="2">1. 搭设方式；
2. 搭设高度；
3. 脚手架材质</td><td rowspan="2">按所服务对象的垂直投影面积计算</td><td rowspan="5">1. 场内、场外材料搬运；
2. 搭、拆脚手架、斜道、上料平台；
3. 安全网的铺设；
4. 拆除脚手架后材料的堆放</td></tr>
<tr><td>011701003</td><td>里脚手架</td></tr>
<tr><td>011701004</td><td>悬空脚手架</td><td rowspan="2">1. 搭设方式；
2. 悬挑宽度；
3. 脚手架材质</td><td rowspan="2">按搭设的水平投影面积计算</td></tr>
<tr><td>011701005</td><td>挑脚手架</td></tr>
<tr><td>011701006</td><td>满堂脚手架</td><td>1. 搭设方式；
2. 搭设高度；
3. 脚手架材质</td><td>m</td><td>按搭设长度乘以搭设层数以延长米计算</td></tr>
<tr><td rowspan="2">011701007</td><td rowspan="2">整体提升架</td><td rowspan="2">1. 搭设方式及启动装置；
2. 搭设高度</td><td rowspan="2">m^2</td><td>按搭设的水平投影面积计算</td><td rowspan="2">1. 场内、场外材料搬运；
2. 选择附墙点与主体连接；
3. 搭、拆脚手架、斜道、上料平台；
4. 安全网的铺设；
5. 测试电动装置、安全锁等；
6. 拆除脚手架后材料的堆放</td></tr>
<tr><td>按所服务对象的垂直投影面积计算</td></tr>
</table>

（二）混凝土模板及支架（撑）工程量的计算规则

《计算规范》中混凝土模板及支架（撑）工程量清单主要项目设置及工程量计算规则，与《江苏省建筑与装饰工程计价定额（2014 版）》基本一致。

混凝土模板及支架（撑）工程量清单主要项目设置、项目特征描述的内容、计量单位及工程量计算规则，应按表 4-24 的规定执行。

表 4-24　混凝土模板及支架（撑）工程量清单主要项目设置及工程量计算规则

<table>
<tr><th>项目编码</th><th>项目名称</th><th>项目特征</th><th>计量单位</th><th>工程量计量规则</th><th>工作内容</th></tr>
<tr><td>011702001</td><td>基础</td><td>基础类型</td><td rowspan="21">m²</td><td rowspan="21">按模板与现浇混凝土构件的接触面积计算：
1. 现浇钢筋混凝土墙、板单孔面积不大于 0.3m² 的孔洞不予扣除，洞侧壁模板亦不增加；单孔面积大于 0.3m² 时应予扣除，洞侧壁模板面积并入墙、板工程量内计算；
2. 现浇框架分别按梁、板、柱有关规定计算；附墙柱、暗梁、暗柱并入墙内工程量内计算；
3. 柱、梁、墙、板相互连接的重叠部分，均不计算模板面积；
4. 构造柱按图示外露部分计算模板面积</td><td rowspan="21">1. 模板制作；
2. 模板安装、拆除、整理堆放及场内外运输；
3. 清理模板黏结物及模内杂物、刷隔离剂等</td></tr>
<tr><td>011702002</td><td>矩形柱</td><td rowspan="2"></td></tr>
<tr><td>011702003</td><td>构造柱</td></tr>
<tr><td>011702004</td><td>异形柱</td><td>柱截面形状</td></tr>
<tr><td>011702005</td><td>基础梁</td><td>柱截面形状</td></tr>
<tr><td>011702006</td><td>矩形梁</td><td>支撑高度</td></tr>
<tr><td>011702007</td><td>异形梁</td><td>1. 梁截面形状；
2. 支撑高度</td></tr>
<tr><td>011702008</td><td>圈梁</td><td rowspan="2"></td></tr>
<tr><td>011702009</td><td>过梁</td></tr>
<tr><td>011702010</td><td>弧形、拱形梁</td><td>1. 梁截面形状；
2. 支撑高度</td></tr>
<tr><td>011702011</td><td>直形墙</td><td rowspan="3"></td></tr>
<tr><td>011702012</td><td>弧形墙</td></tr>
<tr><td>011702013</td><td>短肢剪力墙、电梯井壁</td></tr>
<tr><td>011702014</td><td>有梁板</td><td rowspan="7">支撑高度</td></tr>
<tr><td>011702015</td><td>无梁板</td></tr>
<tr><td>011702016</td><td>平板</td></tr>
<tr><td>011702017</td><td>拱板</td></tr>
<tr><td>011702018</td><td>薄壳板</td></tr>
<tr><td>011702019</td><td>空心板</td></tr>
<tr><td>011702020</td><td>其他板</td></tr>
<tr><td>011702021</td><td>栏板</td><td></td></tr>
</table>

第五章 园林工程计量

第一节 园林工程概述

一、园林工程的含义

在一定地域内运用工程及艺术的手段，通过改造地形、建造建筑（构筑）物、种植花草树木、铺设园路、设置小品和水景等，对园林各个施工要素进行工程处理，使目标园林达到一定的审美要求和艺术氛围，这一工程的实施过程称为园林工程。

二、园林工程的特点

园林工程实际上包含了一定的工程技术和艺术创造，是地形地物、石木花草、建筑小品、道路铺装等造园要素在特定地域内的艺术体现。因此，园林工程与其他工程相比具有其鲜明的特点。

1. 园林工程的艺术性

园林工程是一种综合景观工程，它虽然需要强大的技术支持，但又不同于一般的技术工程，而是一门艺术工程，涉及建筑艺术、雕塑艺术、造型艺术、语言艺术等多门艺术。

2. 园林工程的技术性

园林工程是一门技术性很强的综合性工程，它涉及土建施工技术、园路铺装技术、苗木种植技术、假山叠造技术及装饰装修、油漆彩绘等诸多技术。

3. 园林工程的综合性

园林作为一门综合艺术，在进行园林产品的创作时，所要求的技术无疑是复杂的。随着园林工程日趋大型化，协同作业、多方配合的特点日益突出；同时，随着新材料、新技术、新工艺、新方法的广泛应用，园林各要素的施工更注重技术的综合性。

4. 园林工程的时空性

园林实际上是一种五维艺术，除了其空间特性，还有时间性以及造园人的思想情感。园林工程在不同的地域，空间性的表现形式迥异。园林工程的时间性，则主要体现于植物景观上，即常说的生物性。

5. 园林工程的安全性

“安全第一，景观第二”是园林创作的基本原则。对园林景观建设中的景石假山、水景驳岸、供电防火、设备安装、大树移植、建筑结构、索道滑道等均需格外注意。

6. 园林工程的后续性

园林工程的后续性主要表现在两个方面：①园林工程各施工要素有着极强的工序性；②园林作品不是一朝一夕就可以完全体现景观设计最终理念的，必须经过较长时间才能显示其设计效果，因此项目施工结束并不等于作品已经完成。

7. 园林工程的体验性

提出园林工程的体验特点是时代要求，是欣赏主体——人的心理美感的要求，是现代园林工程以人为本最直接的体现。人的体验是一种特有的心理活动，实质上是将人融于园林作品之中，通过自身的体验得到全面的心理感受。园林工程正是给人们提供这种心理感受的场所，这种审美追求对园林工作者提出了很高的要求，即要求园林工程中的各个要素都做到完美无缺。

8. 园林工程的生态性与可持续性

园林工程与景观生态环境密切相关。如果项目能按照生态环境学理论和要求进行设计和施工，保证建成后各种设计要素对环境不造成破坏，能反映一定的生态景观，体现出可持续发展的理念，就是比较好的项目。

三、园林工程的分类

园林工程的分类多是按照工程技术要素进行的，方法也有很多，其中按园林工程概、预算定额的方法划分是比较合理的，也比较符合工程项目管理的要求。这一方法是将园林工程划分为3类工程：单项园林工程、单位园林工程和分部园林工程。

（1）单项园林工程是根据园林工程建设的内容来划分的，主要分为3类：园林建筑工程、园林构筑工程和园林绿化工程。

1）园林建筑工程可分为亭、廊、榭、花架等工程。

2）园林构筑工程可分为筑山、水体、道路、小品、花池等工程。

3）园林绿化工程可分为道路绿化、行道树移植、庭园绿化、绿化养护等工程。

（2）单位园林工程是在单项园林工程的基础上将园林的个体要素划归为相应的单项园林工程。

（3）分部园林工程通过工程技术要素划分为土方工程、基础工程、砌筑工程、混凝土工程、装饰工程、栽植工程、绿化养护工程等。

第二节　园林工程的主要内容

一、土方工程

土方工程主要是依据竖向设计进行土方工程计算及土方施工、塑造、整理园林建设场地。土方量计算一般根据附有原地形等高线的设计地形来进行，但通过计算，有时反过来又可以修订设计图中的不足，使图纸更完善。土方量的计算在规划阶段无须过分精确，故只需估算，而在做施工图时，则土方工程量就需要较精确计算。

土方量的计算方法如下：

（1）体积法：用求体积的公式进行土方估算。

（2）断面法：是以一组等距（或不等距）的相互平行的截面将拟计算的地块、地形单体（如山、溪涧、池、岛等）和土方工程（如堤、沟渠、路堑、路槽等）分截成“段”，分别计算这些“段”的体积，再将各段体积累加，以求得该计算对象的总土方量。

（3）方格网法：方格网法是把平整场地的设计工作与土方量计算工作结合在一起进行的。方格网法的具体工作程序为：在附有等高线的施工现场地形图上作方格网控制施工场地，依据设计意图，如地面形状、坡向、坡度值等。确定各角点的设计标高、施工标高，划分填挖方区，计算土方量，绘制出土方调配图及场地设计等高线图。

土方施工按挖、运、填、夯等施工组织设计安排来进行，以达到建设场地的要求而结束。

二、园林给排水工程

园林给排水工程主要包括园林给水工程、园林排水工程。

园林给排水与污水处理工程是园林工程中的重要组成部分之一，必须满足人们对水量、水质和水压的要求。水在使用过程中会受到污染，而完善的给排水工程及污水处理工程对园林建设及环境保护具有十分重要的作用。

（一）园林给水工程

给水分为生活用水、生产用水及消防用水。给水的水源一是地表水源，主要是江、河、湖、水库等，这类水源的水量充沛，是风景园林中的主要水源。二是地下水源，如泉水、承压水等。选择给水水源时，首先应满足水质良好、水量充沛、便于防护的要求。最理想的是在风景区附近直接从就近的城市给水管网系统接入，如附近无给水管网则先优先选用地下水，其次才考虑使用河、湖、水库的水。给水系统一般由取水构筑物、泵站、净水结筑物、输水管道、水塔及高位水池等组成。

（二）园林排水工程

1. 排水系统的组成

（1）污水排水系统：由室内卫生设备和污水管道系统、室外污水管道系统、污水泵站及压力管道、污水处理与利用构筑物、排入水体的出水口等组成。

（2）雨水排水系统：由景区雨水管渠系统、出水口、雨水口等组成。

2. 排水系统的形式

污、雨水管道在平面上可布置成树枝状，并顺地面坡度和道路由高处向低处排放，应尽量利用自然地面或明沟排水，以减少投资。

常用的形式如下：

（1）利用地形排水：通过竖向设计将谷、涧、沟、地坡、小道顺其自然适当加以组织划分排水区域，就近排入水体或附近的雨水干管，可节省投资。利用地形排水、地表种植草皮，最小坡度为5‰。

（2）明沟排水：主要指土明沟，也可在一些地段视需要砌转、石、混凝土明沟，其坡度不小于4‰。

（3）管道排水：将管道埋于地下，有一定的坡度，通过排水构筑物排出。在我国，园林绿地的排水，主要以采取地表及明沟排水为宜，局部地段也可以暗道排水作为辅助手段。采用明沟排水应因地制宜，可结合当地地形因势利导。为使雨水在地表形成径流能及时迅速疏导和排除，但又不能造成流速过大而冲蚀地表土以至于导致水土流失，因而在进行竖向规划设计时应结合排水综合考虑地形设计。

（三）园林污水的处理

园林中的污水主要是有生活污水、降水。园林中所产生的污水主要是生活污水，因而含有大量的有机质及细菌等，有一定的危害。污水处理的基本方法有物理法、生物法、化学法等。这些污水处理方法常需要组合应用。沉淀处理为一级处理，生物处理为二级处理，在生物处理的基础上，为提高出水质再进行化学处理称为三级处理。目前国内各风景区及风景城市，一般污水通过一、二级处理后基本上能达到国家规定的污水排放标准。三级处理则用于排放标准要求特别高（如作为景区源一部分时）的水体或污水量不大时，才考虑使用。

三、园林水景工程

园林水景工程包括小型大闸、驳岸、护坡和水池工程、喷泉等。

古今中外，凡造景无不牵涉及水体，水是环境艺术空间创作的一个主要因素，可借以构成各种格局的园林景观，艺术地再现自然。水有 4 种基本表现形式：①流水，其有急缓、深浅之分；②落水，水由高处下落则有线落、布落、挂落、条落等，可潺潺细流，悠然而落，亦可奔腾磅礴，气势恢弘；③静水，平和宁静，清澈见底；④压力水，喷、涌、溢泉、间歇水等表现一种动态美。用水造景，动静相补，声色相衬，虚实相映，层次丰富，得水以后，古树、亭榭、山石形影相依，会产生一种特殊的魅力。水池、溪涧、河湖、瀑布、喷泉等水体往往又给人以静中有动、寂中有声、以少胜多、发人联想的强感染力。

1. 城市水系与园林水景

城市水系规划的主要任务是为保护、开发、利用城市水系，调节和治理洪水与淤积泥沙、开辟人工河湖、兴城市水利而防治水患，将城市水体组成完整的水系。城市水体具有排洪蓄水、组织航运以便进行水上交通和游览、调节城市的气候等功能。河湖近期与远期规划水位，包括最高水位、常水位和最低水位，这也是确定园林水体驳岸类型、岸顶高程和湖低高程的依据。河湖在城市水系中的任务，有排洪、蓄水、交通运输、调节湿度、观光游览等。水工构筑物的位置、规划与要求应在水系规划中体现出来。园林水景工程除了满足这些要求外，应尽可能做到水工的园林化，使水工构筑物与园林景观相协调，以统一水工与水景的矛盾。

2. 水池、驳岸、护坡

（1）水池。水池在城市园林中既可改善小气候条件，又可美化市容，起到重点装饰的作用。水池的形态种类很多，其深浅和池壁、池底的材料也各不相同。规则的方整之池，则显气氛肃穆庄重，而自由布局、复合参差跌落之池，可使空间活泼、富有变化。池底的嵌画、隐雕、水下彩灯等手法，使水景在工程的配合下，无论在白天或夜晚都可展现出各种变幻无穷的奇妙景观。水池设计包括平面设计、立面设计、剖面设计及管线设计。其平面设计主要是显示其平面及尺度，标注出池底、池壁顶、进水口、溢水口和泄水口、种植池的高程和所取剖面的位置。水池的立面设计应反映主要朝向各立面的高度变化和立面景观，剖面应有足够的代表性，要反映出从地基到壁顶层各层材料厚度。

水池材料多有混凝土水池、砖水池、柔性结构水池。材料不同、形状不同、要求不同，设计与施工也有所不同。园林中，水池可用砖（石）砌筑，具有结构简单，节省以模板与钢材，施工方便，造价低廉等优点。近年来，随着新型建筑材料的出现，水池结构出现了柔性结构，以柔克刚，另辟蹊径。目前在工程实践中常用的有混凝土水池、砖水池、玻璃布沥青席水池、再生橡胶薄膜水池、油毛毡防水层（二毡三油）水池等。

各种造景水池如汀步、跳水石、跌水台阶、养鱼池的出现也是人们对水景工程需要的多样化的体现，而各种人工喷泉在节日中配以各式多彩的水下灯，变幻多端，增添了节日气氛。北京天安门前大型音乐电脑喷泉，无疑是当代高新技术的体现。

（2）驳岸与护坡。园林水体要求有稳定、美观的水岸以维持陆地和水面一定的面积比例，防止陆地被淹或水岸倒塌，或由于冻胀、浮托、风浪淘刷等造成水体塌陷、岸壁崩塌而淤积水中等，破坏了原有的设计意图，因此在水体边缘必须建造驳岸与护坡。园林驳岸按断面形状分为自然式和整形式两类。大型水体或规则水体常采用整形式直驳岸，用砖、混凝土、石料等砌筑成整形岸壁，而小型水体或园林中水位稳定的水体常采用自然式山石驳岸，以作成岩、矶、崖、岫等形状。

在进行驳岸设计时，要确定驳岸的平面位置与岸顶高程。城市河流接壤的驳岸按照城市河道系统规定平面位置建造，而园林内部驳岸则根据湖体施工设计确定驳岸位置。平面图上常水位线显示水面位置，岸顶高程应比最高水位高出一段以保证湖水不致因风浪拍岸而涌入岸边陆地地面，但具体应视实际情况而定。修筑时要求坚固稳定，驳岸多以打桩或柴排沉褥作为加强基础的措施，并常以条石、块石混凝土、混凝土、钢筋混凝土作为基础，用浆砌条石或浆砌块石勾缝、砖砌抹防水砂浆、钢筋混凝土以及用堆砌山石做墙体，用条石、山石、混凝土块料以及植被做盖顶。防坡主要是防止滑坡、减少地面水和风浪的冲刷，以保证岸坡的稳定，常见的有编柳抛石护坡、铺石护坡。

3. 小型水闸

水闸在园林中应用较广泛。水闸是控制水流出入某段水体的水工构筑物，水闸按其使用功能分，一般有进水闸（设于水体入口，起联系上游和控制水出量的作用）、节制闸（设于水体出口，起联系下游和控制水出量的作用）、分水闸（用于控制水体支流出水）。在进行闸址的选定时，应了解水闸设置部位的地形、地质、水文等情况，特别是各种设计参数的情况，便进行闸址的确定。

水闸结构由下至下可分为地基、闸底、水闸的上层建筑 3 部分。进行小型水闸结构尺寸的确定时须了解的数据包括外水位、内湖水位、湖底高程、安全超高、闸门前最远岸直线距离、土壤种类和工程性质、水闸附近地面高程及流量要求等。

通过设计计算出需求的数据：闸孔宽度、闸顶高程、闸墙高度、闸底板长度及厚度、闸墩尺度、闸门等。

4. 人工泉

人工泉是近年来在国内兴起的水景布置。随着科技的发展，出现了各种诸如喷泉、瀑布、涌泉、溢泉、跌水等，不仅大大丰富了现代园林水景景观，同时也改善了小气候。瀑布、间歇泉、涌泉、跌水等亦是水景工程中再现水的自然形态的景观。它们的关键不在于大小，而在于能真实地再现水的自然形态。对于驳岸、岛屿、矾滩、河弯、池潭、溪涧等理水工程，应运用源流、动静、对比、衬托、声色、光影、藏引等一系列手法，作符合自然水势的重现，以做到“小中见大”“以少胜多”“旷奥由之”。喷泉的类型很多，常用的有：

（1）普通装饰性喷泉：常由各种花形图案组成固定的喷水型。

（2）雕塑装饰性喷泉：喷泉的喷水水形与雕塑、小品等相结合。

（3）人工水能造景型：如瀑布、水幕等用人工或机械塑造出来的各种大型水柱等。

（4）自控喷泉：利用先进的计算机技术或电子技术将声、光、电等融入喷泉技术中，以造成变幻多彩的水景。如音乐喷泉、电脑控制的涌泉、间歇泉等。

喷水池的尺寸与规划主要取决于规划中所赋予它的功能，但它与喷水池所在的地理位置的风向、风力、气候温度等关系极大，它直接影响了水池的面积和形状。喷水池的平面尺寸除满足喷头、管道、水泵、进水口、泄水口、溢水口、吸水坑等布置要求外，还应防止水在设计风速下，水滴不致被风大量地吹出池外，所以喷水池的平面尺寸一般应比计算要求每边再加大0.5～1.0m。

四、园路铺装工程

园路铺装工程着重在园路的线形设计、园内的铺装、园路的施工等。

1. 园路

园路既是交通线，又是风景线，园之路，犹如脉络，路既是分隔各个景区的景界，又是联系各个景点的“纽带”，具有导游、组织交通、划分空间界面、构成园景的艺术作用。园路分主路、次路与小径（自然游览步道）。主园路连接各景区，次园路连接诸景点，小径则通幽。目前关于园路的分类也有同行提出：结合我国一些典型风景城市和风景名胜区的规划设计实践经验及参考国外同行经验，建议分为风景旅游道路与园路两大类，并各有其分类与相应的技术标准。在园路工程设计中，道中平面线型设计就是具体确定道路在平道上的位置，由勘测资料和道路性质等级要求以及景观需要，定出道路中心位置，确定直线段。道路纵断面线型设计要确定路线合适的标高，设计各路段的纵坡坡长，保证视距要求，选择竖曲线半径，配置曲线、确定设计线，计算填挖高度，定桥涵、护岸、挡土墙位置，绘制纵断面设计图等。选用平曲线半径，合理解决曲直线的衔接等，以绘出道路平面设计图。

在风景游览等地的道路，不能仅仅看作是由一处通到另一处的旅行通道，而应当是整个风景景观环境的不可分割的组成部分，所以在考虑道路时，要用地形地貌造景，利用自然植物群落与植被，建造生态绿廊的景观效果。道路的景观特色还可以利用植物的不同类型品种在外观上的差异和乡土特色，通过不同的组合和外轮廓线特定造型以产生标志感。同时尽可以将园林中的道路布置成“环网式”，以便组织不重复的游览路线和交通导游。各级园路回环萦纡，收放开合，藏露交替，使人渐入佳境。园路路网应有明确的分级，园路的曲折迂回应有构思立意，应做到艺术上的意境性与功能上的目的性有机结合，使游人步移景异。

风景旅游区及园林中的停车场设计应设在重要景点进出口边缘地带及通向尽端式景点的道路附近，同时也应按不同类型及性质的车辆分别安排停车场地，其交通路线必须明确。在设计时综合考虑场内路面结构、绿化、照明、排水及停车场的性质，配置相应的附属设施。园路的路面结构从路面的力学性能出发，分有柔性路面、刚性路面及庭园路面。

2. 铺装

园林铺地是我国古典传统园林技艺之一，而在现时又得以创新与发展。它既有实用要求，又有艺术要求，它主要是用来引导和用强化的艺术手段组织游人活动，表达不同主题立意和情感，利用组成的界面功能分割空间、格局和形态，强化视觉效果。一般说来，铺地要进行铺地艺术设计，包括纹样、图案设计、铺地空间设计、结构构造设计、铺地材料设计等。

常用的铺地材料分有天然材料和人造材料。天然材料包括青（红）岩、石板、卵石、碎石、条（块）石、碎大理石片等。人造材料包括青砖、水磨石、斩假石、本色混凝土、彩色混凝土、沥青混凝土等。如北京天安门广场的步行便道用粉红色花岗岩铺地，不仅满足景观要求，且有很好的视觉效果。

五、假山工程

假山工程包括假山的材料和采运方法、置石与假山布置、假山结构设施等。假山工程是园林建设的专业工程，人们通常所说的“假山工程”实际上包括假山和置石两部分。

我国园林中的假山技术是以造景和提供游览为主要目的，同时还兼有一些其他功能。假山是以土、石等为材料，以自然山水为蓝本并加以艺术提炼与夸张，用人工再造的山水景物。至于零星山石的点缀称为“置石”，主要表现山石的个体美或局部的组合。假山的体量大，可观可游，使人们仿佛置于大自然之中，而置石则以观赏为主，体量小而分散。假山和置石首先可作为自然山水园的主景和地形骨架，如南京瞻园、上海豫园、扬州个园、苏州环秀山庄等采用主景突出方式的园林，皆以山为主、水为辅，建筑处于次要地位甚至点缀。其次可作为园林划分空间和组织空间的手段，常用于集锦式布局的园林，如圆明园利用土山分隔景区、颐和园以仁寿殿西面土石相间的假山作为划分空间和障景的手段。运用山石小品作为点缀园林空间和陪衬建筑、植物的手段。假山可平衡土方，叠石可做驳岸、护坡、汀石、花台、室内外自然式的家具或器设，如石凳、石桌、石护栏等。它们将假山的造景功能与实用功能巧妙地结合在一起，成为我国造园技术中的瑰宝。

假山因使用的材料不同，分为土山、石山及土、石相间的山。常见的假山材料有湖石（包括太湖石、房山石、英石等）、黄石、青石、石笋（包括白果笋、乌炭笋、慧笋、钟乳石笋等）以及其他石品（如木化石、松皮石、石珊瑚等）。

1. 置石

置石用的山石材料较少，施工也较简单，置石分为特置、散置和群置。特置，在江南称为立峰，这是山石的特写处理，常选用单块、体量大、姿态富于变化的山石，也有将好几块山石拼成一个峰的处理方式。散置又称为“散点”，这类置石对石材的要求较“特置”为低，以石之组合衬托环境取胜。常用于园门两侧、廊间、粉墙前、山坡上、桥头、路边等，或点缀建筑、可装点角隅，散点要作出聚散、断续、主次、高低、曲折等变化之分。大散点则被称为“群置”，于“散点”之异处是其所在的空间较大，置石材料的体量也较大，而且置石的堆数也较多。在土质较好的地基上作“散点”，只需开浅槽夯实素土即可。土质差的则可以砖瓦之类夯实为底。大散点的结构类似于掇山。山石几案的布置宜在林间空地或有树荫的地方，以利于游人休息。同时其安装也忌像一般家具的对称布置，除了其实用功能处，更应突出的是它们的造景功能，以它们的质朴、敦实给人们以回归自然的意境。

2. 掇山

较之于置石要复杂得多，要将其艺术性与科学性、技术性完美地结合在一起。然而，无论是置石还是掇山，都不是一种单纯的工程技术，而是融园林艺术于工程技术之中，掇山必须是“立意在先”，而立意必须掌握取势和布局的要领：①“有真有假，作假成真”，达到“虽由人作，宛自天开”的境界，以写实为主，结合写意，山水结合主次分明；②因地制宜，景以境出，要结合材料、功能、建筑和植物特征以及结构等方面，作出特色；③寓意于山，情景交融；④对比衬托，利用周围景物和假山本身，作出大小、高低、进出、明暗、虚实、曲直、深浅、陡缓等既是对立又是统一的变化手法。

在假山塑造中从选石、采石、运石、相石、置石、掇山等一系列过程中总结出了一整套理论。假山虽有峰、峦、洞、壑等变化，但就山石之间的结合可以归结成山体的12种基本接体形式："安、连、接、斗、挎、拼、悬、剑、卡、垂、挑、撑"等接体方式都是长期的实践中从自然山景中归纳出来的，施工时应力求自然，切忌做作。在掇山时还要采取一些平稳、填隙、铁活加固、胶结和勾缝等技术措施。以上都是我国造园技术的宝贵财富，应予以高度重视，以使其发扬光大。

3. 塑山

在传统灰塑山和假山的基础上，运用现代材料如环氧树脂、短纤维树脂混凝土、水泥及灰浆等，创造了塑山工艺。塑山可省采石、运石之工程，造型不受石材限制，且有工期短，见效快的优点。但它的使用期短是其最大的缺陷。

塑山的工艺过程如下：

(1) 设置基架：可根据石形和其他条件分别用砖基架、钢筋混凝土基架或钢基架。坐落地面的塑山要有相应的地基基础处理。坐落地室内屋顶平台的塑山，则必须根据楼板的构造和荷载条件做结构设计，包括地梁和钢架、柱和支撑设计。基架将所需塑造的山形概约为内接的几何形体的桁架，若采用钢材作基架的话，应遍涂防透漆两遍作为防护处理。

(2) 铺设钢丝网：一般形体较大的塑山都必须在基架上敷设钢丝网，钢丝网要选易于挂灰、泥的材料。若为钢基架则还宜先作分块钢架附在形体简单的基架上，变几何体形为凹凸起伏的自然外形，在其上再挂钢丝网，并根据设计要求用林槌成型。

(3) 抹灰成型：先初抹一遍底灰，再精抹一二遍细灰，塑出石脉和皱纹。可在灰浆中加入短纤维以增强表面的抗拉力量，减少裂缝。

(4) 装饰：根据设计对石色的要求，刷涂或喷涂非水溶性颜色，令其达到设计效果为止。由于新材料新工艺不断推出，第三四步往往合并处理。如将颜料混合于灰浆中，直接抹上加工成型。也有先在工场制作出一块块石料，运到施工现场缚挂或料焊挂在基架上，当整体成型达到要求后，对接缝及石脉纹理作进一步加工处理，即可成山。

六、绿化种植工程

绿化种植工程包括乔灌木种植工程、大树移植、草坪工程等。

在城市环境中，栽植规划是否能成功，在很大程度上取决于当地的小气候、土壤、排水、光照、灌溉等生态因子。在进行栽植工程施工前，施工人员必须通过设计人员的设计交底以充分了解设计意图，理解设计要求、熟习设计图纸，故应向设计单位和工程甲方了解有关材料，如：工程的项目内容及任务量、工程期限、工程投资及设计概（预）算、设计意图，了解施工地段的状况、定点放线的依据、工程材料来源及运输情况，必要时应作出场调研。

在完成施工前的准备工作后，应编制施工计划，制定出在规定的工期内费用最低的安全施工的条件和方法，优质、高效、低成本、安全地完成其施工任务。作为绿化工作，其施工的主要内容是：

1. 树木的栽植

首先是确定合理的种植时间。在寒冷地区以春季栽植为宜。北京地区春季植树在3月中旬到4月下旬，雨季植树则在7月中旬左右。在气候比较温暖的地区，以秋季、初冬栽植比较适宜，以使树木更好地生长。在华东地区，大部分落叶树都以在冬季11月上旬树木落叶后至12月中、下旬及2月中旬到3月下旬树木发芽前栽植。长绿阔叶树则在秋季、初冬、春季、梅雨季节均可栽种。至于栽植方法种类很多，在城市中常用人行道栽植穴、树坛、植物容器、阳台、庭园栽植、屋顶花园等。在进行树木的栽植前还要作施工现场的准备即施工现场的拆迁、对施工现场平整土地以及定点放线，这些都应在有关技术人员的指导下按技术规范进行相关操作。挖苗是种树的第一步，挖苗时应尽可能挖得深一些，注意保护根系少受损伤。一般常绿树挖苗时要带好土球，以防泥土松散。落叶树挖苗时可裸根，过长或折断的根应适当修去一部分。树苗挖好后，要遵循“随挖、随运、随种”的原则，及时运去种好。在运苗之前，为避免树苗枯干等，应进行包装。树苗运到栽植地点后，如不能及时栽植，就必须进行假植。假植的地点应选择靠近栽植地点、排水良好、湿度适宜、无强风、无霜冻避风之地。另外根据栽植的位置，刨栽植坑，坑穴的大小应根据树苗的大小和土壤地质的不同来决定，施工现场如土质不好，应换入无杂质的砂质壤土，以利于根系的生长。挖完坑后，每坑可施底肥，然后再覆素土，不使树根直接与肥料接触，以免烧伤树根。栽植前要进行修剪。苗木的修剪可以减少水分散发，保护树势平衡，保证树木的成活，同时也要对根系进行适当的修剪，主要将断根、劈裂根、病虫根和过长的根剪去，剪口亦要平滑。栽植较大规格的高大乔木，在栽植后应设支柱支撑，以防浇水后大风吹倒苗木。

2. 大树移植

大树是指胸径达15～20cm，甚至30cm处于生长育旺盛期乔木或灌木，要带球根移植，球根具有一定的规格和重量，常需要专门的机具进行操作。大树移植能在最短的时间内创造出园林设计师所理想的景观。在选择树木的规格及树体大小时，应与建筑物的体量或所留有空间的大小相协调。通常最合适大树移植的时间是春季、雨季和秋季。在炎热的夏季，不宜于大规模的大树移植。若由于特殊工程需要少量移植大树时，要对树木采取适当疏枝和搭盖荫棚等办法以利于大树成活。大树移植前，应先挖树穴，树穴要排水良好，对于贵重的树木或缺乏须根树木的移植准备工作，可采用围根法，即于移栽前2～3年开始，预先在准备移栽的树木四周挖一沟，以刺激其长出密集的须根，创造移栽条件。大树土球的包装及移植方法常用软材包装移植、木箱包装移植、冻土移植以及移植机移植等。移植机是近年来引进和发展的新型机械，可以事先在栽植地点刨好植树坑，然后将坑土带到起树地点，以便起树后回填空坑。大树起出后，又可用移植机将大树运到栽植地点进行栽植。这样做节省劳力，大大提高了工作效率。大树起出后，运输最好在傍晚，在移植大树时要事先准备好回填土，栽植时，要特别注意位置准确，标高合适。

3. 草坪栽植工程

草坪是指由人工养护管理、起绿化、美化作用的草地。就其组成而言，草坪是草坪植被的简称，是环境绿化中的重要组成部分，主要用于美化环境，净化空气，保持水土，提供户外活动和体育活动场所。

（1）草坪类型。

1）单一草坪：一般是指由一种草坪草中某一品种构成，它有高度的一致性和均一性，可用来建立高级草坪和特种草坪，如高尔夫球场的发球台和球盘等。在我国北方常用野牛草、瓦巴斯、匍匐翦股颖来建坪，南方则多用天鹅绒、天堂草、假俭草来建坪。

2）缀花草坪：通常以草坪为背景，间以多年生、观花地被植物。在草坪上可自然点缀栽植水仙、鸢尾石蒜、紫花地丁等。

3）游憩草坪：这类草坪无固定形状，一般管理粗放，人可在草坪内滞留活动，可以在草坪内配植孤立树、点缀石景、栽植树群和设施，周围边缘配以半灌木花带、灌木丛，中间留有大的空间空地，可容纳较大的人流。多设于医院、疗养地、学校、住宅区等处。

4）疏林草坪：是指大面积自然式草坪，多由天然林草地改造而成，少量散生部分林木，其多利用地形排水，管理粗放。通常见于城市近郊旅游休假地、疗养区、风景区、森林公园或与防护林带相结合，其特点是林木夏季可蔽阴，冬天有充足的阳光，是人们户外活动的良好场所。

（2）草坪的兴造。草坪兴造一般分两步进行，在选定草种后，首先是准备场地（坪床）、除杂、平整、翻耕、配土、施肥、灌水后再整平。在此前应将坪床的喷灌及排水系统埋设完毕，下一步则可采用直接播种草籽或分株栽根或铺草皮砖、草皮卷、草坪植生带等法。近年来还有采用吹附法建草坪，即将草籽加炭或纸浆、肥料、高分子化合物料和水混合成浆，储在容器中，借助机械加压，喷到坪床上，经喷水养护，无须时日即可成草坪。此法机械化程度高，建成草坪的质量好，见效快，越来越受到人们的关注和喜爱。

（3）草坪的养护。草坪养护中，不同地区在不同的季节有不同的草坪管理措施、管理方法。常见的管理措施刈剪、灌溉、病虫害防治、除杂草、施肥等，不同的季节，重点又不同。

七、园林供电照明工程

随着社会经济的发展，人们对生活质量的要求越来越高，园林中电的用途已不再仅仅是提供晚间道路照明，而各种新型的水景、游乐设施、新型照明光源的出现等等，无不需要电力的支持。

在进行园林有关规划、设计时，首先要了解当地的电力情况：电力的来源、电压的等级、电力设备的装备情况（如变压器的容量、电力输送等），这样才能做到合理用电。园林照明是室外照明的一种形式，在设置时应注意与园林景观相结合，以最能突出园林景观特色为原则。光源的选择上，要注意利用各类光源显色性的特点，突出要表现的是色彩。在园林中常用的照明电光源除了白炽灯、荧光灯以外，一些新型的光源如汞灯（目前园林中使用较多的光源之一，能使草坪、树木的绿色格外鲜艳夺目，使用寿命长，易维护）、金属卤化物灯（发光效率高，显色性好，但没有低瓦数的灯，使用受到一定限制）、高压钠灯（效率高，多用于节能、照度高的场合，如道路、广场等，但显色性较差）亦在被应用之列。但使用气体放电灯时应注意防止频闪效应。园林建筑的立面可用彩灯、霓虹灯、各式投光灯进行装饰。在灯具的选择上，其外观应与周围环境相配合，艺术性要强，有助于丰富空间层次，保证安全。

园林供电与园林规划设计等有着密切的联系，园林供电设计的内容应包括：确定各种园林设施的用电量；选择变电所的位置、变压器容量；确定其低压供电方式；导线截面选择；绘制照明布置平面图、供电系统图。

第三节 《园林绿化工程工程量计算规范》(GB 50858—2013) 中的工程计量规则

对于园林绿化工程发承包及实施阶段计价活动中的工程计量和工程量清单编制，按照《园林绿化工程工程量计算规范》(GB 50858—2013) 进行。在《园林绿化工程工程量计算规范》(GB 50858—2013) 中，分为绿化工程，园路、园桥工程，园林景观工程，措施项目4部分。

一、《园林绿化工程工程量计算规范》(GB 50858—2013) 中关于工程计量的一般规定

(1) 编制工程量清单应依据。

1)《园林绿化工程工程量计算规范》(GB 50858—2013) 和现行国家标准《建设工程工程量清单计价规范》(GB 50500—2013)。

2) 国家或省级、行业建设主管部门颁发的计价依据和办法。

3) 建设工程设计文件。

4) 与建设工程项目有关的标准、规范、技术资料。

5) 拟定的招标文件。

6) 施工现场情况、工程特点及常规施工方案。

7) 其他相关资料。

(2) 其他项目、规费和税金项目清单应按照现行国家标准《建设工程项目工程量清单计价规范》(GB 50500—2013) 的相关规定编制。

(3) 编制工程量清单出现规范中未包括的项目，编制人应做补充，并报省级或行业工程造价管理机构备案，省级或行业工程造价管理机构应汇总报住房和城乡建设部标准定额研究所。

补充项目的编码由《园林绿化工程工程量计算规范》的代码05与B和3位阿拉伯数字组成，并应从05B001起顺序编制，同一招标工程的项目不得重码。

补充的工程量清单需附有补充项目的名称、项目特征、计量单位、工程量计算规则、工作内容。不能计量的措施项目，需附有补充项目的名称、工作内容及包含范围。

(4) 分部分项工程工程量清单编制的要求。

1) 工程量清单应根据规范规定的项目编码、项目名称、项目特征、计量单位和工程量计算规则进行编制。

2) 工程量清单的项目编码，应采用12位阿拉伯数字表示，1～9位应按附录的规定设置，10～12位应根据拟建工程的工程量清单项目名称和项目特征设置，同一招标工程的项目编码不得有重码。

3) 工程量清单的项目名称应按规范中的项目名称结合拟建工程的实际确定。

4) 工程量清单项目特征应按规范中规定的项目特征，结合拟建工程项目的实际予以

描述。

5）工程量清单中所列工程量应按规范中规定的工程量计算规则计算。

6）工程量清单的计量单位应按规范中规定的计量单位确定。

7）现浇混凝土工程项目“工作内容”中包括模板工程的内容，同时在措施项目中单列了现浇混凝土模板工程项目。对此，招标人应根据工程实际情况选用。若招标人在措施项目清单中未编列现浇混凝土模板项目清单，即表示现浇混凝土模板项目不单列，现浇混凝土工程项目的综合单价中应包括模板工程费用。

8）预制混凝土构件按现场制作编制项目，“工作内容”中包括模板工程，不再另列。若采用成品预制混凝土构件时，构件成品价（包括模板、钢筋、混凝土等所有费用）应计入综合单价中。

二、绿化工程计量

在《园林绿化工程工程量计算规范》（GB 50858—2013）中，绿化工程包括绿地整理、栽植花木、绿地喷灌。

（一）绿地整理清单工程量的计算规则

绿地整理工程量清单项目设置、项目特征描述的内容、计量单位、工程量计算规则应按表 5－1 的规定执行。

表 5－1　　**绿地整理清单工程量计算规则**

<table>
<tr><th>项目编码</th><th>项目名称</th><th>项目特征</th><th>计量单位</th><th>工程量计算规则</th><th>工作内容</th></tr>
<tr><td>050101001</td><td>砍伐乔木</td><td>树干胸径</td><td rowspan="2">株</td><td rowspan="2">按数量计算</td><td>1. 砍伐；
2. 废弃物运输；
3. 场地清理</td></tr>
<tr><td>050101002</td><td>挖树根</td><td>地径</td><td>1. 挖树根；
2. 废弃物运输；
3. 场地清理</td></tr>
<tr><td>050101003</td><td>砍挖灌木丛及根</td><td>丛高或蓬径</td><td>1. 株；
2. m²</td><td>1. 以株计算，按数量计算；
2. 以m²计量，按面积计算</td><td rowspan="3">1. 砍挖；
2. 废弃物运输；
3. 场地清理</td></tr>
<tr><td>050101004</td><td>砍挖竹及根</td><td>根盘直径</td><td>株（丛）</td><td>按数量计算</td></tr>
<tr><td>050101005</td><td>砍挖芦苇（或其他水生植物）及根</td><td>根盘丛径</td><td rowspan="4">m²</td><td rowspan="3">按面积计算</td></tr>
<tr><td>050101006</td><td>清除草皮</td><td>草皮种类</td><td>1. 除草；
2. 废弃物运输；
3. 场地清理</td></tr>
<tr><td>050101007</td><td>清除地被植物</td><td>植物种类</td><td>1. 清除植物；
2. 废弃物运输；
3. 场地清理</td></tr>
<tr><td>050101008</td><td>屋面清理</td><td>1. 屋面做法；
2. 屋面高度</td><td>按设计图示尺寸以面积计算</td><td>1. 原屋面清扫；
2. 废弃物运输；
3. 场地清理</td></tr>
</table>

续表

项目编码	项目名称	项目特征	计量单位	工程量计算规则	工作内容
050101009	种植土回(换)填	1. 回填土质要求; 2. 取土运距; 3. 回填厚度; 4. 弃土运距	1. m^3; 2. 株	1. 以 m^3 计量,按设计图示回填面积乘以回填厚度以体积计算; 2. 以株计量,按设计图示数量计算	1. 土方挖、运; 2. 回填; 3. 找平、找坡; 4. 废弃物运输
050101010	整理绿化用地	1. 回填土质要求; 2. 取土运距; 3. 回填厚度; 4. 找平找坡要求; 5. 弃渣运距	m^2	按设计图示尺寸以面积计算	1. 排地表水; 2. 土方挖、运; 3. 耕细、过筛; 4. 回填; 5. 找平、找坡; 6. 拍实; 7. 废弃物运输
050101011	绿地起坡造型	1. 回填土质要求; 2. 取土运距; 3. 起坡平均高度	m^3	按设计图示尺寸以体积计算	1. 排地表水; 2. 土方挖、运; 3. 耕细、过筛; 4. 回填; 5. 找平、找坡; 6. 废弃物运输
050101012	屋顶花园基底处理	1. 找平层厚度、砂浆种类和强度等级; 2. 防水层种类、做法; 3. 排水层厚度、材质; 4. 过滤层厚度、材质; 5. 回填轻质土厚度种类; 6. 屋面高度; 7. 阻根层厚度、材质、做法	m^2	按设计图示尺寸以面积计算	1. 抹找平层; 2. 防水层铺设; 3. 排水层铺设; 4. 过滤层铺设; 5. 填轻质土壤; 6. 阻根层铺设; 7. 运输

注 整理绿化用地项目包含厚度不大于300mm回填土,厚度大于300mm回填土,应按现行国家标准《房屋建筑与装修工程工程量计算规范》(GB 50854)相应项目编码列项。

(二) 栽植花木清单工程量的计算规则

栽植花木工程量清单项目设置、项目特征描述的内容、计量单位、工程量计算规则应按表5-2的规定执行。

表 5-2 **栽植花木清单工程量计算规则**

<table>
<tr><th>项目编码</th><th>项目名称</th><th>项目特征</th><th>计量单位</th><th>工程量计量规则</th><th>工作内容</th></tr>
<tr><td>050102001</td><td>栽植乔木</td><td>1. 种类；
2. 胸径或干径；
3. 株高、冠径；
4. 起挖方式；
5. 养护期</td><td>株</td><td>按设计图示数量计算</td><td rowspan="9">1. 起挖；
2. 运输；
3. 栽植；
4. 养护</td></tr>
<tr><td>050102002</td><td>栽植灌木</td><td>1. 种类；
2. 根盘直径；
3. 灌丛高；
4. 蓬径；
5. 起挖方式；
6. 养护期</td><td>1. 株；
2. m^2</td><td>1. 以株计量，按设计图示数量计算；
2. 以 m^2 计量，按设计图示尺寸以绿化水平投影面积计算</td></tr>
<tr><td>050102003</td><td>栽植竹类</td><td>1. 竹种类；
2. 竹胸径或根盘丛径；
3. 养护期</td><td>株（丛）</td><td rowspan="2">按设计图示数量计算</td></tr>
<tr><td>050102004</td><td>栽植棕榈类</td><td>1. 种类；
2. 株高、地径；
3. 养护期</td><td>株</td></tr>
<tr><td>050102005</td><td>栽植绿篱</td><td>1. 种类；
2. 篱高；
3. 行数、蓬径；
4. 单位面积株数；
5. 养护期</td><td>1. m；
2. m^2</td><td>1. 以 m 计量，按设计图示长度以延长米计算；
2. 以 m^2 计量，按设计图示尺寸以绿化水平投影面积计算</td></tr>
<tr><td>050102006</td><td>栽植攀缘植物</td><td>1. 植物种类；
2. 地径；
3. 单位长度株数；
4. 养护期</td><td>1. 株；
2. m</td><td>1. 以株计量，按设计图示数量计算；
2. 以 m 计量，按设计图示长度以延长米计算</td></tr>
<tr><td>050102007</td><td>栽植色带</td><td>1. 苗木、花卉种类；
2. 株高或蓬径；
3. 单位面积株数；
4. 养护期</td><td>m^2</td><td>按设计图示尺寸以绿化水平投影面积计算</td></tr>
<tr><td>050102008</td><td>栽植花卉</td><td>1. 花卉种类；
2. 株高或蓬径；
3. 单位面积株数；
4. 养护期</td><td>1. 株（丛、缸）；
2. m^2</td><td rowspan="2">1. 以株（丛、缸）计量，按设计图示数量计算；
2. 以 m^2 计量，按设计图示尺寸以水平投影面积计算</td></tr>
<tr><td>050102009</td><td>栽植水生植物</td><td>1. 植物种类；
2. 株高或蓬径或芽数/株；
3. 单位面积株数；
4. 养护期</td><td>1. 丛（缸）；
2. m^2</td></tr>
</table>

续表

项目编码	项目名称	项目特征	计量单位	工程量计量规则	工作内容
050102010	垂直墙体绿化种植	1. 植物种类； 2. 生长年数或地(干)径； 3. 栽植容器材质、规格； 4. 栽植基质种类、厚度； 5. 养护期	1. m^2； 2. m	1. 以 m^2 计量，按设计图示尺寸以绿化水平投影面积计算； 2. 以 m 计量，按设计图示长度以延长米计算	1. 起挖； 2. 运输； 3. 栽植容器安装； 4. 栽植； 5. 养护
050102011	花卉立体布置	1. 草本花卉种类； 2. 高度或蓬径； 3. 单位面积株数； 4. 种植形式； 5. 养护期	1. 单体(处)； 2. m^2	1. 以单体（处）计量，按设计图示数量计算； 2. 以 m^2 计量，按设计图示尺寸以面积计算	1. 起挖； 2. 运输； 3. 栽植； 4. 养护
050102012	铺种草皮	1. 草皮种类； 2. 铺种方式； 3. 养护期			1. 起挖； 2. 运输； 3. 铺底砂（土）； 4. 栽植； 5. 养护
050102013	喷播植草（灌木）籽	1. 基层材料种类规格； 2. 草（灌木）籽种类； 3. 养护期	m^2	按设计图示尺寸以绿化水平投影面积计算	1. 基层处理； 2. 坡地细整； 3. 喷播； 4. 覆盖； 5. 养护
050102014	植草砖内植草	1. 草坪种类； 2. 养护期			1. 起挖； 2. 运输； 3. 覆土（砂）； 4. 铺设； 5. 养护
050102015	挂网	1. 种类； 2. 规格		按设计图示尺寸以挂网投影面积计算	1. 制作； 2. 运输； 3. 安放
050102016	箱/钵栽植	1. 箱/钵体材料品种； 2. 箱/钵外形尺寸； 3. 栽植植物种类、规格； 4. 土质要求； 5. 防护材料种类； 6. 养护期	个	按设计图示箱/钵数量计算	1. 制作； 2. 运输； 3. 安放； 4. 栽植； 5. 养护

注 1. 挖土外运、借土回填、挖（凿）土（石）方应包括在相关项目内。

2. 苗木计算应符合下列规定：

(1) 胸径应为地表面向上 1.2m 高处树干直径。

(2) 冠径又称冠幅，应为苗木冠丛垂直投影面的最大直径和最小直径之间的平均值。

(3) 蓬径应为灌木、灌丛垂直投影面的直径。

(4) 地径应为地表面向上 0.1m 高处树干直径。

(5) 干径应为地表面向上 0.3m 高处树干直径。

(6) 株高应为地表面至树顶端的高度。

(7) 冠丛高应为地表面至乔（灌）木顶端的高度。

(8) 篱高应为地表面至绿篱顶端的高度。

(9) 养护期应为招标文件中要求苗木种植结束后承包人负责养护的时间。

3. 苗木移（假）植应按花木栽植相关项目单独编码列项。

4. 土球包裹材料、树体输液保湿及喷洒生根剂等费用包含在相应项目内。

5. 墙体绿化浇灌系统按《园林绿化工程 工程量计算规范》(GB 50858) A.3 绿地喷灌相关项目单独编码列项。

6. 发包人如有成活率要求时，应在特征描述中加以描述。

（三）绿地喷灌清单工程量的计算规则

绿地喷灌工程量清单项目设置、项目特征描述的内容、计量单位、工程量计算规则应按表5-3的规定执行。

表5-3　　绿地喷灌清单工程量计算规则

项目编码	项目名称	项目特征	计量单位	工程量计算规则	工作内容
050103001	喷灌管线安装	1. 管道品种、规格； 2. 管件品种、规格； 3. 管道固定方式； 4. 防护材料种类； 5. 油漆品种、刷漆遍数	m	按设计图示管道中心线长度以延长米计算，不扣除检查（阀门）井、阀门、管件及附件所占的长度	1. 管道铺设； 2. 管道固筑； 3. 水压试验； 4. 刷防护材料、油漆
050103001	喷灌配件安装	1. 管道附件、阀门、喷头品种、规格； 2. 管道附件、阀门、喷头固定方式； 3. 防护材料种类； 4. 油漆品种、刷漆遍数	个	按设计图示数量计算	1. 管道附件、阀门、喷头安装； 2. 水压试验； 3. 刷防护材料、油漆

注　1. 挖填土石方应按现行国家标准《房屋建筑与装饰工程工程量计算规范》（GB 50854）附录A相关项目编码列项目。

2. 阀门井应按现行国家标准《市政工程工程量计算规范》（GB 50857）相关项目编码列项。

三、园路、园桥工程计量

在《园林绿化工程工程量计算规范》（GB 50858—2013）中，园路、园桥工程包括园路、园桥、驳岸、护岸。

（一）园路、园桥清单工程量的计算规则

园路、园桥工程工程量清单项目设置、项目特征描述的内容、计量单位、工程量计算规则应按表5-4的规定执行。

表5-4　　园路、园桥工程清单工程量计算规则

项目编码	项目名称	项目特征	计量单位	工程量计算规则	工作内容
050201001	园路	1. 路床土石类别； 2. 垫层厚度、宽度、材料种类； 3. 路面厚度、宽度、材料种类； 4. 砂浆强度等级	m^2	按设计图示尺寸以面积计算，不包括路牙	1. 路基、路床整理； 2. 垫层铺筑； 3. 路面铺筑； 4. 路面养护
050201002	踏（蹬）道			按设计图示尺寸以水平投影面积计算，不包括路牙	
050201003	路牙铺设	1. 垫层厚度、材料种类； 2. 路牙材料种类、规格； 3. 砂浆强度等级	m	按设计图示尺寸以长度计算	1. 基层清理； 2. 垫层铺设； 3. 路牙铺设

续表

项目编码	项目名称	项目特征	计量单位	工程量计算规则	工作内容
050201004	树池围牙、盖板（箅子）	1. 围牙材料种类、规格； 2. 铺设方式； 3. 盖板材料种类、规格	1. m； 2. 套	1. 以m计量，按设计图示尺寸以长度计算； 2. 以套计量，按设计图示尺寸数量计算	1. 清理基层； 2. 围牙、盖板运输； 3. 围牙、盖板铺设
050201005	嵌草砖（格）铺装	1. 垫层厚度； 2. 铺设方式； 3. 嵌草砖（格）品种、规格、颜色； 4. 漏空部分填土要求	m^2	按设计图示尺寸以面积计算	1. 原土夯实； 2. 垫层铺设； 3. 铺砖； 4. 填土
050201006	桥基础	1. 基础类型； 2. 垫层及基础材料种类、规格； 3. 砂浆强度等级	m^3	按设计图示尺寸以体积计算	1. 垫层铺筑； 2. 起重架搭、拆； 3. 基础砌筑； 4. 砌石
050201007	石桥墩、石桥台	1. 石料种类、规格； 2. 勾缝要求； 3. 砂浆强度等级、配合比			1. 石料加工； 2. 起重架搭、拆； 3. 墩、台、券石、券脸砌筑； 4. 勾缝
050201008	拱券石	1. 石料种类、规格； 2. 券脸雕刻要求； 3. 勾缝要求； 4. 砂浆强度等级、配合比			
050201009	石券脸		m^2	按设计图示尺寸以面积计算	
050201010	金刚墙砌筑		m^3	按设计图示尺寸以体积计算	1. 石料加工； 2. 起重架搭、拆； 3. 砌石； 4. 填土夯实
050201011	石桥面砌筑	1. 石料种类、规格； 2. 找平层厚度、材料种类； 3. 勾缝要求； 4. 混凝土强度等级； 5. 砂浆强度等级、配合比	m^2	按设计图示尺寸以面积计算	1. 石料加工； 2. 抹找平层； 3. 起重架搭、拆； 4. 桥面、桥面踏步铺设； 5. 勾缝
050201012	石桥面檐板	1. 石料种类、规格； 2. 勾缝要求； 3. 砂浆强度等级、配合比			1. 石材加工； 2. 檐板铺设； 3. 铁锔、银锭安装； 4. 勾缝
050201013	石汀步（步石、飞石）	1. 石料种类、规格； 2. 砂浆强度等级、配合比	m^3	按设计图示尺寸以体积计算	1. 基层整理； 2. 石料加工； 3. 砂浆调运； 4. 砌石

续表

项目编码	项目名称	项目特征	计量单位	工程量计算规则	工作内容
050201014	木制步桥	1. 桥宽度； 2. 桥长度； 3. 木材种类； 4. 各部位截面长度； 5. 防护材料种类	m^2	按桥面板设计图示尺寸以面积计算	1. 木桩加工； 2. 打木桩基础； 3. 木梁、木桥板、木桥栏杆、木扶手制作、安装； 4. 连接铁件、螺旋安装； 5. 刷防护材料
050201015	栈道	1. 栈道宽度； 2. 支架材料种类； 3. 面层材料种类； 4. 防护材料种类	m^2	按栈道面板设计图示尺寸以面积计算	1. 凿洞； 2. 安装支架； 3. 铺设面板； 4. 刷防护材料

注　1. 园路、园桥工程的挖土方、开凿石方、回填等应按现行国家标准《市政工程工程量计算规范》（GB 50857）相关项目编码列项。

2. 如遇某些构配件使用钢筋混凝土或金属构件时，应按现行国家标准《房屋建筑与装饰工程工程量计算规范》（GB 50854）或《市政工程工程量计算规范》（GB 50857）相关项目编码列项。

3. 地伏石、石望柱、石栏杆、石栏板、扶手、撑鼓等应按现行国家标准《仿古建筑工程工程量计算规范》（GB 50855）相关项目编码列项。

4. 亲水（小）码头各分部分项项目按照园桥相应项目编码列项。

5. 台阶项目应按现行国家标准《房屋建筑与装饰工程工程量计算规范》（GB 50854）相关项目编码列项。

6. 混合类构件园桥应按现行国家标准《房屋建筑与装饰工程工程量计算规范》（GB 50854）或《通用安装工程工程量计算规范》（GB 50856）相关项目编码列项。

（二）驳岸、护岸清单工程量的计算规则

驳岸、护岸工程工程量清单项目设置、项目特征描述的内容、计量单位、工程量计算规则应按表 5-5 的规定执行。

表 5-5　驳岸、护岸工程清单工程量计算规则

项目编码	项目名称	项目特征	计量单位	工程量计算规则	工作内容
050202001	石（卵石）砌驳岸	1. 石料种类、规格； 2. 驳岸截面、长度； 3. 勾缝要求； 4. 砂浆强度等级、配合比	1. m^3； 2. t	1. 以 m^3 计量，按设计图示尺寸以体积计算； 2. 以 t 计算，按质量计算	1. 石料加工； 2. 砌石（卵石）； 3. 勾缝
050202002	原木桩驳岸	1. 木材种类； 2. 桩直径； 3. 桩单根长度； 4. 防护材料种类	1. m； 2. 根	1. 以 m 计量，按设计图示桩长（包括桩尖）计算； 2. 以根计算，按设计图示数量计算	1. 木桩打工； 2. 打木桩； 3. 刷防护材料

续表

项目编码	项目名称	项目特征	计量单位	工程量计算规则	工作内容
050202003	满(散)铺砂卵石护岸(自然护岸)	1. 护岸平均宽度； 2. 粗细沙比例； 3. 卵石粒径	1. m^2； 2. t	1. 以 m^2 计量，按设计图示尺寸以护岸展开面积计算； 2. 以 t 计算，按卵石使用质量计算	1. 修边坡； 2. 铺卵石
050202004	点(散)布大卵石	1. 大卵石粒径； 2. 数量	1. 块(个)； 2. t	1. 以块(个)计量，按设计图示数量计算 2. 以 t 计算，按卵石使用质量计算	1. 布石； 2. 安砌； 3. 成型
050202005	框格花木护岸	1. 展开宽度； 2. 护坡材质； 3. 框格种类与规格	m^2	按设计图示尺寸展开宽度乘以长度以面积计算	1. 修边坡； 2. 安放框格

注 1. 驳岸工程的挖土方、开凿石方、回填等应按现行国家标准《房屋建筑与装饰工程工程量计算规范》(GB 50854) 附录 A 相关项目编码列项。
2. 木桩钎(梅花桩)按原木桩驳岸项目单独编码列项。
3. 钢筋混凝土仿木桩驳岸，其钢筋混凝土及表面装饰应按现行国家标准《房屋建筑与装饰工程工程量计算规范》(GB 50854) 相关项目编码列项，若表面"塑松皮"按本规范附录 C"园林景观工程"相关项目编码列项。
4. 框格花木护岸的铺草皮、撒草籽等应按本规范附录 A"绿化工程"相关项目编码列项。

四、园林景观工程计量

在《园林绿化工程工程量计算规范》(GB 50858—2013) 中，园林景观工程包括堆塑假山，原木、竹结构，亭廊屋面，花架，园林桌椅，喷泉安装，杂项。

(一) 堆塑假山清单工程量的计算规则

堆塑假山工程量清单项目设置、项目特征描述的内容、计量单位、工程量计算规则应按表 5-6 的规定执行。

表 5-6 堆塑假山清单工程量计算规则

项目编码	项目名称	项目特征	计量单位	工程量计算规则	工作内容
050301001	堆筑土山丘	1. 土丘高度； 2. 土丘坡度要求； 3. 土丘底外接矩形面积	m^3	按设计图示山丘水平投影外接矩形面积乘以高度的 1/3 以体积计算	1. 取土、运土； 2. 堆砌、夯实； 3. 修整
050301002	堆砌石假山	1. 堆砌高度； 2. 石料种类、单块重量； 3. 混凝土强度等级； 4. 砂浆强度等级、配合比	t	按设计图示尺寸以质量计算	1. 选料； 2. 起重机搭、拆； 3. 堆砌、修整

续表

项目编码	项目名称	项目特征	计量单位	工程量计算规则	工作内容
050301003	塑假山	1. 假山高度； 2. 骨架材料种类、规格； 3. 山皮料种类； 4. 混凝土强度等级； 5. 砂浆强度等级、配合比； 6. 防护材料种类	m^2	按设计图示尺寸以展开面积计算	1. 骨架制作； 2. 假山胎膜制作； 3. 塑假山； 4. 山皮料安装； 5. 刷防护材料
050301004	石笋	1. 石笋高度； 2. 石笋材料种类； 3. 砂浆强度等级、配合比	支	1. 以块（支、个）计量，按设计图示数量计算； 2. 以 t 计量，按设计图示石料质量计算	1. 选石料； 2. 石笋安装
050301005	点风景石	1. 石料种类； 2. 石料规格、重量； 3. 砂浆配合比	1. 块； 2. t		1. 选石料； 2. 起重架搭、拆； 3. 点石
050301006	池、盆景置石	1. 底盘种类； 2. 山石高度； 3. 山石种类； 4. 混凝土强度等级； 5. 砂浆强度等级、配合比	1. 座； 2. 个	1. 以块（支、个）计量，按设计图示数量计算； 2. 以 t 计量，按设计图示石料质量计算	1. 底盘制作、安装； 2. 池、盆景山石安装、砌筑
050301007	山（卵）石护角	1. 石料种类； 2. 砂浆配合比	m^3	按设计图示尺寸以体积计算	1. 石料加工； 2. 砌石
050301008	山坡（卵）石台阶	1. 石料种类、规格； 2. 台阶坡度； 3. 砂浆强度等级	m^2	按设计图示尺寸以水平投影面积计算	1. 选石料； 2. 台阶砌筑

注 1. 假山（堆筑土山丘除外）工程的挖土方、开凿石方、回填等应按现行国家标准《房屋建筑与装饰工程工程量计算规范》（GB 50854）相关项目编码列项。

2. 如遇某些构配件使用钢筋混凝土或金属构件时，应按现行国家标准《房屋建筑与装饰工程工程量计算规范》（GB 50854）或《市政工程工程量计算规范》（GB 50857）相关项目编码列项。

3. 散铺河滩石按点风景石项目单独编码列项。

4. 堆筑土山丘，适用于夯填、堆筑而成。

（二）原木、竹构件清单工程量的计算规则

原木、竹构件工程量清单项目设置、项目特征描述的内容、计量单位、工程量计算规则应按表 5－7 的规定执行。

表5-7　　原木、竹构件清单工程量计算规则

项目编码	项目名称	项目特征	计量单位	工程量计算规则	工作内容
050302001	原木(带树皮)柱、梁、檩、椽	1. 原木种类； 2. 原木直（梢）径（不含树皮厚度）； 3. 墙龙骨材料种类、规格； 4. 墙底层材料种类、规格； 5. 构件联结方式； 6. 防护材料种类	m	按设计图示尺寸以长度计算（包括榫长）	1. 构件制作； 2. 构件安装； 3. 刷防护材料
050302002	原木（带树皮）墙		m²	按设计图示尺寸以面积计算（不包括柱、梁）	
050302003	树枝吊挂楣子			按设计图示尺寸以框外围面积计算	
050302004	竹柱、梁、檩、椽	1. 竹种类； 2. 竹直（梢）径 3. 连接方式； 4. 防护材料种类	m	按设计图示尺寸以长度计算	
050302005	竹编墙	1. 竹种类； 2. 墙龙骨材料种类、规格； 3. 墙底层材料种类、规格； 4. 防护材料种类	m²	按设计图示尺寸以面积计算（不包括柱、梁）	
050302006	竹吊挂楣子	1. 竹种类； 2. 竹梢径； 3. 防护材料种类		按设计图示尺寸以框外围面积计算	

注　1. 木构件连接方式应包括开榫连接、铁件连接、扒钉连接、铁钉连接。

2. 竹构件连接方式应包括竹钉固定、竹篾绑扎、铁丝连接。

（三）亭廊屋面清单工程量的计算规则

亭廊屋面工程量清单项目设置、项目特征描述的内容、计量单位、工程量计算规则应按表5-8的规定执行。

表5-8　　亭廊屋面清单工程量计算规则

项目编码	项目名称	项目特征	计量单位	工程量计算规则	工作内容
050303001	草屋面	1. 屋面坡度； 2. 铺草种类； 3. 竹材种类； 4. 防护材料种类	m²	按设计图示尺寸以斜面计算	1. 整理、选料； 2. 屋面铺设； 3. 刷防护材料
050303002	竹屋面			按设计图示尺寸以实铺面积计算（不包括柱、梁）	
050303003	树皮屋面			按设计图示尺寸以屋面结构外围面积计算	
050303004	油毡瓦屋面	1. 冷底子油品种； 2. 冷底子油涂刷数遍； 3. 油毡瓦颜色规格	m²	按设计图示尺寸以斜面计算	1. 清理基层； 2. 材料裁接； 3. 刷油； 4. 铺设

续表

项目编码	项目名称	项目特征	计量单位	工程量计算规则	工作内容
050303005	预制混凝土穹顶	1. 穹顶弧长、直径； 2. 肋截面尺寸； 3. 板厚； 4. 混凝土强度等级； 5. 拉杆材质、规格	m^3	按设计图示尺寸以体积计算。混凝土及穹顶的肋、基梁并入屋面体积	1. 模板制作、运输、安装、拆除、保养； 2. 混凝土制作、运输、浇筑、振捣、养护； 3. 构建运输、安装； 4. 砂浆制作、运输； 5. 接头、灌缝、养护
050303006	彩色压型钢板（夹芯板）攒尖亭屋面板	1. 屋面坡度； 2. 穹顶弧长、直径； 3. 彩色压型钢板 9 夹芯品种、规格； 4. 拉杆材质、规格； 5. 嵌缝材料种类； 6. 防护材料种类	m^2	按设计图示尺寸以实铺面积计算	1. 压型板安装； 2. 护角、包角、安装； 3. 嵌缝； 4. 刷防护材料
050303007	彩色压型钢板（夹芯板）穹顶				
050303008	玻璃屋面	1. 屋面坡度； 2. 龙骨材质、规格； 3. 玻璃材质、规格； 4. 防护材料种类			1. 制作； 2. 运输； 3. 安装
050303009	木（防腐木）面	1. 木（防腐木）种类； 2. 防护层处理			1. 制作； 2. 运输； 3. 安装

注 1. 柱顶石（磉蹬石）、钢筋混凝土屋面板、钢筋混凝土亭屋面板、木柱、木屋架、钢柱、钢屋架、屋面木基层和防水层等，应按现行国家标准《房屋建筑与装饰工程工程量计算规范》（GB 50854）中相关项目编码列项。

2. 膜结构的亭、廊，应按现行国家标准《仿古建筑工程工程量计算规范》（GB 50854）及《房屋建筑与装饰工程工程量计算规范》（GB 50854）中相关项目编码列项。

3. 竹构件连接方式应包括：竹钉国定、竹篾绑扎、铁丝连接。

（四）花架清单工程量的计算规则

花架工程量清单项目设置、项目特征描述的内容、计量单位、工程量计算规则应按表 5－9 的规定执行。

表 5－9　　花架工程工程量清单计算规则

项目编码	项目名称	项目特征	计量单位	工程量计算规则	工作内容
050304001	现浇混凝土花架柱、梁	1. 柱截面、高度、根数； 2. 盖梁截面、高度、根数； 3. 连系梁截面、高度、根数； 4. 混凝土强度等级	m^3	按设计图示尺寸以体积计算	1. 模板制作、运输、安装、拆除、保养； 2. 混凝土制作、运输、浇筑、振捣、养护

续表

项目编码	项目名称	项目特征	计量单位	工程量计算规则	工作内容
050304002	预制混凝土花架柱、梁	1. 柱截面、高度、根数； 2. 盖梁截面、高度、根数； 3. 连系梁截面、高度、根数； 4. 混凝土强度等级； 5. 砂浆配合比	m^3	按设计图示尺寸以体积计算	1. 模板制作、运输、安装、拆除、保养； 2. 混凝土制作、运输、浇筑、振捣、养护； 3. 构建运输、安装； 4. 砂浆制作、运输； 5. 接头、灌缝、养护
050304003	金属花架柱、梁	1. 钢材品种、规格； 2. 柱、梁截面； 3. 油漆品种、刷漆遍数	t	按设计图示尺寸以质量计算	1. 制作、运输； 2. 安装； 3. 油漆
050304004	木花架柱、梁	1. 木材种类； 2. 柱、梁截面； 3. 连接方式； 4. 防护材料种类	m^3	按设计图示截面乘长度（包括榫长）以体积计算	1. 构件制作、运输、安装； 2. 刷防护材料、油漆
050304005	竹花架柱、梁	1. 竹种类； 2. 竹胸径； 3. 油漆品种、刷漆遍数	1. m； 2. 根	1. 以m计算，按设计图示尺寸花架构件尺寸以延长米计算； 2. 以根计算，按设计图示花架柱、梁数量计算	1. 制作； 2. 运输； 3. 安装； 4. 油漆

注 花架基础、玻璃天棚、表面装饰及涂料项目应按现行国家标准《房屋建筑与装饰工程工程计算规范》（GB 50854）中相关项目编码列项。

（五）园林桌椅清单工程量的计算规则

园林桌椅工程量清单项目设置、项目特征描述的内容、计量单位、工程量计算规则应按表5-10的规定执行。

表5-10 园林桌椅清单工程量计算规则

项目编码	项目名称	项目特征	计量单位	工程量计算规则	工作内容
050305001	预制钢筋混凝土飞来椅	1. 座凳面厚度、宽度； 2. 靠背扶手截面； 3. 靠背截面； 4. 座凳楣子形状、尺寸； 5. 混凝土强度等级； 6. 砂浆配合比	m	按设计图示尺寸以坐凳面中心长度计算	1. 模板制作、运输、安装、拆除、保养； 2. 混凝土制作、运输、浇筑、振捣、养护； 3. 构建运输、安装； 4. 砂浆制作、运输、抹面、养护； 5. 接头灌缝、养护

续表

项目编码	项目名称	项目特征	计量单位	工程量计算规则	工作内容
050305002	水磨石飞来椅	1. 座凳面厚度、宽度； 2. 靠背扶手截面； 3. 靠背截面； 4. 座凳楣子形状、尺寸； 5. 砂浆配合比	m	按设计图示尺寸以坐凳面中心长度计算	1. 砂浆制作、运输； 2. 制作； 3. 运输； 4. 安装
050305003	竹制飞来椅	1. 竹材种类； 2. 坐凳面厚度、宽度； 3. 靠背扶手截面； 4. 靠背截面； 5. 座凳楣子形状； 6. 铁件尺寸、厚度； 7. 防护材料种类			1. 坐凳面、靠背扶手、靠背、楣子制作、安装； 2. 铁件安装； 3. 刷防护材料
050305004	现浇混凝土桌凳	1. 桌凳形状； 2. 基础尺寸、埋设深度； 3. 桌面尺寸、支墩高度； 4. 凳面尺寸、支墩高度； 5. 混凝土强度等级； 6. 砂浆配合比	个	按图示数量计算	1. 模板制作、运输、安装、拆除、保养； 2. 混凝土制作、运输、浇筑、振捣、养护； 3. 砂浆制作、运输
050305005	预制混凝土桌凳	1. 桌凳形状； 2. 基础形状、尺寸、埋设深度； 3. 桌面形状、尺寸、支墩高度； 4. 凳面尺寸、支墩高度； 5. 混凝土强度等级； 6. 砂浆配合比			1. 模板制作、运输、安装、拆除、保养； 2. 混凝土制作、运输、浇筑、振捣、养护； 3. 构建运输、安装； 4. 砂浆制作、运输； 5. 接头灌缝、养护
050305006	石桌石凳	1. 石材种类； 2. 基础形状、尺寸、埋设深度； 3. 桌面形状、尺寸、支墩高度； 4. 凳面尺寸、支墩高度； 5. 混凝土强度等级； 6. 砂浆配合比			1. 土方挖运； 2. 桌凳制作； 3. 桌凳运输； 4. 桌凳安装； 5. 砂浆制作、运输

续表

项目编码	项目名称	项目特征	计量单位	工程量计算规则	工作内容
050305007	水磨石桌凳	1. 基础形状、尺寸、埋设深度； 2. 桌面形状、尺寸、支墩高度； 3. 凳面尺寸、支墩高度； 4. 混凝土强度等级； 5. 砂浆配合比	个	按图示数量计算	1. 桌凳制作； 2. 桌凳运输； 3. 桌凳安装； 4. 砂浆制作、运输
050305008	塑树根桌凳	1. 桌凳直径； 2. 桌凳高度； 3. 砖石种类； 4. 砂浆强度等级、配合比； 5. 颜料品种、颜色			1. 砂浆制作、运输； 2. 砌石砌筑； 3. 塑树皮； 4. 绘制木纹
050305009	塑树节椅				
050305010	塑料、铁艺、金属椅	1. 木座板面截面； 2. 座椅规格、颜色； 3. 混凝土强度等级； 4. 防护材料种类			1. 制作； 2. 安装； 3，刷防护材料

注 木制飞来椅按现行国家标准《仿古建筑工程工程量计算规范》(GB 50855) 相关项目编码列项。

（六）喷泉安装清单工程量的计算规则

喷泉安装工程量清单项目设置、项目特征描述的内容、计量单位、工程量计算规则应按表 5 - 11 的规定执行。

表 5 - 11　　喷泉安装清单工程量计算规则

项目编码	项目名称	项目特征	计量单位	工程量计算规则	工作内容
050306001	喷泉管道	1. 管材、管件、阀门、喷头品种； 2. 管道固定方式； 3. 防护材料种类	m	按设计图示管道中心线长度以延长米计算，不扣除检查（阀门）井、阀门、管件及附件所占的长度	1. 土（石）方挖运； 2. 管材、管件、阀门、喷头安装； 3. 刷防护材料； 4. 回填
050306002	喷泉电缆	1. 保护管品种、规格； 2. 电缆品种、规格		按设计图示单根电缆长度以延长米计算	1. 土（石）方挖运； 2. 电缆保护管安装； 3. 电缆敷设； 4. 回填

续表

项目编码	项目名称	项目特征	计量单位	工程量计算规则	工作内容
050306003	水下艺术装饰灯具	1. 灯具品种、规格； 2. 灯光颜色	套	按设计图示数量计算	1. 灯具安装； 2. 支架制作、运输、安装
050306004	电气控制柜	1. 规格、型号； 2. 安装方式	台		1. 电气控制柜（箱）安装； 2. 系统调试
050306005	喷泉设备	1. 设备品种； 2. 设备规格、型号； 3. 防护网品种、规格			1. 设备安装； 2. 系统调试； 3. 防护网安装

注 1. 喷泉水池应按现行国家标准《房屋建筑与装饰工程工程量计算规范》(GB 50854) 中相关项目编码列项。
2. 管架项目应按现行国家标准《房屋建筑与装饰工程工程量计算规范》(GB 50854) 中钢支架项目单独编码列项。

（七）杂项清单工程量的计算规则

喷泉安装工程量清单项目设置、项目特征描述的内容、计量单位、工程量计算规则应按表 5－12 的规定执行。

表 5－12　杂项清单工程量计算规则

项目编码	项目名称	项目特征	计量单位	工程量计算规则	工作内容
050307001	石灯	1. 石料种类； 2. 石灯最大截面； 3. 石灯高度； 4. 砂浆配合比	个	按设计图示数量计算	1. 制作； 2. 安装
050307002	石球	1. 石料种类； 2. 球体直径； 3. 砂浆配合比			
050307003	塑仿石音箱	1. 音箱石内空尺寸； 2. 铁丝型号； 3. 砂浆配合比； 4. 水泥漆颜色			1. 胎膜制作、安装； 2. 铁丝网制作、安装； 3. 砂浆制作、运输； 4. 喷水泥漆； 5. 埋置仿石音箱
050307004	塑树皮梁、柱	1. 塑树种类； 2. 塑竹种类； 3. 砂浆配合比； 4. 喷字规格、颜色； 5. 油漆品种、颜色	1. m^2； 2. m	1. 以 m^2 计量，按设计图示尺寸以梁柱外表面积计算； 2. 以 m 计量，按设计图示尺寸以构件长度计算	1. 灰塑； 2. 刷涂颜料
050307005	塑竹梁、柱				

续表

项目编码	项目名称	项目特征	计量单位	工程量计算规则	工作内容
050307006	铁艺栏杆	1. 铁艺栏杆高度； 2. 铁艺栏杆单位长度重量； 3. 防护材料种类	m	按设计图示尺寸以长度计算	1. 铁艺栏杆安装； 2. 刷防护材料
050307007	塑料栏杆	1. 栏杆高度； 2. 塑料种类	m	按设计图示尺寸以长度计算	1. 下料； 2. 安装； 3. 校正
050307008	钢筋混凝土艺术围栏	1. 围栏高度； 2. 混凝土强度等级； 3. 表面涂敷材料种类	1. m^2； 2. m	1. 以 m^2 计量，按设计图示尺寸以面积计算； 2. 以 m 计量，按设计图示尺寸以延长米计算	1. 制作； 2. 运输； 3. 安装； 4. 砂浆制作、运输； 5. 接头灌缝、养护
050307009	标志牌	1. 材料种类、规格； 2. 镌字规则、种类； 3. 喷字规格、颜色； 4. 油漆品种、颜色	个	按设计图示数量计算	1. 选料； 2. 标志牌制作； 3. 雕琢； 4. 镌字、喷字； 5. 运输、安装； 6. 刷油漆
050307010	景墙	1. 土质类别； 2. 垫层材料种类； 3. 基础材料种类、规格； 4. 墙体材料种类、规格； 5. 墙体厚度； 6. 混凝土、砂浆强度等级、配合比； 7. 饰面材料种类	1. m^3； 2. 段	1. 以 m^3 计量，按设计图示尺寸以体积计算； 2. 以段计量，按设计图示尺寸以数量计算	1. 土（石）方挖运； 2. 垫层、基础铺设； 3. 墙体砌筑； 4. 面层铺贴
050307011	景窗	1. 景窗材料品种、规格； 2. 混凝土强度等级； 3. 砂浆强度等级、配合比； 4. 涂刷材料品种	m^2	按设计图示尺寸以面积计算	1. 制作； 2. 运输； 3. 砌筑安放； 4. 勾缝； 5. 表面涂刷
050307012	花饰	1. 花饰材料品种、规格； 2. 砂浆配合比； 3. 涂刷材料品种	m^2	按设计图示尺寸以面积计算	1. 制作； 2. 运输； 3. 砌筑安放； 4. 勾缝； 5. 表面涂刷
050307013	博古架	1. 博古架材料品种、规格； 2. 混凝土强度等级； 3. 砂浆强度等级、配合比； 4. 涂刷材料品种	1. m^2； 2. m； 3. 个	1. 以 m^2 计量，按设计图示尺寸以面积计算； 2. 以 m 计量，按设计图示尺寸以延长米计算； 3. 以个计量，按设计图示数量计算	1. 制作； 2. 运输； 3. 砌筑安放； 4. 勾缝； 5. 表面涂刷

续表

项目编码	项目名称	项目特征	计量单位	工程量计算规则	工作内容
050307014	花盆（坛、箱）	1. 花盆（坛）的材质及类型； 2. 规格尺寸； 3. 混凝土强度等级； 4. 砂浆配合比	个	按设计图示尺寸以数量计算	1. 制作； 2. 运输； 3. 安放
050307015	摆花	1. 花盆（钵）的材质及类型； 2. 花卉品种与规格	1. m^2； 2. 个	1. 以 m^2 计量，按设计图示尺寸以水平投影面积计算； 2. 以个计量，按设计图示数量计算	1. 搬运； 2. 安放； 3. 养护； 4. 撤收
050307016	花池	1. 土质类别； 2. 池壁材料种类、规格； 3. 混凝土、砂浆强度等级、配合比； 4. 饰面材料种类	1. m^3； 2. m； 3. 个	1. 以 m^3 计量，按设计图示尺寸以体积计算； 2. 以 m 计量，按设计图示尺寸以池壁中心线处延长米计算； 3. 以个计量，按设计图示数量计算	1. 垫层铺设； 2. 基础砌（浇）筑； 3. 墙体砌（浇）筑； 4. 面层铺贴
050307017	垃圾箱	1. 垃圾箱材质； 2. 规格尺寸； 3. 混凝土强度等级； 4. 砂浆配合比	个	按设计图示尺寸以数量计算	1. 制作； 2. 运输； 3. 安放
050307018	砖石砌小摆设	1. 砖种类、规格； 2. 石种类、规格； 3. 砂浆强度等级、配合比； 4. 石表面加工要求； 5. 勾缝要求	1. m^3； 2. 个	1. 以 m^3 计量，按设计图示尺寸以体积计算； 2. 以个计量，按设计图示尺寸以数量计算	1. 砂浆制作、运输； 2. 砌砖、石； 3. 抹面、养护； 4. 勾缝； 5. 石表面加工
050307019	其他景观小摆设	1. 名称及材质； 2. 规格尺寸	个	按设计图示尺寸以数量计算	1. 制作； 2. 运输； 3. 安装
050307020	柔性水池	1. 水池深度； 2. 防水（漏）材料品种	m^2	按设计图示尺寸以水平投影面积计算	1. 清理基层； 2. 材料裁接； 3. 铺设

注 砌筑果皮箱，放置盆景的须弥座等，应按砖石砌小摆设项目编码列项。

（八）相关问题及说明

(1) 混凝土构件中的钢筋项目应按现行国家标准《房屋建筑与装饰工程工程量计算规范》(GB 50854) 中相应项目编码列项。

（2）石浮雕、石镌字应按现行国家标准《仿古建筑工程工程量计算规范》（GB 50855）附录B中相应项目编码列项。

五、措施项目计量

（一）脚手架工程清单工程量的计算规则

脚手架工程工程量清单项目设置、项目特征描述的内容、计量单位、工程量计算规则应按表5-13的规定执行。

表5-13　　脚手架工程清单工程量计算规则

项目编码	项目名称	项目特征	计量单位	工程量计算规则	工作内容
050401001	砌筑脚手架	1. 搭设方式； 2. 墙体高度	m^2	按墙的长度乘墙的高度以面积计算（硬山建筑山墙高算至山尖）。独立砖石柱高度在3.6m以内时，以柱结构周长乘以柱高计算，独立砖石柱高度在3.6m以上时，以柱结构周长加3.6m乘以柱高计算； 凡砌筑高度在1.5m及以上的砌体，应计算脚手架	1. 场内、场外材料搬运； 2. 搭、拆脚手架、斜道、上料平台； 3. 铺设安全网； 4. 拆除脚手架后材料分类堆放
050401002	抹灰脚手架	1. 搭设方式； 2. 墙体高度		按抹灰墙面的长度乘高度以面积计算（硬山建筑山墙高算至山尖）。独立砖石柱高度在3.6m以上时，以柱结构周长加3.6m乘以柱高计算	
050401003	亭脚手架	1. 搭设方式； 2. 檐口高度	1. 座； 2. m^2	1. 以座计量，按设计图示数量计算； 2. 以m^2计量，按建筑面积计算	
050401004	满堂脚手架	1. 搭设方式； 2. 施工面高度	m^2	按搭设的底面主墙间尺寸以面积计算	
050401005	堆砌（塑）假山脚手架	1. 搭设方式； 2. 假山高度		按外围水平投影最大矩形面积计算	
050401006	桥身脚手架	1. 搭设方式； 2. 假山高度		按桥基础底面至桥面平均高度乘以河道两侧宽度以面积计算	
050401007	斜道	斜道高度	座	阿门搭设数量计算	

（二）模板工程清单工程量的计算规则

模板工程工程量清单项目设置、项目特征描述的内容、计量单位、工程量计算规则应按表 5－14 的规定执行。

表 5－14　模板工程清单工程量计算规则

项目编码	项目名称	项目特征	计量单位	工程量计算规则	工作内容
050402001	现浇混凝土垫层	厚度	m^2	按混凝土与模板的接触面积计算	1. 制作； 2. 安装； 3. 拆除； 4. 清理； 5. 刷隔离剂； 6. 材料运输
050402002	现浇混凝土路面				
050402003	现浇混凝土路牙、树池围牙	高度			
050402004	现浇混凝土花架柱	断面尺寸			
050402005	现浇混凝土花架梁	1. 断面尺寸； 2. 梁底高度			
050402006	现浇混凝土花池	池壁断面尺寸			
050402007	现浇混凝土桌凳	1. 桌凳形状； 2. 基础尺寸、埋设深度； 3. 桌面尺寸、支墩高度； 4. 凳面尺寸、支墩高度	1. m^2； 2. 个	1. 以 m^3 计量，按设计图示混凝土体积计算； 2. 以个计量，按设计图示数量计算	
050402008	石桥拱券石、石券脸胎架	1. 胎架面高度； 2. 矢高、弦长	m^2	按拱券石、石券脸弧形底面展开尺寸以面积计算	

（三）树木支撑架、草绳绕树干、搭设遮阴（防寒）棚工程清单工程量的计算规则

树木支撑架、草绳绕树干、搭设遮阴（防寒）棚工程工程量清单项目设置、项目特征描述的内容、计量单位、工程量计算规则应按表 5－15 的规定执行。

表 5－15　树木支撑架、草绳绕树干、搭设遮阴（防寒）棚工程清单工程量计算规则

项目编码	项目名称	项目特征	计量单位	工程量计算规则	工作内容
050403001	树木支撑架	1. 支撑类型、材质； 2. 支撑材料规格； 3. 单株支撑材料数量	株	按设计图示数量计算	1. 制作； 2. 运输； 3. 安装； 4. 维护

续表

项目编码	项目名称	项目特征	计量单位	工程量计算规则	工作内容
050403002	草绳绕树干	1. 胸径(干径); 2. 草绳所绕树干高度	株	按设计图示数量计算	1. 搬运; 2. 绕杆; 3. 余料清理; 4. 养护期后清除
050403003	搭设遮阴(防寒)棚	1. 搭设高度; 2. 搭设材料种类、规格	1. m^2; 2. 株	1. 以m^2计量,按遮阴(防寒)棚外围覆盖层的展开尺寸以面积计算; 2. 以株计量,设计图示数量计算	1. 制作; 2. 运输; 3. 搭设、维护; 4. 养护期后清除

(四) 围堰、排水工程清单工程量的计算规则

围堰、排水工程工程量清单项目设置、项目特征描述的内容、计量单位、工程量计算规则应按表5-16的规定执行。

表5-16 围堰、排水工程清单工程量计算规则

项目编码	项目名称	项目特征	计量单位	工程量计算规则	工作内容
050404001	围堰	1. 围堰断面尺寸; 2. 围堰长度; 3. 围堰材料及灌装袋材料品种、规格	1. m^2; 2. m	1. 以m^3计量,按围堰断面面积乘以堤顶中心线长度以体积计算; 2. 以m计量,按围堰堤顶中心线长度以延长米计算	1. 取土、装土; 2. 堆筑围堰; 3. 拆除、清理围堰; 4. 材料运输
050404002	排水	1. 种类及管径; 2. 数量; 3. 排水长度	1. m^2; 2. 天; 3. 台班	1. 以m^3计量,按需要排水量以体积计算,围堰排水按堰内水面面积乘以平均水深计算; 2. 以天计量,按需要排水日历天计算; 3. 以台班计算,按水泵排水工作台班计算	1. 安装; 2. 使用、维护; 3. 拆除水泵; 4. 清理

(五) 安全文明施工及其他措施项目

安全文明施工及其他措施项目工程量清单项目设置、计量单位、工作内容及包含范围应按表5-17的规定执行。

表 5－17　安全文明施工及其他措施项目清单工程量计算规则

项目编码	项目名称	工作内容及包含范围
050405001	安全文明施工	1. 环境保护：现场施工机械设备降低噪声、防扰民措施；水泥、种植土和其他易飞扬细颗粒建筑材料密闭存放或采取覆盖措施等；工程防扬尘洒水；土石方、杂草、种植遗弃物及建渣外运车辆防护措施等；现场污染源的控制、生活垃圾清理外运、场地排水排污措施其他环境保护措施。 2. 文明施工："五牌一图"；现场围挡的墙面美化（包括内外粉刷、刷白、标语等）、压顶装饰；现场厕所便槽刷白、贴面砖，水泥砂浆地面或地砖，建筑物内临时便溺设施；其他施工现场临时设施的装饰装修、美化措施；现场生活卫生设施；符合卫生要求的饮水设备、淋浴、消毒等设施；施工现场操作场地的硬化；现场绿化、治安综合治理；现场配备医药保健器材、物品和急救人员培训；用于现场工人的防暑降温、电风扇、空调等设备及用电；其他文明施工措施。 3. 安全施工：安全资料、特殊作业专项方案的编制，安全施工标志的购置及安全宣传；"三宝"（安全帽、安全带、安全网）"四口"（楼梯口、管井口、通道口、预留洞口）"五临边"（园桥围边、驳岸围边、跌水围边、槽坑围边、卸料平台两侧），水平防护架、垂直防护架、外架封闭等防护；施工安全用电，包括配电箱三级配电、两级保护装置要求、外电防护措施；起重设备（含起重机、井架、门架）的安全防护措施（含警示标志）及卸料平台的临边防护、层间安全门、防护棚等设施；园林工地起重机械的检验检测；施工机具防护棚及其围栏的安全保护设施；施工安全防护通道；工人的安全防护用品、用具购置；消防设施与消防器材的配置；电气保护、安全照明设施；其他安全防护措施。 4. 临时设施：施工现场采用彩色、定型钢板，砖、混凝土砌块等围挡的安砌、维修、拆除；施工现场临时建筑物、构筑物的搭设、维修、拆除，如临时宿舍、办公室、食堂、厨房、厕所、诊疗所、临时文化福利用房、临时仓库、加工场、搅拌台、临时简易水塔、水池等；施工现场临时设施的搭设、维修、拆除，如临时供水管道、临时供电管线、小型临时设施等；施工现场规定范围内临时简易道路铺设，临时排水沟、排水设施安砌、维修、拆除；其他临时设施搭设、维修、拆除
050405002	夜间施工	1. 夜间固定照明灯具和临时可移动照明灯具的设置、拆除； 2. 夜间施工时施工现场交通标志、安全标牌、警示灯等的设置、移动、拆除； 3. 夜间照明设备及照明用电、施工人员夜班补助、夜间施工劳动效率降低等
050405003	非夜间施工照明	为保证工程施工正常进行，在如假山石洞等特殊施工部位施工时所采用的照明设备的安拆、维护及照明用电等
050405004	二次搬运	由于施工场地条件限制而发生的材料、植物、成品、半成品等一次运输不能到达堆放的地点，必须进行的二次或多次搬运
050405005	冬雨季施工	1. 冬雨（风）季施工时增加的临时设施（防寒保温、防雨、防风设施）的搭设、拆除； 2. 冬雨（风）季施工时对植物、砌体、混凝土等采用的特殊加温、保温和养护措施； 3. 冬雨（风）季施工时施工现场的防滑处理，对影响施工的雨雪的清除； 4. 冬雨（风）季施工时增加的临时设施、施工人员的劳动保护用品、冬雨（风）季施工劳动效率降低等
050405006	反季节栽植影响设施	因反季节栽植在增加材料、人工、防护、养护、管理等方面采取的种植措施及保证成活率措施

续表

项目编码	项目名称	工作内容及包含范围
050405007	地上、地下设施的临时保护设施	因反季节栽植在增加材料、人工、防护、养护、管理等方面采取的种植措施及保证成活率措施
050405008	已完工程及设施保护	对已完工程及设备采取的覆盖、包裹、封闭、隔离等必要的保护措施

注 本表所列项目应根据工程实际情况计算措施项目费用，需分摊的应合理计算摊销费用。

第四节 《江苏省仿古建筑与园林工程计价表》中的工程计量规则

在《江苏省仿古建筑与园林工程计价表》中，将园林工程分为绿化种植，绿化养护，堆砌假山及塑假石山工程，园路及园桥工程，园林小品工程5个部分。

一、绿化种植计量

《江苏省仿古建筑与园林工程计价表》中，对于绿化种植工程量计算规则做了如下规定：

（1）苗木起挖和种植：不论大小、分别按株（丛）、m、m^2计算。

（2）绿篱起挖和种植：不论单、双排，均按延长米计算；二排以上试作片植，套用片植绿篱以m^2计算。

（3）花卉、草皮（地被）：以m^2计算。

（4）起挖或栽植带土球乔、灌木：以土球直径大小或树木冠幅大小选用相应子目。土球直径按乔木胸径的8倍、灌木地径的7倍取定（无明显干径，按自然冠幅的2/5计算）。棕榈科植物按地径的2倍计算（棕榈科植物以地径换算相应规格土球直径套乔木项目）。

（5）人工换土量按本章附表《绿化工程相应规格对照表》有关规定，按实际天然密实土方量以m^3计算（人工换土项目已包括场内运土，场外土方运输按相应项目计价）。

（6）大面积换土按施工图要求或绿化设计规范要求以m^3计算。

（7）土方造型（不包括一般绿地自然排水坡度形成的高差）按所需土方量以m^3计算。

（8）树木支撑，按支撑材料、支撑形式不同以株计算，金属构件支撑以t计算。

（9）草绳绕树干，按胸径不同根据所绕树干长度以m计算。

（10）搭设遮阴棚，根据搭设高度按遮阴棚的展开面积以m^2计算。

（11）绿地平整，按工程实际施工的面积以m^2计算，每个工程只可计算一次绿地平整子目。

（12）垃圾深埋的计算：以就地深埋的垃圾土（一般以三、四类土）和好土（垃圾深埋后翻到地表面的原深层好土）的全部天然密实土方总量，计算垃圾深埋子目的工程量，以m^3计算。

二、绿化养护计量

《江苏省仿古建筑与园林工程计价表》中，对于绿化养护工程量计算规则做了如下规定：

（1）乔木分常绿、落叶二类，均按胸径以株计算。

（2）灌木均按蓬径以株计算。

（3）绿篱分单排、片植二类。单排绿篱均按修剪后净高高度以延长米计算，片植绿篱均按修剪后净高高度以 m^2 计算。

（4）竹类按不同类型，分别以胸径、根盘丛径以株或丛计算。

（5）水生植物分塘植、盆植二类。塘植按丛计算，盆植按盆计算。

（6）球形植物均按蓬径以株计算。

（7）露地花卉分草本植物、木本植物、球、块根植物 3 类，均按 m^2 计算。

（8）攀缘植物均按地径以株计算。

（9）地被植物分单排、双排、片植 3 类。单、双排地被植物均按延长米计算，片植地被植物以 m^2 计算。

（10）草坪分暖地型、冷地型、杂草型 3 类，均以实际养护面积按 m^2 计算。

（11）绿地的保洁，应扣除各类植物树穴周边已分别计算的保洁面积。植物树穴折算保洁面积见表 5-18。

表 5-18　植物树穴折算保洁面积

植物名称	乔木	灌木		球类		攀缘植物	绿篱、地被植物		散生竹		丛生竹	
		蓬径≤1m	蓬径>1m	蓬径≤1m	蓬径>1m		单排	双排	胸径在/cm		根盘直径/m	
							10m		<5	≥5	<1	≥1
保洁面积/m^2	10	5	10	5	10	10	5	10	2.5	5	5	10

三、堆砌假山及塑假石山工程计量

《江苏省仿古建筑与园林工程计价表》中，对于堆砌假山及塑假石山工程工程量计算规则做了如下规定：

（1）假山散点石工程量按实际堆砌的石料以 t 计算。计算公式为

堆砌假山散点石工程量（t）＝进料验收的数量－进料剩余数

（2）塑假石山的工程量按外形表面的展开面积计算。

（3）塑假石山钢骨架制作安装按设计图示尺寸重量以 t 计算。

（4）整块湖石峰以座计算。

（5）石笋安装按图示要求以块计算。

四、园路及园桥工程计量

《江苏省仿古建筑与园林工程计价表》中，对于园路及园桥工程工程量计算规则做了如下规定：

（1）各种园路垫层按设计图示尺寸，两边各放宽 5cm 乘厚度以 m^3 计算。

（2）各种园路面层按设计图示尺寸，长×宽按 m^2 计算。

（3）园桥：毛石基础、桥台、桥墩、护坡按设计图示尺寸以 m^3 计算。桥面及栈道按设计图示尺寸以 m^2 计算。

（4）路牙、筑边按设计图示尺寸以延长米计算；锁口按 m^2 计算。

五、园林小品工程计量

《江苏省仿古建筑与园林工程计价表》中，对于园林小品工程工程量计算规则做了如下规定：

（1）堆塑装饰工程分别按展开面积，以 m^2 计算。

（2）塑松棍（柱）、竹分不同直径工程量以延长米计算。

（3）塑树头按顶面直径和不同高度以个计算。

（4）原木屋面、竹屋面、草屋面及玻璃屋面按设计图示尺寸以 m^2 计算。

（5）石桌、石凳按设计图示数量以组计算。

（6）石球、石灯笼、石花盆、塑仿石音箱按设计图示数量以个计算。

（7）金属小品按图示钢材尺寸以吨计算，不扣除孔眼、切肢、切角、切边的重量，电焊条重量已包括在定额内，不另计算。在计算不规则或多边形钢板重量时均以矩形面积计算。

第六章　工程估价文件的编制

第一节　投　资　估　算

一、投资估算概述

（一）投资估算的概念

投资估算一般是指在工程项目决策阶段，为了帮助对方案进行比选，对该项目进行投资费用的估算，包括项目建议书的投资估算和预可行性研究报告或可行性研究报告的投资估算。投资估算是在决策阶段，作为论证拟建项目在经济上是否合理的重要文件。

在对工程项目的建设规模、技术方案、设备方案、工程方案及项目进度计划等进行研究并初步确定的基础上，估算项目投入总资金（包括建设投资和流动资金），并测算建设期内分年资金需要量的过程。项目投资估算包括建设投资估算、建设期利息估算和铺底流动资金估算3部分。

（二）不同阶段的工程项目投资估算

由于投资决策过程可进一步分为规划阶段、项目建议书、可行性研究阶段、评审阶段，所以投资估算工作也相应分为4个阶段。其相应误差和主要作用见表6-1。

表6-1　　投资估算各阶段估算误差及作用

投资估算的阶段	投资估算误差率	主要作用
规划阶段（机会研究）的投资估算	±30%以内	1. 说明有关的各项目之间相互关系； 2. 作为否定一个项目或决定是否继续进行研究的依据之一
项目建议书（初步可行性研究）阶段的投资估算	±20%以内	1. 从经济上判断项目是否列入投资计划； 2. 作为领导部门审批项目的依据之一； 3. 可否定一个项目，但不能完全肯定一个项目是否真正可行
可行性研究阶段的投资估算	±10%以内	可对项目是否真正可行作出初步的决定
评审阶段（含项目评估）的投资估算	±10%以内	1. 可作为可行性研究结果进行最后的评价依据； 2. 可作为对建设项目是否真正可行进行最后决定的依据

（三）估算的作用

投资估算作用包括：

（1）项目建议书、可行性研究报告文件中投资估算是研究、分析、计算项目投资经济效益的重要条件，是项目经济评价的基础。

（2）项目建议书阶段的投资估算是多方案比选，优化设计，合理确定项目投资的基础。是项目主管部门审批项目的依据之一，并对项目的规划、规模起参考作用，从经济上判断项目是否应列入投资计划。

(3) 项目可行性研究阶段的投资估算是方案选择和投资决策的重要依据，是确定项目投资水平的依据，是正确评价建设项目投资合理性的基础。

(4) 项目投资估算对工程设计概算起控制作用。可行性研究报告被批准之后，其投资估算额作为设计任务书中下达的投资限额，即作为建设项目投资的最高限额，一般不得随意突破，用以对各设计专业实行投资切块分配，作为控制和指导设计的尺度或标准。

(5) 项目投资估算是项目资金筹措及制定建设贷款计划的依据，建设单位可根据批准的项目投资估算额，进行资金筹措和向银行申请贷款。

(6) 项目投资估算是核算建设项目固定资产投资需要额和编制固定资产投资计划的重要依据。

二、投资估算编制的内容及要求

(一) 投资估算编制的内容

一份完整的投资估算，应包括投资估算编制依据、投资估算编制说明及投资估算总表，其中投资估算总表是核心内容，它主要包括建设项目总投资的构成。但该构成的范围及按什么标准计算，要受编制依据的制约，所以估算编制中，编制依据及编制说明是不可缺少的内容，它是检验编制结果准确性的必要条件之一。编制依据和说明包括明确待估算项目的项目特征、所在地区的状况、政策条件、估算的基准时间等。

(二) 投资估算编制的要求

投资估算是建设项目投资决策的依据，也是项目实施阶段投资控制的依据。投资估算质量如何将影响项目的取舍，影响项目真正的投资效益，因此投资估算不能太粗糙，必须达到国家或部门规定的精度要求。如果误差太大，必然导致投资者决策失误，带来不良后果，所以投资估算的最根本要求是精度要求。但投资估算的精度怎样才算符合要求，一般难以定论。其实每一工程在不同的建设阶段，由于条件不同，其估算准确度的标准也就不同，人们不可能超越客观条件，把建设项目投资估算编制的与最终实际投资（决算价）完全一致。但可以肯定，如果能充分地掌握市场变动信息，并全面加以分析，那么投资估算准确性就能提高。所以每一工程在估算编制时应根据不同的估算阶段，充分收集相关资料，合理选用估算方法，以确保一定的估算精度。

投资估算的另一个要求是责任要求，为了保证投资的精度要求，对估算编制部门或个人应予以一定的责任要求，给予一定的约束，以防止主观原因造成的估算不准确。在美国，凡上马的建设项目，都要进行前期可行性确定。咨询公司参与前期的工程造价估算，一旦估算经有关方面批准，就成为不可逾越的标准。另外咨询公司对自己的估算要负全责，如果实际工程超估算时，则咨询公司要进行认真分析，如果没有确切的理由进行说明，则咨询公司要以一定比例进行赔偿。这样便有效地控制着工程造价。而我国预算超估算，结算超预算的问题一直没有很好解决，这有待于我国学习先进经验，参与工程全过程的控制，学习借鉴问责赔偿方式，进一步提高投资估算的准确性。

三、投资估算的编制依据及编制方法

(一) 投资估算的编制依据

编制建设项目投资估算的依据一般包括下述几项：

（1）项目特征。它是指待建项目的类型、规模、建设地点、时间、总体建筑结构、施工方案、主要设备类型、建设标准等，它是进行投资估算的最根本的内容，该内容越明确，则估算结果相对越准确。

（2）同类工程的竣工决算资料。它为投资估算提供可比性资料。

（3）项目所在地区状况。该地区的地质、地貌、交通等情况等，是作为对同类投资资料调整的依据。

（4）时间条件。待建项目的开工日期、竣工日期、每段时间的投资比例等。因为不同时间有不同的价格标准、利率高低等。

（5）政策条件。投资中需缴哪些规费、税费及有关的取费标准等。

（二）投资估算的编制方法

建设项目总投资包括建设投资、建设期利息和铺底流动资金。在具体开展投资估算的过程中，一般首先针对建设投资进行估算，在此基础上，进行建设期利息及铺底流动资金的估算。

建设投资估算方法有两类，即简单估算法和分类估算法。其中，简单估算法主要是从整体上对建设投资进行估算的方法，包括生产能力指数法、系数估算法、指标估算法等方法。而分类估算法则是对建设投资的各项内容分别进行估算，并汇总的方法。

1. 建设投资简单估算法

在项目建议书阶段和初步可行性研究阶段，所获得的关于项目的资料和信息比较有限，通常采用下述几种方法：

（1）生产能力指数估算法。这种方法是根据已建成的、性质类似的建设项目或生产装置的投资额和生产能力估计拟建项目或生产装置的投资额。其计算公式为

$$C_2 = C_1 \left(\frac{A_2}{A_1}\right)^n f$$

式中　C_1、C_2——已建项目或生产装置的投资额、拟建项目或生产装置的投资额；

A_1、A_2——已建项目生产或生产装置的生产规模、拟建项目或生产装置的生产规模；

f——定额、单价、费用变更等综合调整系数；

n——生产规模指数（$0<n\leqslant 1$），具体可根据不同类型企业的统计资料加以确定。

根据国外某些化工项目的统计资料，行业的平均值在0.6左右，又称为0.6指数法。若已建类似项目或装置与拟建项目或装置的规模相比不大，生产规模比值为0.5～2，则指数 n 的取值近视为1；若已建类似项目或装置与拟建项目或装置的规模相比不大于50倍，且拟建项目规模的扩大仅靠增大设备规模来达到时，则取值为0.6～0.7；若是靠增加相同规模设备数量达到目的时，取值为0.8～0.9。

采用这种方法，计算简单、速度快，但要求类似工程的资料可靠，条件基本相同，否则误差就会加大。

（2）系数估算法。系数估算法的基本原理是，以项目某一部分（通常是设备或主体专业）作为基数，根据已建的同类项目或装置的建筑安装工程费和其他费用等占该部分的比

例系数进行，从而实现对建设投资估算的目的。

系数估算法有多种具体的方法，其中比较常用的包括设备系数法、主体专业系数法、朗格系数法等。

1）设备系数法。设备系数法是以拟建项目的设备费为基数，根据已建成的同类项目的建安工程费和工程建设其他费等与设备价值的百分比，求出拟建项目建筑安装工程费和其他工程费，进而求出项目的建设投资。

设备系数法的计算公式为

$$C = E(1 + f_1P_1 + f_2P_2 + f_3P_3 + \cdots) + I$$

式中 C——拟建项目投资额；

E——拟建项目的设备费；

I——拟建项目的其他费用；

$f_1, f_2, f_3, \cdots$——由于时间因素引起的定额、价格、费用标准等变化的综合调整系数；

$P_1, P_2, P_3, \cdots$——已建项目中建安工程费及其他工程费等与设备费的比例。

2）主体专业系数法。主体专业系数法是以拟建项目中投资比较重大，并与生产能力直接相关的工艺设备投资为基数，根据已建同类项目的有关统计资料，计算出拟建项目的各专业工程（土建、采暖、给排水、管道、电气等）与工艺设备投资的百分比，据此求出拟建项目各专业投资，然后加总，即为项目建设投资。

主体专业系数法的计算公式为

$$C = E(1 + f_1P'_1 + f_2P'_2 + f_3P'_3 + \cdots) + I$$

式中 C——拟建项目投资额；

E——拟建项目的设备费；

I——拟建项目的其他费用；

$f_1, f_2, f_3, \cdots$——由于时间因素引起的定额、价格、费用标准等变化的综合调整系数；

$P'_1, P'_2, P'_3, \cdots$——已建项目中各专业工程费用与设备投资的比例。

3）朗格系数法。朗格系数法是以设备费为基数，乘以朗格系数来估算项目的建设投资。

朗格系数法的计算公式为

$$C = EK_L$$

$$K_L = (1 + \sum K_i)K_c$$

式中 C——拟建项目投资额；

E——拟建项目的设备费；

K_L——拟建项目的设备费；

K_i——管线、仪表、建筑物等项费用的估算系数；

K_c——管理费、合同费、应急费等项费用的估算系数。

（3）指标估算法。指标估算法是以独立的建设项目、单项工程或单位工程为对象，综合项目全过程投资和建设中的各类成本和费用，反映出其扩大的技术经济指标，具有较强的综合性和概括性。

投资估算指标分为建设项目综合指标、单项工程指标和单位工程指标 3 种。

建设项目综合指标一般以项目的综合生产能力单位投资表示，如元/t。

单项工程指标一般以单项工程生产能力单位投资表示，如元/m^2。

单位工程指标按规定应列入能独立设计、施工的工程项目的费用，即建筑安装工程费用，如：管道区别不同材质、管径以元/m计。

套用投资估算指标时要注意：①若套用指标与具体工程之间的标准有差异时，需加以必要的换算和调整；②所用的指标单位应密切结合每个单位工程的特点，能正确反映其设计参数，不可盲目单纯套用一种单位指标。

2. 建设投资分类估算法

建设投资由建筑工程费、设备购置费、安装工程费、工程建设其他费用、基本预备费、涨价预备费等部分构成。建设投资分类估算法即分别针对以上内容进行估算的基础上，汇总得到工程项目的建设投资。

(1) 建筑工程费的估算。建筑工程费是指为建造永久性和大型临时性建筑物和构筑物所需要的费用。

建筑工程费估算一般可采用以下3种方法：

1) 单位建筑工程投资估算法。单位建筑工程投资估算法，是以单位建筑工程量投资乘以建筑工程总量来估算建筑工程投资费用的方法。

2) 单位实物工程量投资估算法。单位实物工程量投资估算法，是以单位实物工程量的投资乘以实物工程总量来计算建筑工程投资费用的方法。

3) 概算指标投资估算法。在估算建筑工程费时，对于没有上述估算指标，或者建筑工程费占建设投资比例较大的项目，可采用概算指标估算法。

(2) 设备购置费的估算。设备购置费包括设备的购置费、工器具购置费、现场自制非标准设备费、生产用家具购置费和相应的运杂费。对于价值高的设备应按单台（套）估算购置费；价值较小的设备可按分类估算。设备购置费应按国内设备和进口设备分别估算，工器具购置费一般按占设备费的比例计取。

(3) 安装工程费的估算。安装工程费通常按行业有关安装工程定额、取费标准和指标估算投资。具体计算可按安装费率、每吨设备安装费或者每单位安装实物工程量的费用估算，即：

安装工程费＝设备原价×安装费率

安装工程费＝设备吨位×每吨安装费

安装工程费＝安装工程实物量×安装费用指标

(4) 工程建设其他费用的估算。工程建设其他费用按其内容大体可分为3类：第一类指与土地使用有关的费用；第二类指与工程建设有关的其他费用；第三类指与未来企业生产经营有关的其他费用。

工程建设其他费用按照有关规定分别进行计算。

(5) 基本预备费。基本预备费是指在可行性研究阶段难以预料的费用，又称工程建设不可预见费。主要指设计变更及施工过程中可能增加工程量的费用。

基本预备费以建筑工程费、设备及工器具购置费、安装工程费及工程建设其他费用之和为基数，按行业主管部门规定的基本预备费率计算。

基本预备费的计算公式为

基本预备费=(建筑工程费+设备购置费+安装工程费
+工程建设其他费用)×基本预备费率

建筑工程费、设备购置费、安装工程费、工程建设其他费用、基本预备费之和，即为静态投资。

(6) 涨价预备费。涨价预备费是对建设工期较长的项目，在建设期内价格上涨可能引起投资增加而预留的费用，亦称为价格变动不可预见费。

涨价预备费以建筑工程费、设备及工器具购置费、安装工程费之和为计算基数。其计算公式为

$$P_c = \sum_{t=0}^{n} K_t[(1+f)^{m+t-0.5}-1]$$

式中 P_c——涨价预备费；

K_t——建设期中第 t 年的静态投资；

f——建设期平均投资价格上涨指数；

n——建设期年数；

m——建设前年数（从编制投资估算到开工建设的年数）。

3. 建设期利息估算法

建设期利息是指项目借款在建设期内发生并计入固定资产的利息，包括借款利息及手续费、承诺费、管理费等项财务费用。

项目在建设期的借款按照“计息不付息”考虑，并采用复利法估算建设期利息。在投资估算时，由于尚无法确切地确定借款发放时间，因此，一般假设借款在年内均衡发放或在年终发放，当年借款按半年计息，以前年度借款本息均按全年计息。计算公式为

$$I_j = \left(F_{j-1} + \frac{1}{2}L_j\right)i$$

式中 I_j——建设期第 j 年应计利息；

F_{j-1}——建设期第 $j-1$ 年末累计借款本利和；

L_j——建设期第 j 年借款金额；

i——借款年利率。

4. 铺底流动资金估算

流动资金是指项目投产后，为进行正常生产运营，用于购买原材料、燃料，支付工资及其他经营费用等所必不可少的周转资金，是伴随着固定资产投资而发生的永久流动资产投资，等于项目投产运营后所需全部流动资产扣除流动负债后的余额。项目决策分析与评价中，流动资产主要考虑应收账款、现金和存货；流动负债主要考虑应付账款。由此看出，这里所解释的流动资金的概念，实际上就是投资项目必须准备的最基本的营运资金。工程项目建设总投资中只计入铺底流动资金，即保证项目投产后能正常生产经营所需的最基本的运营资金，一般按项目投产后所需流动资金的30%计算。

流动资金估算一般采用分项详细估算法，项目决策分析与评价的初期阶段（即投资机会研究、项目建议书阶段、初步可行性研究）或者小型项目可采用扩大指标法。

(1) 扩大指标估算法。流动资金的扩大指标估算法是指在拟建项目某项指标的基础上，按照同类项目相关资金比率估算出流动资金需用量的方法，又分为销售收入资金率法、总成本（或经营成本）资金率法、固定资产价值资金率法和单位产量资金率法等具体方法。

1) 销售收入资金率法。销售收入资金率是指项目流动资金需要量与其一定时期内(通常为1年）的销售收入量的比率。

销售收入资金率法的计算公式为

流动资金需要量=项目年销售收入×销售收入资金率

式中，项目年销售收入取项目正常生产年份的数值，销售收入资金率根据同类项目的经验数据加以确定。

一般加工工业项目多采用该方法估算流动资金。

2) 总成本（或经营成本）资金率法。总成本（或经营成本）资金率法是指项目流动资金需要量与其一定时期（通常为1年）内总成本（或经营成本）的比率。

总成本（或经营成本）资金率法的计算公式为

流动资金需要量=项目年总成本(或经营成本)×总成本(或经营成本)资金率

式中，项目年总成本（或经营成本）取正常生产年份的数值，总成本（或经营成本）资金率根据同类项目的经验数据加以确定。

一般采掘工业项目多采用该方法估算流动资金。

3) 固定资产价值资金率法。固定资产价值资金率是指项目流动资金需要量与固定资产价值的比率。

固定资产价值资金率法的计算公式为

流动资金需要量=固定资产价值×固定资产价值资金率

式中，固定资产价值根据前述固定资产投资估算方法得出，固定资产价值资金率根据同类项目的经验数据加以确定。

某些特定的项目（如火力发电厂、港口项目等）可采用该方法估算流动资金。

4) 单位产量资金率法。单位产量资金率是指项目单位产量所需的流动资金金额。

单位产量资金率法的计算公式为

流动资金需要量=达产期年产量×单位产量资金率

式中，单位产量资金率根据同类项目经验数据加以确定。

某些特定的项目（如煤矿项目）可采用该方法估算流动资金。

(2) 分项详细估算法。分项详细估算法是对流动资产和流动负债主要构成要素，即存货、现金、应收账款、预付账款以及应付账款和预收账款等几项内容分项进行估算。

流动资金=流动资产－流动负债

流动资产=应收账款＋预付账款＋存货＋现金

流动负债=应付账款＋预收账款

流动资金本年增加额=本年流动资金－上年流动资金

流动资金估算的具体步骤是首先确定各分项最低周转天数，计算出周转次数，然后进行分项估算。

1）周转次数的计算。

周转次数＝360 天/最低周转天数

各类流动资产和流动负债的最低周转天数参照同类企业的平均周转天数并结合项目特点确定，或按部门（行业）规定。在确定最低周转天数时应考虑储存天数、在途天数，并考虑适当的保险系数。

2）流动资产估算。

a. 存货的估算。存货是指企业在日常生产经营过程中持有以备出售，或者仍然处在生产过程，或者在生产或提供劳务过程中将消耗的材料或物料等，包括各类材料、商品、在产品、半成品和产成品等。为简化计算，在项目前期可行性研究中仅考虑外购原材料、燃料、其他材料。

在产品和产成品，并分项进行计算。

存货的计算公式为

存货＝外购原材料、燃料＋其他材料＋在产品＋产成品

其中：

外购原材料、燃料＝一年外购原材料、燃料费用/分项周转次数

（注：对外购原材料、燃料应按种类分项确定最低周转天数进行估算。）

其他材料＝年其他材料费用/其他材料周转次数

在产品＝(年外购原材料、燃料动力费用＋年工资及福利费
＋年修理费＋年其他制造费用)/在产品周转次数

产成品＝(年经营成本－年其他营业费用)/产成品周转次数

b. 应收账款估算。应收账款是指企业对外销售商品、提供劳务尚未收回的资金。

应收账款的计算公式为：

应收账款＝年经营成本/应收账款周转次数

c. 预付账款估算。预付账款是指企业为购买各类材料、半成品或服务所预先支付的款项。

预付账款的计算公式为

预付账款＝外购商品或服务年费用金额/预付账款周转次数

d. 现金需要量估算。项目流动资金中的现金是指为维持正常生产运营必须预留的货币资金。

现金需要量的计算公式为

现金＝(年工资及福利费＋年其他费用)/现金周转次数

年其他费用＝制造费用＋管理费用＋营业费用－(以上 3 项费用中所含的
工资及福利费、折旧费、摊销费、修理费)

3）流动负债估算。流动负债是指将在 1 年（含 1 年）或者超过 1 年的 1 个营业周期内偿还的债务，包括短期借款、应付票据、应付账款、预收账款、应付工资、应付福利费、应付股利、应交税金、其他暂收应付款项、预提费用和 1 年内到期的长期借款等。在项目前期的可行性研究中，流动负债的估算可以只考虑应付账款和预收账款两项。

流动负债的计算公式为

应付账款＝外购原材料、燃料动力及其他材料年费用/应付账款周转次数

预收账款＝预收的营业收入年金额/预收账款周转次数

第二节　设　计　概　算

一、设计概算概述

（一）设计概算的概念

设计概算是确定和控制工程造价的文件，它是由设计单位根据初步设计图纸（或扩大初步设计图纸）及说明书、概算定额（或概算指标）、各类费用标准等资料，或参照类似工程预（决）算文件，编制和确定的建设项目从筹建至竣工交付使用所需全部费用的文件。

（二）设计概算的作用

（1）设计概算是编制建设项目投资计划、确定和控制建设项目投资的依据。对于国家投资项目，按照规定报请有关部门批准初步设计及总概算，经批准的建设项目设计总概算的投资额，是建设项目投资的最高限额，不得随意突破这一限额。如有突破须报原审批部门批准。

（2）设计概算是进行贷款的依据。银行根据批准的设计概算和年度投资计划，进行贷款，并严格实行监督控制，银行不得任意追加贷款。

（3）设计概算是签订总承包合同的依据。对于施工期较长的大中型建设项目，可以根据批准的建设计划，初步设计和总概算文件确定工程项目的总承包价格，采用工程总承包的方式进行建设。

（4）设计概算是考核设计方案技术经济合理性和选择设计方案的依据。设计概算是设计方案技术经济合理性的综合反映，可以用它来对不同的设计方案进行技术与经济合理性的比较，以便选择最佳的设计方案。

（5）设计概算是考核建设项目投资效果的依据。通过设计概算与竣工决算对比，可以分析和考核投资效果的好坏，同时还可以验证设计概算的准确性，有利于加强设计概算管理和建设项目的造价管理工作。

（三）设计概算的编制依据

设计概算的编制依据包括：

（1）国家及主管部门有关建设和造价管理的法律、法规和方针政策。

（2）经批准的建设项目可行性研究报告。

（3）设计单位提供的初步设计或扩大初步设计图纸文件、说明及主要设备材料表。例如，建筑工程包括：建筑专业平面、立面、剖面图和初步设计文字说明，工程做法及门窗表；结构专业的构件截面尺寸和特殊构件配筋率；给水排水、电气、采暖、通风、空调等专业的平面布置图、系统图、文字说明、设备材料表等；室外平面布置图、土石方工程量、道路、围墙等构筑物断面尺寸。

（4）国家现行的建筑工程和专业安装工程概算定额、概算指标及各省、市、地区经济地方政府或其授权单位颁发的地区单位估价表和地区材料、构件、配件价格、费用定额及

建设项目设计概算编制方法。

(5) 现行的有关人工和材料价格、设备原价及运杂费率等。

(6) 现行有关的费用定额取费标准。

(7) 类似工程的概、预算及技术经济指标。

(8) 建设单位提供的有关工程造价的其他资料。

(四) 设计概算的内容

设计概算可分为单位工程概算、单项工程综合概算和建设项目总概算三级。

(1) 单位工程概算。单位工程是指具有独立的设计文件、能够独立组织施工过程，是单项工程的组成部分。单位工程概算的内容包括土建工程概算、给排水、采暖工程概算，通风、空调工程概算包括机械设备及安装工程概算，电气设备及安装工程概算，热力设备及安装工程概算，工具、器具及生产家具购置费概算等。

每个单位工程分别编制概算，其费用内容仅包括工程费用。

(2) 单项工程综合概算。单项工程是指在一个建设项目中，具有独立的设计文件，建成后可以独立发挥生产能力或工程效益的项目。单项工程是一个复杂的综合体，是具有独立存在意义的一个完整工程。单项工程综合概算由各单位工程概算汇总编制而成，是建设项目总概算的组成部分。

(3) 建设项目总概算。建设项目总概算是确定整个建设项目从筹建到竣工验收所需全部费用文件，它是由各单项工程综合概算、工程建设其他费用概算、预备费、建设期贷款利息概算汇总编制而成的。

以工业建设项目为例，建设项目总概算包括：①生产项目、附属生产及服务用工程项目、生活福利设施等项目的单项工程综合概算；②建设单位管理费和生产人员培训费的单项费用概算；③为施工服务的临时性生产和生活福利设施、特殊施工机械购置费用概算等。

(五) 设计概算编制的准备工作

(1) 深入现场，调查研究，掌握第一手材料。对新结构、新材料、新技术和非标准设备价格要搞清楚并落实，认真收集其他有关基础资料（如定额、指标等）。

(2) 根据设计要求、总体布置图和全部工程项目一览表等资料，对工程项目的内容、性质、建设单位的要求、建设地区的施工条件等。

(3) 在掌握和了解上述资料与情况的基础上。拟出编制设计概算的提纲，明确编制工作的主要内容、重点、步骤和审核方法。

(4) 根据已拟定的设计概算编制提纲，合理选用编制依据，明确取费标准。

(六) 编制设计概算的方法及步骤

编制设计概算的目的是计算相应的工程造价，在明确工程造价的概念及所需计算的费用范围基础上，根据工程造价的费用构成及不同费用的性质，采用逐个编制、层层汇总的原则开展编制工作。具体步骤如下：

(1) 编制单位工程概算书。通过单位工程概算书的编制，分别计算确定工程建设项目所属每个单位工程的概算造价。单位工程的概算造价即该单位工程的工程费。

(2) 编制工程项目（单项工程）综合概算书。编制工程项目（单项工程）综合概算书的目的，是为了分别计算确定工程建设项目所属每个工程项目（单项工程）的概算造价。而该概算造价是指发生在该工程项目（单项工程）的建造过程中并且能直接计算的费用，该费用一般包括该工程项目（单项工程）所属的各单位工程造价之和再加上该工程项目（单项工程）所属的设备、工器具购置费用。所以，编制工程项目（单项工程）综合概算书的方法是将各单位工程概算书进行汇总。再加上该工程项目（单项工程）所属的设备、工器具购置费用即可。

（3）编制工程建设其他费用概算书。编制工程建设其他费用概算书的目的是计算确定工程建设项目所属的各项工程建设其他费用。其编制方法是根据概算工程的具体情况，采用一览表的形式。分别计算各项工程建设其他费用并汇总。

（4）编制工程建设项目总概算书。编制工程建设项目总概算书的目的是计算确定该工程建设项目在要求的概算范围内的总造价。工程建设项目总概算的编制方法是将各工程项目（单项工程）综合概算书进行汇总再加上相应的工程建设其他费用概算书即可。

二、单位工程设计概算的编制

单位工程概算包括建筑工程概算和设备及安装工程概算两大类。建筑工程概算的编制方法有概算定额法、概算指标法、类似工程预算法等；设备及安装工程概算的编制方法有预算单价法、扩大单价法、设备价值百分比法和综合吨位指标法等。

（一）建筑工程概算的编制方法

1. 概算定额法

由于施工图尚不完备，将施工中若干分项内容合并，按概算定额的工程量计算规则与定额单价，估算造价的方法称为概算定额法。

利用概算定额编制概算的具体步骤如下：

（1）熟悉图纸，了解设计意图、施工条件和施工方法。

（2）列出分部分项工程项目，并计算工程量。

（3）根据工程量和概算定额基价计算分部分项工程费。

（4）计算措施措施费、其他项目费、规费、税金等费用。

（5）将分部分项工程费、措施项目费、其他项目费、规费、税金相加即得到单位工程概算造价。

（6）计算单方造价（如每平方米建筑面积造价）。

（7）编写概算编制说明。

2. 概算指标法

当初步设计深度不够，不能准确地计算工程量，但工程设计采用的技术比较成熟而又有类似工程概算指标可以利用时，可以采用概算指标法编制概算。由于概算指标比概算定额更为扩大、综合，所以利用概算指标编制的概算比按概算定额编制的概算更加简化，这种方法具有计算速度快的优点，但其精确度较低。

现以单位建筑面积（m^2）工料消耗概算指标为例说明概算编制步骤和公式：

（1）根据概算指标中的人工工日数及拟建工程地区工资标准计算人工费。

单方人工费＝指标规定的人工工日数×拟建地区日工资标准

（2）根据概算指标中的主要材料数量及拟建地区材料预算价格计算主要材料费。

$$单方主要材料费=\sum(主要材料消耗量\times拟建地区材料预算价格)$$

（3）按其他材料费占主要材料费的百分比，求出其他材料费。

$$单方其他材料费=单方主要材料费\times\frac{其他材料费}{主要材料费}$$

（4）按概算指标中的机械费计算单方机械费。

（5）求出单位建筑面积概算单价。

（6）用概算单价和建筑面积相乘，得出概算值。

$$拟建工程概算值=拟建工程建筑面积概算\times单价$$

如拟建工程初步设计的内容与概算指标规定内容有局部差异时，就不能简单按照类似工程的概算指标直接套用，而必须对概算指标进行修正，然后用修正后的概算指标编制概算。修正的方法是，从原指标的概算单价中减去建筑、结构差异需“换出”的人工费（或材料、机械费用），加上建筑、结构差异需“换入”的人工费（或材料、机械费用），得到修正后的单方建筑面积概算单价。修正公式如下：

$$单方建筑面积概算单=原指标单方概算单价\times换出构件人工(或材料、机械费用)单价+换入构件人工(或材料、机械费用)单价$$

$$换出(或换入)构件造价=换出(或换入)构件工程量\times拟建地区相应单价$$

3. 类似工程预算法

如果拟建工程与已完工程或在建工程相似，而又没有合适的概算指标时，就可以利用已建工程或在建工程的工程造价资料来编制拟建工程的设计概算。

类似工程预算法是以类似工程的预算或结算资料，按照编制概算指标的方法，求出工程的概算指标，再按概算指标法编制拟建工程概算。

利用类似工程编制概算时，应考虑到拟建工程在建筑与结构、地区工资、材料价格、机械台班单价、间接费的差异，这些差异可按下面的方法进行修正：

（1）工资修正系数。

$$K_1=\frac{拟建工程地区人工工资标准}{类似工程地区人工工资标准}$$

（2）材料预算价格修正系数。

$$K_2=\frac{\sum(类似工程各主要材料消耗量\times拟建工程地区材料预算价格)}{类似工程主要材料费}$$

（3）机械使用费修正系数。

$$K_3=\frac{\sum(类似工程各主要机械台班数\times拟建工程地区机械台班单价)}{类似工程主要机械使用费用}$$

（4）间接费修正系数。

$$K_4=\frac{拟建工程地区的间接费率}{类似工程地区的间接费率}$$

（5）综合修正系数。

$$K_5=K_1\times人工费比重+K_2\times材料费比重+K_3\times机械费比重+K_4\times间接费比重$$

（6）修正后的类似工程概算单方造价。

$$修正后的类似工程概算单方造价=\frac{类似工程概算的造价}{类似工程建筑面积}\times综合修正系数$$

(7) 拟建工程项目造价。

拟建工程概算造价=修正后的类似工程预算单方造价×拟建项目建筑面积

(二) 设备及安装工程概算的编制方法

1. 设备购置费概算的编制方法

设备购置费由设备原价及运杂费两项组成。国产标准设备原价可根据设备型号、规格、性能、材质、数量及附带的配件，向制造厂家询价，或向设备、材料信息部门查询，或按有关规定逐项计算。非主要标准设备和工器具、生产家具的原价可按主要设备原价的百分比计算，百分比指标按主管部门或地区有关规定执行。

国产非标准设备原价在编制设计概算时可按下列两种方法确定：

(1) 非标准设备台(件)估价指标法。根据非标准设备的类别、重量、性能等情况，以每台设备规定的估价指标计算，即

非标准设备原价=设备台数×每台设备估价指标

(2) 非标准设备吨重估价指标法。根据非标准设备的类别、性能、质量、材质等情况，以某类设备所规定的吨重估价指标计算，即

非标准设备原价=设备吨重×每吨重设备估价指标

设备运杂费按有关规定的运杂费率计算，即

设备运杂费=设备原价×设备运杂费率(%)

2. 安装工程概算的编制方法

安装工程概算的编制方法有：

(1) 预算单价法。当初步设计较深，有详细的设备清单时，可直接按安装工程预算定额单价编制设备安装工程概算。

(2) 扩大单价法。当初步设计深度不够，设备清单不完备，只有主体设备或仅有成套设备重量时，可采用主体设备、成套设备的综合扩大安装单价来编制概算。

(3) 设备价值百分比法(又称安装设备百分比法)。当初步设计深度不够，只有设备出厂价而无详细规格、重量时，安装费可按占设备费的百分比计算。其百分比值(即安装费率)由主管部门制定或由设计单位根据已完类似工程确定。该法常用于价格波动不大的定型产品和通用设备产品。

计算公式为

设备安装费=设备原价×安装费率(%)

(4) 综合吨位指标法。当初步设计提供的设备清单有规格和设备重量时，可采用综合吨位指标编制概算，其综合吨位指标由主管部门或设计院根据已完类似工程资料确定。该法常用于价格波动不大的非标准设备和引进设备的安装工程概算。

计算公式为

设备安装费=设备吨重×每吨设备安装费指标

三、单项工程综合概算的编制

单项工程综合概算是确定单项工程建设费用的综合性文件，它是由该单项工程的各专业单位工程概算汇总而成的，是建设项目总概算的组成部分。

单项工程综合概算文件一般包括编制说明(包括编制依据、编制方法、主要材料和设

备的数量等）和综合概算表（含其所附的单位工程概算表和建筑材料表）两大部分。当建设项目只有一个单项工程时，此时综合概算文件（实为总概算）除包括上述两大部分外，还应包括工程建设其他费用、建设期贷款利息、预备费和固定资产投资方向调节税的概算。

工业建设项目综合概算表由建筑工程和设备及安装工程两大部分组成；民用工程项目综合概算表就是建筑工程一项。

综合概算的费用一般应包括建筑工程费用、安装工程费用、设备购置及工器具和生产家具购置费所组成。当不编制总概算时，还应包括工程建设其他费用、建设期贷款利息、预备费等费用项目。

四、工程建设项目总概算的编制

建设项目总概算是设计文件的重要组成部分，是确定整个建设项目从筹建到竣工验收交付使用所预计花费的全部费用的文件。它由各单项工程综合概算、工程建设其他费用、预备费和经营性项目铺底流动资金等汇编而成。

（一）总概算书的内容

(1) 工程概况：说明工程建设地址、建设条件、工期、名称、品种与产量、规模、功能及厂外工程的主要情况等。

(2) 编制依据：说明设计文件、定额、价格及费用指标等依据。

(3) 编制范围：说明总概算书已包括与未包括的工程项目和费用。

(4) 编制方法：说明采用何种方法编制等。

(5) 投资分析：分析各项工程费用所占比例、各项费用构成、投资效果等。

此外，还要与类似工程比较，分析投资高低原因，以及论证该设计是否经济合理。

(6) 主要设备和材料数量：说明主要机械设备、电器设备及主要建筑材料的数量。

(7) 其他有关问题：说明在编制概算文件过程中存在的其他有关问题。

（二）总概算表的编制方法

(1) 按总概算组成的顺序和各项费用的性质，将各个单项工程综合概算及其他工程和相应的费用概算汇总列入总概算表。

(2) 将工程项目和费用名称及各项数值填入相应各栏内，然后按各栏分别汇总。

(3) 以汇总后总额为基础。按取费标准计算预备费、建设期利息、铺底流动资金等。

(4) 计算回收金额。回收金额是指在整个基本建设过程中所获得的各种收入。如原有房屋拆除所回收的材料和旧设备等的变现收入；试车收入大于支出部分的价值等。回收金额的计算方法，按有关部门的规定执行。

(5) 计算总概算价值。

(6) 计算技术经济指标。整个项目的技术经济指标应选择有代表性和能说明投资效果的指标填列。

(7) 投资分析。为对基本建设投资分配、构成等情况进行分析，应在总概算表中计算出各项工程和费用投资占总投资比例，在表的末栏计算出每项费用的投资占总投资的比例。

第三节　施 工 图 预 算

一、施工图预算概述

（一）施工图预算的概念

施工图预算是在施工图设计完成后，工程开工前，以经批准的施工图为依据，根据消耗量定额、计费规则及人、材、机的预算价格编制的确定工程造价的经济文件。

施工图预算是设计阶段控制工程造价的重要环节，是控制施工图设计不突破设计概算的重要措施，是编制和调整固定资产投资计划的依据。对于实行施工招标的工程，施工图预算是编制标底的依据，也是承包企业投标报价的基础。对于不宜实行招标而采用施工图预算加调整价格结算的工程，施工图预算可以作为确定合同价款的基础或作为审查施工企业提出的施工图预算的依据。

（二）施工图预算的作用

施工图预算的作用体现在以下几个方面：

（1）施工图预算是确定投标报价的依据。在竞争激烈的建筑市场，施工单位需要根据施工图预算造价，结合企业的投标策略，确定投标报价。

（2）施工图预算是确定单位建筑工程造价的依据。建筑工程由于体积庞大，结构复杂，形态多样，用途各异，地点固定，生产周期长，材料消耗庞杂，不能像其他工业产品那样由国家制订统一的出厂价格，而必须依据各自的施工设计图纸、预算定额单价、取费标准等分别计算各个建筑工程的预算造价。因此，建筑工程预算起着为建筑产品定价的作用。

（3）施工图预算是签订施工合同的依据。凡是承发包工程，建设单位与施工单位都必须以经审查后的施工图预算为依据签订施工合同。因为施工图预算所确定的工程造价，是建筑产品的出厂价格，双方为了各自的经济利益，应以施工图预算为准，明确责任，分工协作，互相制约，共同保证完成国家基本建设计划。

（4）施工图预算是施工企业编制施工计划和统计完成工作量的依据。施工企业对所承担的建设项目施工准备的各项计划（包括施工进度计划、材料供应计划、劳动力安排计划、机具调配计划、财务计划等）的编制，全部是以批准的施工图预算为依据的。

（5）施工图预算是施工单位进行施工准备的依据，是施工单位在施工前组织材料、机具、设备及劳动力供应的重要参考，是施工单位编制进度计划、统计完成工作量、进行经济核算的参考依据。施工图预算的工、料、机分析，为施工单位材料购置、劳动力及机具和设备的配备提供参考。

（6）施工图预算是控制施工成本的依据。根据施工图预算确定的中标价格是施工企业收取工程款的依据，企业只有合理利用各项资源，采取技术措施、经济措施和组织措施降低成本，将成本控制在施工图预算以内，企业才能获得良好的经济效益。

（三）施工图预算的编制依据

（1）施工图设计文件及标准图集。

（2）《计价规范》与《计量规范》。

(3) 预算定额，或单位估价表及相应的调价文件。

(4) 企业管理费、利润、规费、税金等的费用定额。

(5) 施工组织设计或施工方案。

(6) 人工、主要材料及施工机械的市场价格。

(7) 预算工作手册等工具书及其他有关资料。

(四) 施工图预算的内容

施工图预算有单位工程预算、单项工程预算和建设项目总预算。单位工程预算是根据施工图设计文件、现行预算定额、费用定额和人工、材料、设备、机械台班等预算价格资料，以一定的方法，编制单位工程的施工图预算，然后汇总所有各单位工程施工图预算，成为单项工程施工图预算，再汇总所有各单项工程施工图预算，便是一个建设项目建筑安装工程的总预算。单位工程的预算包括建筑工程预算和设备安装工程预算。

二、施工图预算的编制方法

由于施工图预算的编制有传统的定额计价模式和市场经济条件下的工程量清单计价模式，因此相应的施工图预算的编制方法就有定额计价法和清单计价法两种方法，而定额计价法又分为单价法和实物量法两种方法。由于实物量法是先确定出人工、材料、施工机具等生产要素的实物消耗量，再通过乘以生产要素的价格（基础单价）来计算工程造价，该方法忽略了工程造价按施工工种、施工工序逐步实现的特征，不利于工程价款的结算，因此，在实践中很少采用实物量法。因此，本书将基于单价法，介绍施工图编制的具体步骤。

(一) 单价法编制施工图预算的原理

单价法编制施工图预算就是根据预算定额的分部分项工程量计算规则，按照施工图计算出各分部分项工程的工程量，乘以相应的工程单价，汇总相加后再加上工程单价中未包含的其他费用（如措施项目费、其他项目费、规费、税金等），汇总工程的施工图预算。

(二) 单价法编制施工图预算的步骤

运用单价法编制施工图预算的步骤如下：

1. 搜集各种编制依据资料

包括施工图纸、施工组织设计、施工方案、现行建筑安装工程预算定额、费用定额、统一的工程量清单计价规则、预算工作手册和工程所在地的材料、人工、机械台班预算价格与调价规定等。

2. 熟悉预算图纸及定额

对施工图和预算定额要有全面详细的了解，全面准确的计算工作量，合理编制出施工图预算造价。

3. 根据施工图及施工方案列出各分项工程名称

根据施工图及施工组织设计文件中的施工方案确定各分项工程的名称，要求可能按照施工顺序或预算定额顺序列项，避免列项重复或漏项。

4. 计算工程量

工程量的计算是最重要、最繁重的一个环节，其不仅影响预算的及时性，还影响预算的准确性，必须在工程量计算上下工夫。根据施工图的工程内容和定额项目，列出计算工程量的分部分项工程。根据一定的计算顺序和计算规则、列出计算式。根据施工图纸尺寸及有关数据，代入计算式进行数学计算。

5. 套用预算定额

工程量计算完毕并核对无误后，用所得的分部分项工程量套用定额，并基于市场价计算相应的分部分项工程费。套用定额时要注意分项工程的名称、规格、单位必须与定额所列的内容一致，否则重套、错套、漏套预算基价都会引起分部分项工程费的偏差，导致施工图预算造价或高或低。当施工图设计的某些设计要求与定额的特征不完全相符时，必须根据定额使用说明对定额进行调整或换算。当施工图纸的某些设计要求与定额的特征相差甚远时，既不能直接套用也不能换算、调整时，必须编制补充定额。

6. 计算其他各项应取费用，确定单位工程预算

在确定出分部分项工程费用后，根据计算规则及有关的费用定额，分别计算措施项目费、其他项目费、规费、税金等，并经过汇总，确定出单位工程预算。

7. 编制工料分析表

根据各分部分项工程的实物工程量和相应定额中的项目所列价构成的规定项目所列的用工工日和材料数量，计算出各分部分项工程所需的人工及材料数量，相加汇总便得出该单位工程所需要的各类人工和材料的数量。

8. 编制单项工程预算、建设项目总预算

将单项工程所包含的各单位工程预算汇总，得出单项工程预算；将各单项工程预算汇总，进而得到建设项目的总预算。

9. 编写编制说明，填写封面，装订成册

编制说明一般包括以下几项内容：

（1）编制预算时所采用的施工图名称、工程编号、标准图集以及设计变更情况。

（2）采用的预算定额及名称。

（3）费用定额或地区发布的动态调价文件等资料。

（4）钢筋、铁件是否已经过调整。

（5）其他有关说明。通常是指在施工图预算中无法表示，需要用文字补充说明的。例如，分项工程定额中需要的材料缺货，需用其他材料代替，其价格待结算时另行调整，就需用文字补充说明。

施工图预算书封面通常需填写的内容有工程编号及名称、建筑结构形式、建筑面积、层数、工程造价、技术经济指标、编制单位、编制人及编制日期等。

最后，把封面、编制说明、费用计算表、工程预算表、工程量计算表、工料分析表等，按以上顺序编排并装订成册，编制人员签字盖章，有关单位审阅、签字并加盖单位公章后，便完成了工程施工图预算的编制工作。

第四节　招标控制价

一、招标控制价概述

（一）招标控制价的概念及一般规定

招标控制价是指招标人根据国家或省级、行业建设主管部门颁发的有关计价依据和办

法，以及拟定的招标文件和招标工程量清单，结合工程具体情况编制的招标工程的最高投标限价。

我国对国有资金投资项目的投资控制实行的投资概算审批制度，国有资金投资的工程原则上不能超过批准的投资概算。国有资金投资的工程实行工程量清单招标，为了客观、合理地评审投标报价和避免哄抬标价，避免造成国有资产流失，招标人必须编制招标控制价，规定最高投标限价。

招标控制价的作用决定了招标控制价不同于标底，无需保密。为体现招标的公平、公正性，防止招标人有意抬高或压低工程造价，招标人应在招标文件中如实公布招标控制价，同时，招标人应将招标控制价报工程所在地或有该工程管辖权的行业管理部门的工程造价管理机构备查。

招标控制价的一般规定如下：

（1）国有资金投资的建设工程招标，招标人必须编制招标控制价。

（2）招标控制价应由具有编制能力的招标人或受其委托具有相应资质的工程造价咨询人编制和复核。

（3）工程造价咨询人接受招标人委托编制招标控制价，不得再就同一工程接受投标人委托编制投标报价。

（4）招标控制价应按照规定编制，不应上调或下浮。

（5）当招标控制价超过批准的概算时，招标人应将其报原概算审批部门审核。

（6）招标人应在发布招标文件时公布招标控制价，同时应将招标控制价及有关资料报送工程所在地或有该工程管辖权的行业管理部门工程造价管理机构备查。

（二）招标控制价的意义

招标控制价是在实行设置投标限价制度的基础上，加强对招标投标活动的监督管理，进一步建立完善有形建筑市场监管的制度体系，对投标价进行封顶的，是招标人对招标工程的最高控制值。其意义主要有以下几点：

（1）有利于审核施工图设计是否符合设计概算。如果招标控制价超过了设计概算，业主就要及时考虑追加投资或修改设计、降低标准，来满足自身投资能力。

（2）可有效控制投资，防止恶性哄抬报价、高价围标带来的投资风险。

（3）提高了透明度，避免了暗箱操作等违法活动的产生。从信息角度看，招投标阶段中招标人与投标人之间存在着明显的信息不对称，招标人要综合考虑投标人的业绩、资质、报价等选择投标人；另一方面，投标人不了解招标人的标底价格或期望价格，也存在对招标人的选择问题，希望选择信誉高、有资金实力的招标人。而招标控制价的设立在一定程度上弱化的这种不对称关系，提高了透明度。

（4）可促使各投标人自主报价、公平竞争，符合市场规律。投标人自主报价，不受标底的左右。招标控制价的项目设置、综合单价与组价等和投标报价中的清单项目均是基于统一的工程量清单项目和结合工程现场实际考虑的施工方案等，这些一致性，就可以通过二者之间各清单项目报价的比较，较容易发现投标报价的不平衡报价、低于成本价报价等问题，从而检验投标报价的合理性。

（5）既设置了控制上限又尽量地减少了业主对评标基准价的影响。招标控制价作为评价投标人所报单价和总价合理性的重要参考依据，其确定应在详细调查市场人工、材料、机械行情及掌握该地区条件相近同类工程项目造价资料的基础上，经认真研究分析，结合招标项目特点，科学、合理地反映施工同期的市场价格，在满足招标要求的前提下，达到合理低价中标，形成招标和投标双赢的结果。因此，招标控制价在工程量清单计价招投标活动中，对保护招标人的利益和规范投标人的投标报价行为都具有重要作用。

二、招标控制价的编制程序与方法

（一）招标控制价编制的依据

（1）招标控制价应根据下列依据编制与复核。

1）国家或省级、行业建设主管部门颁发的计价定额和计价办法。

2）建设工程设计文件及相关资料。

3）拟定的招标文件及招标工程量清单。

4）与建设项目相关的标准、规范、技术资料。

5）施工现场情况、工程特点及常规施工方案。

6）工程造价管理机构发布的工程造价信息，当工程造价信息没有发布时，参照市场价。

7）其他的相关资料。

（2）综合单价中应包括招标文件中划分的应由投标人承担的风险范围及其费用。招标文件中没有明确的。如是工程造价咨询人编制，应提请招标人明确；如是招标人编制，应与明确。

（3）分部分项工程和措施项目中的单价项目，应根据拟定的招标文件和招标工程量清单项目中的特征描述及有关要求确定综合单价计算。

（4）其他项目应按下列规定计价。

1）暂列金额应按招标工程量清单中列出的金额填写。

2）暂估价中的材料、工程设备单价应按招标工程量清单中列出的单价计入综合单价。

3）暂估价中的专业工程金额应按招标工程量清单中列出的金额填写。

4）计日工应按招标工程量清单中列出的项目根据工程特点和有关计价依据确定综合单价计算。

5）总承包服务费应根据招标工程量清单列出的内容和要求估算。

（二）招标控制价编制的流程

1. 分部分项工程费的确定

分部分项工程费应根据招标文件中的分部分项工程量清单及有关要求，按《计价规范》有关规定确定综合单价。这里所说的综合单价，是指完成一个规定计量单位的分部分项工程量清单项目（或措施清单项目）所需的人工费、材料费、施工机械使用费和企业管理费与利润以及一定范围内的风险费用。以《江苏省建筑与装饰工程计价定额（2014版）》为例，由于其综合单价的基价已包含人工费、材料费、机械费、管理费、利润，因此可以理解为综合定额基价可作为综合单价的依据。

（1）综合定额的套用。根据清单项目的特征描述等，套用完成一个清单项目所需要的所有定额子目及每个定额子目在此工程量清单项目下的定额工程数量，定额子目按各地定额的相关内容和规定进行，定额数量按当地综合定额的计算规则计算。

(2) 人工费、材料费和机械使用费的确定。工程量清单项目的人工费、材料费和机械使用费由其套用的所有定额子目的人工费、材料费、机械使用费用组成，每个定额子目的人工费、材料费、机械使用费用应由“量”和“价”两个因素组成。其中人工、材料和机械台班数量则按定额子目数量与该定额子目单个计量单位消耗量的乘积计算；人工、材料、机械台班单价，按照工程所在地工程造价管理机构相应时期发布的信息（指导）价格计算。

(3) 企业管理费的确定。《计价规范》规定，企业管理费应包括在清单的报价中，费率应按综合定额标准进行确定，不得上调或下浮。以江苏省为例，每一分部分项工程项目的管理费在综合定额子目中均已计算在内，并按照地区类别、不同分部取用不同费率。

(4) 利润率的确定。利润率的确定以各地方费用定额规定的为准。江苏省以“人工费＋机械费”作为基数，并根据工程类别的不同，乘以相应的利润率得到。

(5) 风险费用的确定。《计价规范》规定，应根据招标文件、施工图纸、合同条款、材料设备价格水平及工程实际情况合理确定，风险费用可按费率计算。

根据国际惯例并结合我国建设市场的特点和实际，发、承包双方对施工阶段的风险宜采用分摊原则，并在《计价规范》条文说明中提出参考标准。各地就承包人承担风险的范围也做了具体规定。

(6) 计算综合单价。每个清单项目的人工费、材料费、机械使用费、管理费、利润和风险费之和为单个清单项目合价，清单项目之合价除以工程量，即为单个清单项目的综合单价。把所有清单项目合价的合计就是分部分项工程费。

概括讲综合单价的确定，实际上就是利用当地综合定额中相关定额子目进行组合报价的过程，也就是通常说的“组价”。其基本步骤是：①根据清单项目工程内容查找对应的定额子目，注意包括主体项目和附属项目；②根据清单工程量确定或计算定额工程量，直接套价的是按照定额规则计算出的定额工程量，因此这是关键性工作之一，也是一项任务比较重的工作；③结合工程实际套用定额项目并调整人、材、机的消耗量；④进行综合单价组价，并抽料分析后按照人、材、机的信息（指导）价格修正定额价格。经过软件运算，即可得到清单项目的综合单价。

2. 措施项目费的确定

招标控制价中的措施项目费应根据拟建工程的施工组织设计及招标人提供的工程量清单进行计价，包括安全文明措施项目费和措施其他项目费。计算时又分为两类：①按子目计算的项目，即可以计算工程量的措施项目，如安全文明措施项目费中的综合脚手架、模板的支撑等，宜采用分部分项工程量清单的方式编制，与之相对应，应采用综合单价估价；②按系数计算的项目，即以“项”为计量单位的，如安全文明施工措施费、赶工措施费等按项计价，其价格组成与综合单价相同，应包括除规费、税金以外的全部费用。

可以看出，不同的措施项目其特点不同，不同的地区，费用确定的方法也不一样，但基本上可归纳为两种：①以分部分项工程费为基数，乘以一定费率计算；②按照具体措施费用的实际工程量及工程单价进行计算。前一种方法中措施项目费一般已包含管理费和利润等。

3. 其他项目费、规费、税金的确定及招标控制价的确定

根据《计价规范》的规定，结合所确定的分部分项工程费、措施项目费以及相应的费用定额，分别计算其他项目费、规费和税金，汇总得到招标控制价。

4. 封面及总说明编制

招标控制价的封面格式应按《计价规范》中表的规定填写。建设工程当事人必须盖法人单位公章，其法定代表人或其授权人应当签字或盖章；工程造价咨询企业必须盖有企业名称、资质等级及证书编号的执业印章，其法定代表人或其授权人应当签字或盖章。

编制人是造价工程师的，由其签字盖执业专用章；编制人是造价员的，由其在编制人栏签字盖专用章，且应由造价工程师复核，并在复核人栏签字盖执业专用章。

招标控制价的总说明应根据委托的项目实际情况填写，说明要全面、具体。说明的主要内容包括：①工程概况、工程类别等；②招标控制价的编制依据；③招标控制价包含的范围；取费标准、材料价格来源、措施费计取采用的施工方案等；④其他需要说明的事项。

建设工程招标控制价的计价程序见表6-2。

表6-2　建设单位工程招标控制价计价程序

工程名称：　　　　　　　　　　　　　　　　　　　　　　标段：

序号	内　容	计算方法	金额/元
1	分部分项工程费	按计价规定计算	
1.1			
1.2			
1.3			
1.4			
1.5			
2	措施项目费	按计价规定计算	
2.1	其中：安全文明施工费	按规定标准计算	
3	其他项目费		
3.1	其中：暂列金额	按计价规定估算	
3.2	其中：专业工程暂估价	按计价规定估算	
3.3	其中：计日工	按计价规定估算	
3.4	其中：总承包服务费	按计价规定估算	
4	规费	按规定标准计算	
5	税金（扣除不列入计税范围的工程设备等金额）	按增值税规定计算	

招标控制价合计＝1＋2＋3＋4＋5

三、分部分项工程费及单价措施项目费的确定

（一）分部分项工程项目清单计价方法

以土石方工程为例，说明招标控制价编制中，分部分项工程项目清单计价的方法。

【例6-1】 如图6-1所示某房屋基础平面图及基础详图。土壤为二类土、干土、场内运土，单轮车运土300m。计算人工挖地槽的工程量清单计价。

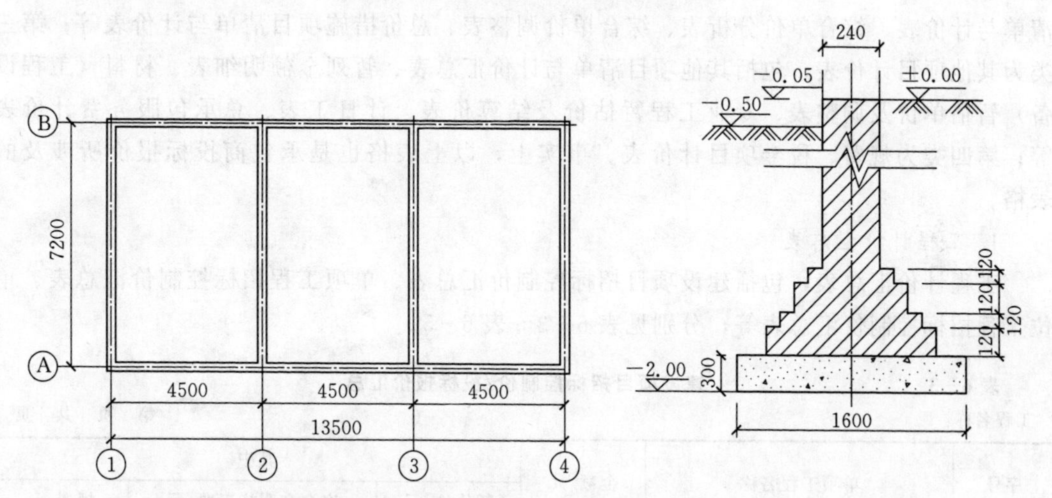

图6-1　某房屋基础平面图及基础详图（高程单位：m；尺寸单位：mm）

解：（1）人工挖地槽的工程量清单。

1）确定项目编码、项目名称和计量单位：

项目编码：010101003001

项目名称：挖沟槽土方

计量单位：m^3

2）项目特征描述：二类土、干土、条形基础、挖土深度1.5m、场内运土300m。

3）按《计算规范》规定的工程量计算规则计算工程量（例4-15）。

$$1.60\times1.50\times(41.40+11.20)=126.24\ (m^3)$$

（2）人工挖地槽的工程量清单计价。

1）按《江苏省建筑与装饰工程计价定额（2014版）》规定的工程量计算规则计算各项工程内容的工程量（例4-3）。

人工挖地槽：$1/2\times(2.20+3.70)\times1.50\times(41.40+10.00)=227.445\ (m^3)$

单轮车运土工程量同挖土工程量227.445（m^3）。

2）套《江苏省建筑与装饰工程计价定额（2014版）》定额计算各项工程内容的合价、综合单价。

a. 定额1－23底宽≤3m且底长＞3倍底宽的沟槽人工挖土：$227.445\times27.43=6238.82$（元）

b. 定额1－92＋1－95×5单轮车运土300m：$227.445\times(20.05+4.22\times5)=9359.36$（元）

c. 计算人工挖地槽的合价、综合单价。

人工挖地槽的工程量清单合价为$6238.82+9359.36=15598.18$（元）

人工挖地槽的工程量清单综合单价为15598.18/126.24=123.56（元/m^3）

（二）清单计价模式下招标控制价计价有关表格

清单计价模式下招标控制价计价的表格总体上可以分为4类：一类是工程计价汇总表，包括建设项目招标控制价汇总表、单项工程招标控制价汇总表、单位工程招标控制价汇总表等；第二类是分部分项工程和措施项目计价表，包括分部分项工程和单价措施项目清单与计价表、综合单价分析表、综合单价调整表、总价措施项目清单与计价表等；第三类为其他项目计价表，包括其他项目清单与计价汇总表、暂列金额明细表、材料（工程设备）暂估单价及调整表、专业工程暂估价及结算价表、计日工表、总承包服务费计价表等；第四类为规费、税金项目计价表。事实上，以上表格也是承包商投标报价所涉及的表格。

1. 工程计价汇总表

工程计价汇总表，包括建设项目招标控制价汇总表、单项工程招标控制价汇总表、单位工程招标控制价汇总表等，分别见表6-3～表6-5。

表6-3　　建设项目招标控制价/投标报价汇总

工程名称：　　　　　　　　　　第　页　共　页

序号	单项工程名称	金额/元	其中		
			暂估价/元	安全文明施工费/元	规费/元
	合计				

注　本表适用于建设项目招标控制价或投标报价的汇总。

表 6-4　　　　单项工程招标控制价/投标报价汇总

工程名称：　　　　　　　　　　　　　　　　　　　　　第　页共　页

序号	单项工程名称	金额/元	其中		
			暂估价/元	安全文明施工费/元	规费/元
	合计				

注　本表适用于单项工程招标控制价或投标报价的汇总。暂估价包括分部分项工程中的暂估价和专业工程暂估价。

表6-5　　单位工程招标控制价/投标报价汇总

工程名称：　　　　标段：　　　　第　页　共　页

序号	汇总内容	金额/元	其中：暂估价/元
1	分部分项工程		
1.1			
1.2			
1.3			
1.4			
1.5			
2	措施项目		—
2.1	其中：安全文明措施费		—
3	其他项目		—
3.1	其中：暂列金额		—
3.2	其中：专业工程暂估价		—
3.3	其中：计日工		—
3.4	其中：总承包服务费		—
4	规费		—
5	税金		—
招标控制价合计：1＋2＋3＋4＋5			

注　本表适用于单位工程招标控制价或投标报价的汇总，如无单位工程划分，单项工程也使用本表汇总。

2. 分部分项工程和措施项目计价表

分部分项工程和措施项目计价表，包括分部分项工程和单价措施项目清单与计价表、综合单价分析表、综合单价调整表、总价措施项目清单与计价表等，分别见表6-6～表6-8。

表6-6　　分部分项工程和单价措施项目清单与计价表

工程名称：　　　　标段：　　　　第　页　共　页

序号	项目标号	项目名称	项目特征描述	计量单位	工程量	金额/元		
						综合单价	合价	其中
								暂估价
本页小计								
合　计								

注　为计取规费等的使用，可在表中增设“其中：定额人工费”。

表 6-7　　　综合单价分析表

工程名称：　　　　　　　　　标段：　　　　　　　　　第　页　共　页

项目编码		项目名称		计量单位		工程量	

清单综合单价组成明细

定额编号	定额项目名称	定额单位	数量	单价				合价			
				人工费	材料费	机械费	管理费和利润	人工费	材料费	机械费	管理费和利润
人工单价		小计									
元/工日		未计价材料单价									
清单项目综合单价											

	主要材料名称、规格、型号	单位	数量	单价/元	合价/元	暂估单价/元	暂估合价/元
材料费明细							
	其他材料费			—		—	
	材料费小计			—		—	

注　1. 如不使用省级或行业建设主管部门发布的计价依据，可不填定额编号、名称等。

2. 招标文件提供了暂估单价的材料，按暂估的单价填入表内“暂估单价”栏及“暂估合价”栏。

表6-8 **综合单价调整表**

工程名称：　　　　　　　　　　　　　　　　　标段：　　　　　　　　　　　　　　　　　第　页　共　页

序号	项目编码	项目名称	已标价清单综合单价/元					调整后综合单价/元			
			综合单价	其中				综合单价	其中		
				人工费	材料费	机械费	管理费和利润		人工费	材料费	机械费	管理费和利润

造价工程师（签章）：　　发包人代表（签章）：　　造价员（签章）：　　承包人代表（签章）：

日期：　　　　　　　　　　　　　　　　　　日期：

注　综合单价调整应附调整依据。

四、总价措施项目费的确定

见表6-9。

表6-9　　**总价措施项目清单与计价表**

工程名称：　　　　　　　　　　标段：

序号	项目编号	项目名称	计算基础	费率/%	金额/元	调整费率/%	调整后金额/元	备注
1		安全文明施工费						
2		夜间施工增加费						
3		二次搬运费						
4		冬雨季施工增加费						
5		已完工程及设备保护费						
		合计						

编制人（造价人员）：

注　1.“计算基础”中安全文明施工费可为“定额基价”“定额人工费”或“定额人工费＋定额机械费”，其他项目可为“定额人工费”或“定额人工费＋定额机械费”。

2.按施工方案计算的措施费，若无“计算基础”和“费率”的数值，也可只填“金额”数值，但应在备注栏说明施工方案出处或计算方法。

五、其他项目费的确定

其他项目计价表，包括其他项目清单与计价汇总表、暂列金额明细表、材料（工程设备）暂估单价及调整表、专业工程暂估价及结算价表、计日工表、总承包服务费计价表等，分别见表6-10～表6-15。

表6-10　　其他项目清单与计价汇总表

工程名称：　　　　标段：　　　　第　页共　页

序号	项目名称	金额/元	结算金额/元	备注
1	暂列金额			明细详见表6-11
2	暂估价			
2.1	材料（工程设备）暂估价/结算价	—		明细详见表6-12
2.2	专业工程暂估价/结算价			明细详见表6-13
3	计日工			明细详见表6-14
4	总承包服务费			明细详见表6-15
5	索赔与现场签证	—		
合计				—

注　材料（工程设备）暂估单价进入清单项目综合单价，此处不汇总。

表 6-11　　**暂列金额明细表**

工程名称：　　标段：　　第　页　共　页

序号	项目名称	计量单位	暂定金额/元	备注
1				
2				
3				
4				
5				
6				
7				
8				
9				
10				
11				
合计				—

注　此表由招标人填写，如不能详列，也可只列暂定金额总额，投标人应将上述暂列金额计入投标总价中。

表 6-12 **材料（工程设备）暂估单价及调整表**

工程名称： 标段： 第 页共 页

序号	材料（工程设备）名称、规格、型号	计量单位	数量		暂估/元		确认/元		差额±/元		备注
			暂估	确认	单价	合价	单价	合价	单价	合价	
	合计										

注 此表由招标人填写“暂估单价”，并在备注栏说明暂估价的材料、工程设备拟用在哪些清单项目上，投标人应将上述材料、工程设备暂估单价计入工程量清单综合单价报价中。

表 6-13　　**专业工程暂估价及结算价表**

工程名称：　　标段：　　第　页共　页

序号	工程名称	工程内容	暂估金额/元	结算金额/元	差额±/元	备注
	合计					

注　此表“暂估金额”由招标人填写，投标人应将“暂估金额”计入投标总价中。结算时按合同约定结算金额填写。

表 6-14 计日工表

工程名称： 标段： 第 页共 页

编号	项目名称	单位	暂定数量	实际数量	综合单价/元	合价/元	
						暂定	实际
一	人工						
1							
2							
3							
4							
	人工小计						
二	材料						
1							
2							
3							
4							
5							
6							
	材料小计						
三	施工机械						
1							
2							
3							
4							
	施工机械小计						
四	企业管理费和利润						
	总计						

注 此表项目名称、暂定数量由招标人填写，编制招标控制价时，单价由招标人按有关计价规定确定；投标时，单价由投标人自主报价，按暂定数量计算合价计入投标总价中。结算时，按发承包双方确认的实际数量计算合价。

表 6－15　　总承包服务费计价表

工程名称：　　　　　　　　　　　　标段：　　　　　　　　　　　　第　页　共　页

序号	项目名称	项目价值/元	服务内容	计算基础	费率/%	金额/元
1	发包人发包专业工程					
2	发包人提供材料					
	合计	—	—		—	

注　此表项目名称、服务内容由招标人填写，编制招标控制价时，费率及金额由招标人按有关计价规定确定，投标时，费率及金额由投标人自主报价，计入投标总价中。

六、规费及税金的确定

规费、税金项目计价表见表6-16。

表6-16　　规费、税金项目计价表

工程名称：　　　　标段：　　　　第　页　共　页

序号	项目名称	计算基础	计算基数	计算费率/%	金额/元
1	规费	定额人工费			
1.1	社会保险费	定额人工费			
(1)	养老保险费	定额人工费			
(2)	失业保险费	定额人工费			
(3)	医疗保险费	定额人工费			
(4)	工伤保险费	定额人工费			
(5)	生育保险费	定额人工费			
1.2	住房公积金	定额人工费			
1.3	工程排污费	按工程所在地环境保护部门收取标准，按实计人			
2	税金	[分部分项工程费+措施项目费+其他项目费+规费-(除税甲供材料费+除税甲供设备费)/1.01]×费率			
合　计					

编制人（造价人员）：　　　　复核人（造价工程师）：

第七章　承包商的工程估价与投标报价

第一节　建设工程投标概述

招标投标是在市场经济条件下进行大宗货物的买卖、工程项目的发包与承包以及服务项目的采购与提供时采用的一种交易方式。

工程招标投标则是在市场经济条件下进行工程建设、货物买卖、中介服务等经济活动的一种竞争方式和交易方式。

建设工程招投标的基本程序如图 7-1 所示。

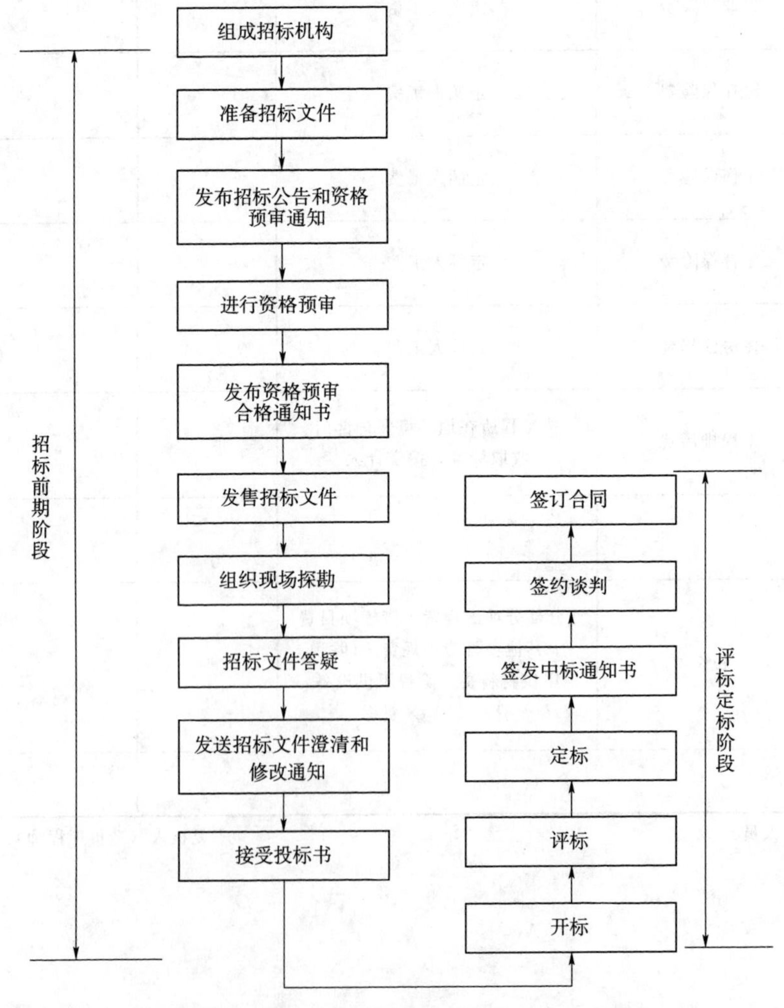

图 7-1　建筑工程施工招标的基本程序示意图

从图中可以清楚地看到，建设工程施工招标要经历招标准备、发布招标公告和资格预审通知、进行资格预审及发布资格预审合格通知书、发售招标文件、组织现场踏勘、标前答疑、投标、开标、评标、定标、签约等过程。在开标前所进行的一系列包括招标准备、发布招标公告和资格预审通知、进行资格预审及发布资格预审合格通知书、发售招标文件、组织现场踏勘、标前答疑、投标等方面的工作属于招标前期阶段的工作，而在开标后所进行的评标、定标、签约等工作属于评标定标阶段的工作。

第二节　承包商工程估价准备及实施

一、投标估价的准备

施工企业在通过资格预审获得投标资格后，业主将通知有资格的施工企业在指定的时间和地点购买全套招标文件。这时，施工企业仍然有机会决定，是否参与竞争投标。如果决定投标，就必须抓紧做好投标报价的各项准备工作。

投标的前期准备工作包含的要素很多，主要有项目性质、规模、所在地条件，详细了解招标文件，明确报价范围。投标前的准备工作主要包括以下几个方面内容：

1. 组织投标报价机构

组织一个有丰富投标报价经验的班子是十分必要的。投标机构要求有熟悉施工技术的工程师、熟悉工程量计算和清单报价的造价工程师、熟悉合同签订管理的相关人员。

2. 项目现场勘查，投标环境的调查，并进行市场询价和分包询价

投标环境的调查包括：施工现场自然条件的调查；生产要素市场条件调查；竞争对手的调查；业主及项目情况的调查；项目所在的有关质检等机构的调查。

清单计价模式下招标文件中的工程量清单计算的是实体工程量，就是按照图纸上的尺寸计算的工程量，不考虑投标人的现实水平、施工方案中可能增加的工程量，所以在编制投标文件之前必须详细调查现场实际情况，避免实际施工时工程量的增加，而报价时没有考虑，努力将风险降到最低。在报价前一定要详尽了解项目所在地的水、电、交通情况；了解周边的施工环境；了解当地建筑材料的价格，水泥、沙、钢筋、混凝土、碎石等主材的价格。另外，由于投标报价有可能涉及分包问题，因此，投标人应当事先做好分包询价工作。

3. 熟悉招标文件内容

施工企业在动手投标之前，要认真仔细地阅读招标文件，弄清楚报价的内容和要求，即吃透标书。在招标文件中一般会明确施工企业的责任和报价范围以及相关的各项技术要求，这些一定要认真看清楚，在报价时要注意。在招标文件中写明的必须使用的特殊材料、设备以及特殊工艺，在投标报价时应注意。投标经验丰富的施工企业，对于招标文件中的限制性条款，在认真研究的基础上并采取相应的措施和对策。

4. 认真对待参加投标答疑会

投标前答疑会是招标人组织潜在投标人召开的开标前答疑会，对招标文件或者图纸上的疑问进行回答。每一位投标人都应当认真准备和积极参与标前会议，投标人在参加标前会议之前应该把招标文件中存在的问题整理成书面文件，传真或亲自送到招标文件指定地

址，或者在标前会议上口头提问。但是发标人的解答必须以书面形式，否则不能作为投标报价的依据。

5. 核算工程量

采用工程量清单计价模式，工程量清单由业主提供的，它是招标文件的重要组成部分。虽然业主提供了清单工程量，施工企业必须对每一个项目重新核算工程量。这不仅有利于计算投标价格，而且也有利于今后在工程实施中核算进度款的依据。因此，核算工程量时，应当结合招标文件中的技术说明书，搞清楚工程量表中每一明细的具体内容，以避免在计算单位工程量价格时的失误。

在核算完全部工程量清单表中的明细后，投标人员应该对工程项目的规模有个大概的了解，这有利于施工方法、施工机具等选择。

6. 编制施工组织设计

施工组织设计也就是技术标，是招标人评标时考虑的主要因素之一。施工组织设计是指导施工项目全过程的技术、经济和组织的综合性文件，是施工技术与项目管理的有机结合。施工方法和施工工艺的选择不仅决定工期，而且影响工程成本和投标报价。在工程量清单报价中，施工技术措施费是工程量清单费用组成的重要组成部分。因此，一份好的施工组织设计，既要体现主要工序相互衔接的合理安排，紧紧抓住工程特点，又要有效地组织材料供应与采购，均衡安排施工，合理利用人力资源，减少材料的损耗。这样才能降低工程成本，缩短工期，又能有效地利用机械设备和劳动力。

二、投标估价的实施

（一）投标预算与投标报价

投标预算——在施工进度计划、主要施工方法、分包单位和资源安排确定之后，根据企业定额及询价结果，对完成招标工程所需费用的预测。

投标预算以合理补偿成本为原则，不考虑竞争因素。

投标报价——在投标预算的基础上，根据竞争对手的情况和从本单位的经营目标，就招标工程向招标人报出的预期承包价格。

投标报价实质是投标决策问题。

投标预算的作用：

（1）为投标报价提供一个基准。

（2）衡量投标报价的风险度。

（二）投标报价考虑的因素

（1）招标工程范围。

（2）目标工期、目标质量要求。

（3）建筑材料市场价格及其风险因素。

（4）现场施工条件和施工方案。

（5）招标文件的分析结果。

（6）竞争对手及中标的迫切性。

（7）本企业的经营策略。

（三）投标报价的编制

投标报价是在投标预算的基础上进行有目标的调整。调整余地较大的主要是措施项目费、管理费和利润。

第三节　施工预算

一、施工预算概述

（一）施工预算的概念及作用

施工预算是指施工企业根据施工定额编制的，以单位工程为对象的人工、材料、机械台班消耗量和必需的现场经费的企业内部预算，亦称计划成本。

施工预算的作用主要表现在：

（1）施工企业据以编制施工计划、材料需用计划、劳动力使用计划，以及对外加工订货计划，实行定额管理和计划管理。

（2）据以签发施工任务书，限额领料、实行班组经济核算以及奖励。

（3）据以检查和考核施工图预算编制的正确程度，以便控制成本、开展经济活动分析，督促技术节约措施的贯彻执行。

（二）施工预算与施工图预算的区别

1. 用途及编制方法不同

施工预算用于施工企业内部核算，主要计算工料用量和直接费；而施工图预算却要确定整个单位工程造价。施工预算必段在施工图预算价值的控制下进行编制。

2. 使用定额不同

施工预算的编制依据是施工定额，施工图预算使用的是预算定额，两种定额的项目划分不同。即使是同一定额项目，在两种定额中各自的工、料、机械台班耗用数量都有一定的差别。

3. 工程项目粗细程度不同

施工预算比施工图预算的项目多、划分细，具体表现如下：

（1）施工预算的工程量计算要分层、分段、分工程项目计算，其项目要比施工图预算多。如砌砖基础，预算定额仅列了一项；而施工定额根据不同深度及砖基础墙的厚度，共划分了6个项目。

（2）施工定额的项目综合性小于预算定额。如现浇钢筋混凝土工程，预算定额每个项目中都包括了模板、钢筋、混凝土3个项目，而施工定额中模板、钢筋、混凝土则分别列项计算。

4. 计算范围不同

施工预算一般只计算工程所需工料的数量，有条件的地区或计算工程的直接费，而施工图预算要计算整个工程的直接工程费、现场经费、间接费、利润及税金等各项费用。

5. 所考虑的施工组织及施工方法不同

施工预算所考虑的施工组织及施工方法要比施工图预算细得多。如吊装机械，施工预算要考虑的是采用塔吊还是卷扬机或别的机械，而施工图预算对一般民用建筑是按塔式起重机考虑的，即使是用卷扬机作吊装机械也按塔吊计算。

6. 计量单位不同

施工预算与施工图预算的工程量计量单位也不完全一致。如门窗安装施工预算分门窗框、门窗扇安装两个项目，门窗框安装以樘为单位计算，门窗扇安装以扇为单位计算工程量，但施工图预算门窗安装包括门窗框及扇以 m^2 计算。

二、施工预算的编制流程

1. 掌握工程项目现场，收集有关资料

编制施工预算之前，首先应掌握工程项目所在地的现场情况，了解施工现场的环境、地质、施工平面布置等有关情况，尤其是对那些关系到施工进程能否顺利进行的外界条件应有全面的了解。然后按前面所述的编制依据，将有关原始资料收集齐全，熟悉施工图纸和会审记录，熟悉施工组织设计或施工方案，了解所采取的施工方法和施工技术措施，熟悉施工定额和工程量计算规则，了解定额的项目划分、工作内容、计量单位、有关附注说明以及施工定额与预算定额的异同点。了解和掌握上述内容，是编制好施工预算的必备前提条件，也是在编制前必须要做好的基本准备工作。

2. 列出工程项目并计算其工程量

列项与计算工程量，是施工预算编制工作中最基本的一项工作。其所费时间最长，工作量最大，技术要求也较高，是一项十分细致而又复杂的工作。

施工预算的工程项目，是根据已会审的施工图纸和施工方案规定的施工方法，按施工定额项目划分和项目顺序排列的。有时为了签发施工任务单和适应“两算”对比分析的需要，也按照工程项目的施工程序或流水施工的分层、分段和施工图预算的项目顺序进行排列。

工程项目工程量的计算是在复核施工图预算工程量的基础上，按施工预算要求列出的。除了新增项目需要补充计算工程量外，其他可直接利用施工图预算的工程量而不必再算，但要根据施工组织设计或施工方案的要求，按分部、分层、分段进行划分。工程量的项目内容和计量单位，一定要与施工定额相一致，否则就无法套用定额。

3. 查套施工定额

工程量计算完毕，经过汇总整理、列出工程项目，将这些工程项目名称、计量单位及工程数量逐项填入“施工预算工料分析表”后，即可查套定额，将查到的定额编号与工料消耗指标，分别填入“施工预算工料分析表”的相应栏目里。

套用施工定额项目时，其定额工作内容必须与施工图纸的构造、做法相符合，所列分项工程名称、内容和计量单位必须与所套定额项目的工作内容和计量单位完全一致。如果工程内容和定额内容不完全一致，而定额规定允许换算或可系数调整时，则应对定额进行换算后才可套用。对施工定额中的缺项，可借套其他类似定额或编制补充定额。编制的补充定额，应经权威部门批准后方可执行。

填写计量单位与工程数量时，注意采用定额单位及与之相对应的工程数量，这样就可以直接套用定额中的工、料消耗指标，而不必改动定额消耗指标的小数点位置，以免发生差错。填写工、料消耗指标时，人工部分应区别不同工种，材料部分应区别不同品种、规格和计量单位，分别进行填写。上述做法的目的是便于按不同的工种和不同的材料品种、规格分别进行汇总。

4. 工料分析及工料汇总

按上述要求将“施工预算工料分析表”上的分部分项工程名称、定额单位、工程数

量、定额编号、工料消耗指标等项目填写完毕后，即可进行工料分析，方法同施工图预算。

按分部工程分别将工料分析的结果进行汇总，最后再按单位工程进行汇总，并以此为依据编制单位工程工料计划，进行“两算”对比。

5. 计算分部分项工程费的基础上，计算措施项目费、其他项目费、规费、税金等其他费用，并汇总

根据上述汇总的工料数量与现行的工资标准、材料预算价格和机械台班单价，分别计算人工费、材料费和机械费，经过计算汇总，得到分部分项工程费。在此基础上，根据本地区或本企业的规定计算措施项目费、其他项目费、规费、税金等其他有关费用。通过汇总，得出工程项目的施工预算。

6. 编写编制说明

施工预算书的编制与整理当上述工作全部完成后，需要将其整理成完整的施工预算书，作为施工企业进行成本管理、人员管理、机械设备管理及工程质量管理与控制的一份经济性文件。

第四节　投标报价策略与技巧

一、投标报价决策分析

承包商在投标竞争中能否取胜，除了与自身的综合实力有关外，也与投标人所选择的投标策略及报价技巧有很大关系。可以说明了投标报价的依据，熟悉决策策略并能够熟练运用投标报价技巧是提高企业中标率的关键。

投资估算的准确度与项目决策的深度密切关联，工程造价的控制效果如何也受制于项目决策的深度，决定工程造价的基础是决策的内容，工程造价合理性的前提是项目决策的正确性。在决策过程中，为了作出较高水平的决策策略，应该选择适当的诸如决策树分析法、概率分析法等定量决策分析方法，以期能够达到较为理想的效果。在决策阶段，决策者应对成本估算的准确性、期望利润的恰当性、市场条件、竞争程度、当地报价水平、自己单位的实力与规模、风险预估，甚至是竞争对手的优势劣势等进行综合分析统筹考虑，才能确定最终的报价。

现以概率分析法为例，说明如何进行投标报价决策。

（一）概率分析法进行投标报价决策的理论模型

1. 有一个已知对手情形下的报价模型

假设在已知一个对手的情形下，对手历次投标的报价为 D，而投标人对对手投标的各项工程的概算为 S，得到出现的频数为 f，则在这种情形下，投标人可以采用如下的报价模型制定价格以进行应对：

（1）求出对手报价 D 与投标人对该项工程的概算 S 的比值 D/S。

（2）根据不同的 D/S 值，统计得到出现的频数 f，并用公式 $f/\sum f$ 求出相应频率。

（3）求出相应概率。根据概率原理可知，两个独立事件中至少有一事件发生时的概率，等于各自概率之和。同理，多个独立事件中至少有一件发生时的概率，也等于各自概

率之和。这就意味着，在求某个 D/S 的概率时，只需将所有高于此比例的频率相加即成。

(4) 投标人报价 B 与该工程概算 S 的比值 B/S 均小于 D/S，则认为投标人在报价上已能战胜对手。

(5) 计算投标人报价 B 低于对手报价 D 的相应的获胜概率 P。

(6) 计算期望利润 E，确定最佳报价。上面几个步骤显示，工程的直接利润(L)=投标报价(B)－概算(S)，当中标时，$L=B-S$；当不中标时，$L=0$。因此，$E=PL+(1-P)\times 0=PL$。

2. 有几个已知对手情形下的报价模型

在投标时有几个对手竞争，并且已经知道这些竞争对手的投标规律时，可以将各个竞争对手联系起来，以把这些对手看成是单独存在的对手。这就意味着要根据已经掌握的资料，用前文所探讨的针对只有一个已知竞争对手的方法，分别求出自己的报价低于每一个对手的概率。由于每一个对手的报价是互不相关的独立事件，因此，他们同时发生的概率等于他们各自概率的乘积，用公式可以表示为：

$$P=P_1P_2\cdots P_n$$

在求出 P 后，按照前文针对只有一个已知竞争对手的方法去进行分析就可以了。

3. 已知对手数量不知对手情形下的报价模型

如果投标人知道竞争者的数量，但是不知道对手是谁时，就必须将其投标策略作一些调整。因为投标人不知道竞争者是谁，他的投标策略就缺乏可靠性，在这种情况下，投标人最好的办法就是假设在这些对手中有一个代表者，称为“平均对手”。投标人可以搜集某一具有代表性的承包商的资料，不论这个承包商是否参与此次投标，只要其能够代表“平均对手”即可。由于对于竞争对手而言，“平均对手”具有很好的代表性，因此，投标人可以按照前文所述的方法求得能击败这个平均对手的概率，然后就可以计算出战胜所有对手的概率和期望效益利润值，并最终求得最佳报价。

4. 既不知对手数量又不知对手情形下的报价模型

在投标竞争中，投标人如果既不知道对手的数量，也不知道对手的情况，就很难掌握战胜对手的主动权。为了能够尽可能的掌握主动，就必须预先估计对手的数量，还要估计每个对手可能参加投标的概率，然后按照“平均对手”的方法，计算本投标人参加投标的最佳报价。

假设最多有 n 个对手参加某项工程的投标，其中只有 1 个对手参加竞争的估计概率为 f_1，有 2 个对手参加竞争的估计概率为 f_2，有 n 个对手参加竞争的估计概率为 f_n，则投标人报价低于对手获胜的概率 P 可以做如下的计算：

$$P=f_0+f_1P_0+\cdots+f_nP_0^n$$

式中　P——投标人在不知对手情况下的获胜概率；

P_0——投标人能战胜平均对手的概率；

f_0——没有竞争者的概率（其值为 0）；

f_n——有 n 个竞争者的概率。

在求出 P 后，按照前文所述的相关的方法去进行分析就可以了。

（二）概率分析法进行投标报价决策的实例

在 A 水电工程项目投标竞争中，M 公司在事先并不知道竞争对手的数量，也不知道竞争对手是谁。因此在运用概率分析方法对某水电工程报价进行决策时，需要参照“既不知对手数量又不知对手情形下的报价模型”中所述的方法进行分析，其步骤如下：

1. 估计对手数量及参加投标的概率

在A水电工程投标时，M公司估计参与此项投标的对手最多有4家，但是具体有几家并不能确定。根据多年的经验及此前搜集到的资料，估计出分别有0，1，2，3，4个竞争对手的概率为 $f_0=0$，$f_1=20\%$，$f_2=10\%$，$f_3=40\%$，$f_4=30\%$。

2. 仅有一个“平均对手”情况的分析

为了能够分析竞争对手的情况，在投标报价分析中，结合近些年来的经验及所搜集到的资料，认为国外N水电工程公司的综合情况具有很好的代表性。通过相关资料的搜集，选择了该公司所投标的相关类似工程进行分析。

对这些工程的概算 S 分别进行估算，并与该公司的报价 D 进行比较分析，为统计方便及分析需要，在对数值进行处理时采取四舍五入的方法。根据计算，D/S 的值分布在0.7～1.4之间，并根据上面的分析，求出在不同 D/S 值下“平均对手”的投标概率，见表7-1。

表7-1　　不同 D/S 值下“平均对手”的投标概率

D/S	0.70	0.80	0.90	1.00	1.10	1.20	1.30	1.40
投标概率	100%	98%	94%	86%	64%	36%	4%	2%

设M公司的报价 B 与对工程的概算 S 的比值分别为：$B/S=0.65$，0.75，0.85，0.95，1.05，1.15，1.25，1.35。所设的 B/S 均小于对应的 D/S，因此，认为M公司在报价上已经能战胜“平均对手”。

下面计算在只有一个“平均对手”的情况下，战胜该对手的概率 P_0。由于是与一个对手竞争，因此，战胜该对手的概率与对手投标的概率相同，结果列于表7-2。

表7-2　　一个“平均对手”情况下投标获胜概率分析

D/S	“平均对手”投标概率	B/S	M公司获胜概率 P_0
0.70	100%	0.65	100%
0.80	98%	0.75	98%
0.90	94%	0.85	94%
1.00	86%	0.95	86%
1.10	64%	1.05	64%
1.20	36%	1.15	36%
1.30	4%	1.25	4%
1.40	2%	1.35	2%

3. 在“平均对手”数量不确定情形下的概率分析

根据分析，参与此项投标的对手最多有4家，并且分别有0，1，2，3，4个竞争对手的概率为 $f_0=0$，$f_1=20\%$，$f_2=10\%$，$f_3=40\%$，$f_4=30\%$。又表7-2已经给出了在只有一个"平均对手"的情况下，战胜该对手的概率 P_0。因此，可以据此计算 M 公司投标报价低于对手时的获胜概率 P。

以 M 公司投标报价 $B=1.05S$ 为例，与其对应的 $P_0=64\%$，则此时 M 公司投标报价低于对手时的获胜概率 P 如下计算：

$$
\begin{aligned}
P &= f_0 + f_1P_0 + f_2P_0^2 + f_3P_0^3 + f_4P_0^4 \\
&= 0 + 20\% \times 0.64 + 10\% \times 0.64^2 + 40\% \times 0.64^3 + 30\% \times 0.64^4 \\
&= 0.324
\end{aligned}
$$

其他报价时的概率 P 计算与此类似。M 公司投标的最佳报价与期望效益值见表 7－3。

表 7－3　　在竞争者数目不确定时 M 公司获胜概率与期望效益

B	P_0	获胜概率 P	直接利润 $L=B-S$	期望效益 $E=LP$
$0.65S$	100%	1.000	$-0.35S$	$-0.3500S$
$0.75S$	98%	0.945	$-0.25S$	$-0.2363S$
$0.85S$	94%	0.843	$-0.15S$	$-0.1265S$
$0.95S$	86%	0.664	$-0.05S$	$-0.0332S$
$1.05S$	64%	0.324	$+0.05S$	$+0.0162S$
$1.15S$	36%	0.109	$+0.15S$	$+0.0164S$
$1.25S$	4%	0.008	$+0.25S$	$+0.0020S$
$1.35S$	2%	0.004	$+0.35S$	$+0.0014S$

表 7－3 中的计算结果表明，在对手情况及数目不确定，但是参与竞争的企业数量最多为 4 的情况下，M 公司的最佳投标报价为 $B=1.15S$，即为该工程概算的 1.15 倍，此时的期望效益最高，为 $E=0.0164S$。

而根据上面的分析，可以知道，M 公司针对 A 水电工程的概算为 $S=27864603.62$ 美元，因此，M 公司的最佳投标报价为 $B=1.15\times 27864603.62=32044294.16$ 美元，此时的期望利润最高，为 456979.50 美元。

二、投标报价策略

投标策略是指建筑工程施工企业为实现其生产经营的目标而参与某建设工程的招标活动，并在该过程中为实现自己的利益最大化而确立的指导思想与理论支持及具体使用的手法与技巧。若想要在竞标中获胜，并从所中项目工程中获取期望利润，就必须研究确立恰当的投标策略，并贯彻于整个投标阶段。制定投标策略，是一项全方位、多层次的系统工程，首先要对企业内部和外界的情况进行综合分析，并通过业主的招标文件、咨询及社交活动等各种渠道，获得所需要的信息，明确有利条件和不利因素，发挥优势，出奇制胜。

工程量清单投标的投标策略是投标人管理理念的具体体现，贯彻于整个投标过程。对投标策略有直接影响的因素有很多，而且投标人预期利润的高低受投标策略的直接影响，因此在竞标时，要根据企业的具体情况与目标利润，结合拟建项目的特点、建设环境与条件确定自己的投标策略，要力求达到"快、准、狠"。综合投标的整个过程来看，投标策略主要有以下 3 种情况。

1. 生存型策略

顾名思义，生存型策略下编制的投标报价是以解除生存危机为目标而参与竞标的报价。这样的竞标，其风险加剧，稍有不慎就有可能将投标人推到生死存亡的边缘。与企业的存亡相比，对报价有影响的其他各种因素均可忽略不计。如果总不能中标，企业业绩、信誉等各种社会影响会下降，影响企业的资质、经济状况等，继而会导致投标邀请越来越少，企业从而陷入生存困境。因此这种报价往往是本着即使不盈利甚至是亏本也要夺标的决心，只要能中标就能继续生存度过危机，就会有持续发展的希望。

2. 竞争型策略

竞争型策略的投标报价是以占领市场份额为首要目标，利润的获取与否则在其次，只求以极具竞争力的报价夺标。实际上是通过竞争的手段，在成本精确计算的前提下，极大范围内的抢占市场。此种策略适用于投标人拓展新的施工类型、开拓新的地区市场、经营状况低迷投标处境困顿、遭遇具有威胁性的竞争对手、面对风险小社会效益好的项目等情况。这种策略又被称之为保本低利策略，在实际招投标中被广泛采用。

3. 盈利型策略

与前面两种策略相比较而言，这种策略的显著特点是以盈利且是最佳盈利为根本目标，投标时也是尽量选择利润空间大、效益好的工程项目，以便于充分利用自身的报价优势追逐最大效益，而对利润较小的工程项目则热情不高。适用于盈利型报价策略的情况有：投标人在该地区已经打开局面、施工能力饱和、信誉度高、竞争对手少、具有技术优势并对招标人有较强的名牌效应、投标人目标主要是扩大影响，或者施工条件差、难度高、资金支付条件不好、工期质量等要求苛刻，为联合伙伴陪标的项目等。

根据某一策略计算出初步报价后，还应对此报价进行全面分析。研究分析这个报价的竞争性、利润空间及风险大小，也就是确定该报价的合理性程度如何。一般情况下，在统一的计价规范、统一的量单、统一的计算规则下，投标人对投标报价的计算应该是相近的，算标人员作为计价依据的基价信息也是几近相同的，所以，就理论而言，各投标人的投标报价应当相差甚微，可是在实际报价中却出现许多较大差异，除了个别的出于某种目的而故意报高或报低价，或者是对招标文件内容有重大误解而计算错误者外，出现较大差异的报价究其原因大致可以分为以下几种：

（1）对利润空间的期望值不一。有的施工企业因为要摆脱生存困境急于中标不得不降低利润率，甚至不惜亏本；有的施工企业经营较好，经济实力强悍，旨在获取理想的利润值。

（2）各自拥有的优势不同。有的企业管理水平高，有的企业施工技术与设备先进，有的企业则是资金雄厚等等。

（3）擅长的施工组织方式差异。施工方案影响工程实际成本，尤其是规模较大的项目以及一些非常规的工程项目，方案选择造成的差别非常显著。科学合理的施工方案，包括工程进度的合理安排、机械化程度的正确选择、工程管理的优化等，都可以明显降低施工成本，因而降低报价。

（4）管理费用的不同。大型企业和中小企业、老牌企业和新兴企业、本地企业和外地企业之间的管理费用的差别是比较大的。

三、投标报价技巧

投标报价的技巧包括：

（1）不平衡报价法。在总的标价固定不变的前提下，相对于正常水平，调整内部各个项目的报价，提高某些分项工程的单价，同时降低另外一些分项工程的单价。以使其既不提高总价、不影响中标，又能在结算时得到更理想的经济效益。

多收钱：对估计可能会增加工程量的项目，提高单价；对工程量可能减少的项目，则减低其单价。

早收钱：对工程量完不成或预计业主可能甩项的项目，减低其单价，这样在结算时不会有较大的损失；对先期施工的项目（如土方、基础等），单价可略提高一些，有利于资金周转；而对后期项目（如粉刷、油漆等），单价适当降低。

（2）多方案报价法。对于一些招标文件，如果发现工程范围不很明确、条款不清楚或很不公正、技术规范要求过于苛刻时，在充分估计投标风险的基础上，按多方案报价法处理。即是按原招标文件报一个价，然后再提出：如某条款（如某规范规定）作某些变动，报价可降低多少。

（3）增加建议方案。有时招标文件中规定，可以提一个建议方案，即可以修改原设计方案，提出投标者自己的方案，给出两个报价。

（4）突然降价法。在报价时可采取迷惑对方的手法，即先按一般情况报价或表现出自己对该工程兴趣不大，快到投标截止日期时，再突然降价。

（5）先亏后盈法。为了打进某一地区，依靠自身的雄厚资本实力，采取一种不惜代价、只求中标，在以后的工程中再谋求盈利的低价投标方案。

附录　某住宅楼工程（土建）招标控制价文件

一、工程概况

本工程为某住宅楼工程，位于南通市通州区先锋镇，建筑工程等级二级，设计使用年限 50 年，基础型式为承台梁＋桩，主体结构类型为钢筋混凝土剪力墙结构。工程建筑高度 35.11m，地上 1 层非机动车库，10 层住宅，顶楼建有阁楼，总建筑面积为 7938.11m²，建筑基底面积为 664.69m²，室内外高潮 0.28m。

工程环境类别如下：基础——二 α 类；地面以下与水或土壤接触的墙、柱、梁、板——二 α 类；地下室内部构件及上部结构构件——一类；屋面以上室外构件——二 α 类。

工程主要建筑用料及做法如下：

（1）混凝土。混凝土强度等级：基础垫层——C15；地下室底板、外墙——C30，抗渗等级为 P6；框架柱、剪力墙（基础顶到屋面部分）——C30；梁、板、楼梯——C30；圈梁、构造柱——C20。

（2）钢筋。普通钢筋采用 HPB300 级和 HRB400 钢筋。

（3）砌体。砌体材料及要求见附表 1。

附表 1　砌体材料及要求

材料	±0.00 以下与土壤接触的砌体	±0.00 以上填充墙、自承重墙		砌体施工质量控制等级
		外墙	内墙（包括地下室内墙）	
砌块	MU10 混凝土实心砖	烧结淤泥多孔砖		B 级
砂浆	Mb10 水泥砂浆	抗压强度≥5.0（7.5）		

注　括号内数值用于顶层及女儿墙砌体。

（4）过梁。过梁选用国标图集《钢筋混凝土过梁》13G322－2（烧结多孔砖砌体），型号为 GL－1××2M（用于墙厚为 200mm）、GL－2××2M（用于墙厚为 200mm）。过梁宽度同墙宽，两端搁置长度范围内遇有现浇柱、梁时，改为现浇；洞口宽度大于 3600mm 时过梁详见单体设计。

（5）混凝土保护层厚度。纵向受力钢筋的混凝土保护层厚度（mm）见附表 2。

附表 2　纵向受力钢筋的混凝土保护层厚度　　单位：mm

环境类别	板、墙、壳			梁			柱		
	≤C25	C30～C45	≥C50	≤C25	C30～C45	≥C50	≤C25	C30～C45	≥C50
一类	20	15	15	25	20	20	25	20	20
二 α 类	25	20	20	30	25	25	30	25	25

除此以外，梁柱箍筋的混凝土保护层厚度应不小于 20mm；梁、板中预埋管的混凝土保护层厚度应不小于 30mm。

（6）梁侧面纵向构造钢筋和拉筋要求：当梁腹板高度 $h_w \geqslant 450$mm 时，在梁的两侧面应沿高度配置纵向构造钢筋，纵向构造钢筋间距 $a \leqslant 200$mm。当梁宽≤350mm 时，拉筋直径为 6mm，当梁宽不小于 350mm 时，拉筋直径为 8mm，拉筋间距为非加密区箍筋间距的两倍，当设有多排拉筋时，上下排拉筋错开设置。

（7）除基础梁外，梁内通长钢筋的接头可以采用绑扎搭接、机械连接或焊接；钢筋直径≥28mm 时采用机械连接或焊接。接头位置：上部钢筋在跨中 1/3 跨长范围内，下部钢筋在支座处。

二、招标控制价文件编制说明

（1）招标控制价编制依据。

1）设计图纸。

2）《建设工程工程量清单计价规范》（GB 50500—2013）。

3）《房屋建筑与装饰工程工程量计算规范》（GB 50854—2013）。

4）《江苏省建筑与装饰工程计价定额》（2014 版）。

5）《江苏省建设工程费用定额（2014）》。

6）2017 年 1 月《南通信息价》。

（2）计价方式。套用《江苏省建设工程费用定额（2014）》营改增后的取费标准，按照民用二类住宅计取企业管理费及利润，组织措施费（安全文明施工费、检验试验费、冬雨季施工增加费、夜间施工增加费、已完工程及设备保护费计入，其他不计）费率按弹性区间中值计取。规费、税金按规定计取。

（3）主要材料价格按 2017 年第 1 期《南通信息价》计取，无信息价的根据当地市场价计取。

1. 单位工程招标控制价汇总表

单位工程招标控制价汇总表见附表 3。

附表 3　　**单位工程招标控制价汇总表**

工程名称：某住宅楼工程（土建）　　标段：1　　第 1 页　共 1 页

序号	汇总内容	金额/元	其中：暂估价/元
1	分部分项工程量清单计价合计	8431172.70	
1.1	人工费	1909619.38	
1.2	材料费	5550246.03	
1.3	施工机具使用费	133502.66	
1.4	企业管理费	592517.16	
1.5	利润	245287.33	
2	措施项目清单计价合计	2860231.14	
2.1	单价措施项目费	2373998.44	
2.2	总价措施项目费	486232.70	

续表

序号	汇总内容	金额/元	其中：暂估价/元
2.2.1	其中：安全文明施工措施费	334960.31	
3	其他项目清单计价合计	993566.05	
3.1	其中：暂列金额		
3.2	其中：专业工程暂估价	993566.05	
3.3	其中：计日工		
3.4	其中：总承包服务费		
4	规费	458229.38	
5	税金	1401751.92	
	招标控制价合计	14144951.19	

2. 分部分项工程和单价措施项目清单与计价表

分部分项工程和单价措施项目清单与计价表见附表4。

附表4　　分部分项工程和单价措施项目清单与计价表

工程名称：某住宅楼工程（土建）　　标段：1

序号	项目编码	项目名称	项目特征描述	计量单位	工程量	金额/元		
						综合单价	合价	其中 暂估价
			一、土方工程					
1	010101001001	平整场地	1. 土壤类别：自行勘察； 2. 弃土运距：自行考虑	m^2	737.29	1.25	921.61	
2	010101003001	挖土方	1. 土壤类别：自行勘察； 2. 挖土深度：3m内； 3. 弃土运距：自行考虑	m^3	2561.12	5.02	12856.82	
3	010103001001	回填方	1. 密实度要求：分层夯实，分层厚度不大于250mm，压实系数大于0.94； 2. 填方材料品种：素土； 3. 填方来源、运距：自行考虑	m^3	2091.66	10.01	20937.52	

续表

序号	项目编码	项目名称	项目特征描述	计量单位	工程量	金额/元		
						综合单价	合价	其中 暂估价
4	010103001002	室内回填	1. 密实度要求：夯填； 2. 填方材料品种：素土； 3. 运距：自行考虑	m^3	30.54	17.75	542.09	
5	010103002001	余方弃置	1. 废弃料品种：余土； 2. 运距：自行考虑	m^3	438.92	13.74	6030.76	
6	010301007001	预制管桩填芯	1. 管桩截面尺寸：HKFZ－AB500（310）； 2. 填芯高度：2.5m； 3. 混凝土强度：C40 微膨胀混凝土； 4. 钢板、钢筋笼制作安装； 5. 清理桩芯； 详见图集苏 G/T 17—2012 第40～41 页	根	144	386.55	55663.20	
7	010301004001	截（凿）桩头	1. 桩类型：空心方桩 500（310）； 2. 垃圾外运； 3. 清理桩芯	根	144	44.04	6341.76	
		分部小计					103293.76	
			二、砌筑工程					
8	010402003001	混凝土砖基础	1. 砖品种、规格、强度等级：MU10 混凝土实心砖； 2. 基础类型：条形基础； 3. 砂浆强度等级：水泥砂浆 Mb10； 采用预拌砂浆	m^3	83.67	784.81	65665.05	
9	010401003001	电梯井实心砖墙	1. 砖品种、规格、强度等级：混凝土实心砖； 2. 墙体类型：电梯井墙； 3. 墙体厚度：200mm； 4. 砂浆强度等级、配合比：水泥砂浆 M7.5； 采用预拌砂浆	m^3	68.2	778.39	53086.20	
10	010401004001	多孔砖墙	1. 砖品种、规格、强度等级：烧结淤泥多孔砖； 2. 墙体类型：外墙 300； 3. 砂浆强度等级、配合比：混合 M5； 采用预拌砂浆	m^3	64.46	462.75	29828.87	

续表

序号	项目编码	项目名称	项目特征描述	计量单位	工程量	金额/元		
						综合单价	合价	其中 暂估价
11	010401004002	多孔砖墙	1. 砖品种、规格、强度等级：烧结淤泥多孔砖； 2. 墙体类型：外墙 200mm； 3. 砂浆强度等级、配合比：混合 M5； 采用预拌砂浆	m^3	382.42	462.75	176964.86	
12	010401004003	多孔砖墙	1. 砖品种、规格、强度等级：烧结淤泥多孔砖； 2. 墙体类型：内墙 200mm； 3. 砂浆强度等级、配合比：混合 M5； 采用预拌砂浆	m^3	653.35	462.75	302337.71	
13	010401004004	多孔砖墙	1. 砖品种、规格、强度等级：烧结淤泥多孔砖； 2. 墙体类型：外墙 100mm； 3. 砂浆强度等级、配合比：混合 M5； 采用预拌砂浆	m^3	51	573.44	29245.44	
14	010401004005	多孔砖墙	1. 砖品种、规格、强度等级：烧结淤泥多孔砖； 2. 墙体类型：内墙 100mm； 3. 砂浆强度等级、配合比：混合 M5； 采用预拌砂浆	m^3	152.66	573.44	87541.35	
15	010401012001	零星砌砖	1. 零星砌砖名称、部位：砖砌踏步； 2. 砖品种、规格、强度等级：见图纸要求； 3. 砂浆强度等级、配合比：混合 M5.0； 采用预拌砂浆	m^2	1.83	194.54	356.01	
16	010401012002	零星砌砖	1. 零星砌砖名称、部位：零星填充； 2. 砖品种、规格、强度等级：见图纸要求； 3. 砂浆强度等级、配合比：混合 M5.0； 采用预拌砂浆	m^2	33.24	598.79	19903.78	
		分部小计					764929.27	

续表

序号	项目编码	项目名称	项目特征描述	计量单位	工程量	金额/元		
						综合单价	合价	其中 暂估价
三、混凝土及钢筋混凝土工程								
17	010501001001	垫层	1. 碎石回填（电梯井坑下）； 2. 回填要求：分层夯实，压实系数不小于0.97	m^3	3.96	283.36	1122.11	
18	010501001002	垫层	1. 混凝土种类：预拌泵送； 2. 混凝土强度等级：C15	m^3	40.36	451.42	18219.31	
19	010501002001	带形基础	1. 混凝土种类：预拌泵送； 2. 混凝土强度等级：C30	m^3	59.8	511.00	30557.80	
20	010501004001	满堂基础	1. 混凝土种类：预拌泵送； 2. 混凝土强度等级：C30，P6抗渗	m^3	3.06	480.64	1470.76	
21	010503001001	基础梁	1. 混凝土种类：预拌泵送； 2. 混凝土强度等级：C30	m^3	240.14	482.74	115925.18	
22	010504001001	直形墙	1. 混凝土种类：预拌泵送； 2. 墙体厚度：300mm； 3. 混凝土强度等级：C30	m^3	68.72	527.55	36253.24	
23	010504001002	直形墙	1. 混凝土种类：预拌泵送； 2. 墙体厚度：300mm； 3. 混凝土强度等级：C30，泵送高度超过30m，50m以内	m^3	6.71	527.55	3539.86	
24	010504001003	直形墙	1. 混凝土种类：预拌泵送； 2. 墙体厚度：200mm； 3. 混凝土强度等级：C30	m^3	592.87	555.48	329327.43	
25	010504001004	直形墙	1. 混凝土种类：预拌泵送； 2. 墙体厚度：200mm； 3. 混凝土强度等级：C30，泵送高度超过30m，50m以内	m^3	56.61	559.29	31661.41	
26	010504001005	电梯井墙	1. 混凝土种类：预拌泵送； 2. 墙体厚度：200mm； 3. 混凝土强度等级：C30，P6抗渗	m^3	9.32	609.73	5682.68	
27	010504001006	电梯井墙	1. 混凝土种类：预拌泵送； 2. 墙体厚度：200mm； 3. 混凝土强度等级：C30	m^3	66.6	609.73	40608.02	

续表

序号	项目编码	项目名称	项目特征描述	计量单位	工程量	金额/元		
						综合单价	合价	其中 暂估价
28	010504001007	电梯井墙	1. 混凝土种类：预拌泵送； 2. 墙体厚度：200mm； 3. 混凝土强度等级：C30，泵送高度超过30m，50m以内	m^3	11.32	614.09	6951.50	
29	010502003001	异形柱	1. 柱形状：L形； 2. 柱高：3.0m以内； 3. 混凝土种类：预拌泵送； 4. 混凝土强度等级：C30	m^3	3.74	561.30	2099.26	
30	010502003002	异形柱	1. 柱形状：L形； 2. 柱高：3.0m以内； 3. 混凝土种类：预拌泵送； 4. 混凝土强度等级：C30； 5. 泵送高度：泵送高度超过30m，50m以内	m^3	0.99	565.59	559.93	
31	010502001001	矩形柱	1. 混凝土种类：预拌泵送； 2. 混凝土强度等级：C30； 3. 泵送高度：泵送高度超过30m，50m以内	m^3	3.13	549.32	1719.37	
32	010502002001	构造柱	1. 混凝土种类：预拌非泵送； 2. 柱高：3.0m以内； 3. 混凝土强度等级：C20，含门框柱	m^3	127.62	647.26	82603.32	
33	010503002001	矩形梁	1. 混凝土种类：预拌泵送； 2. 混凝土强度等级：C30	m^3	16.66	516.41	8603.39	
34	010503002002	矩形梁	1. 混凝土种类：预拌泵送； 2. 混凝土强度等级：C30，泵送高度超过30m，50m以内	m^3	24.07	518.74	12486.07	
35	010503004001	圈梁	1. 位置：防水反坎、电梯井圈梁、窗台梁； 2. 混凝土种类：预拌非泵送； 3. 混凝土强度等级：C20	m^3	42.8	513.80	21990.64	
36	010503004002	圈梁	1. 位置：地圈梁； 2. 混凝土种类：预拌泵送； 3. 混凝土强度等级：C20	m^3	1.94	513.80	996.77	

续表

序号	项目编码	项目名称	项目特征描述	计量单位	工程量	金额/元		
						综合单价	合价	其中
								暂估价
37	010503005001	过梁	1. 混凝土种类：预拌非泵送； 2. 混凝土强度等级：C20	m^3	28.95	544.19	15754.30	
38	010505001001	有梁板	1. 混凝土种类：预拌泵送； 2. 混凝土强度等级：C30； 3. 厚度：120mm	m^3	914.87	509.14	465796.91	
39	010505001002	有梁板	1. 混凝土种类：预拌泵送； 2. 混凝土强度等级：C30； 3. 厚度：120mm； 4. 泵送高度：泵送高度超过30m，50m以内	m^3	239.56	511.71	122585.25	
40	010505001003	有梁板	1. 混凝土种类：预拌泵送； 2. 混凝土强度等级：C30； 3. 厚度：100mm	m^3	132.2	509.14	67308.31	
41	010505001004	有梁板	1. 混凝土种类：预拌泵送； 2. 混凝土强度等级：C30； 3. 厚度：100mm； 4. 泵送高度：泵送高度超过30m，50m以内	m^3	9.19	511.71	4702.61	
42	010505006001	阳台栏板	1. 混凝土种类：预拌泵送； 2. 混凝土强度等级：C30	m^3	9.3	551.95	5133.14	
43	010505006002	女儿墙栏板	1. 混凝土种类：预拌泵送； 2. 混凝土强度等级：C30，泵送高度超过30m，50m以内	m^3	41.63	596.50	24832.30	
44	010505007001	天沟（檐沟）、挑檐板	1. 混凝土种类：预拌泵送； 2. 混凝土强度等级：C30，泵送高度超过30m，50m以内	m^3	68.85	590.41	40649.73	
45	010505008001	雨篷、悬挑板、阳台板	1. 混凝土种类：预拌泵送； 2. 混凝土强度等级：C30	m^2	508.07	53.09	26973.44	
46	010507005001	压顶	1. 混凝土种类：预拌商品混凝土； 2. 混凝土强度等级：C20	m^3	32.62	550.09	17943.94	
47	010507007001	其他构件	1. 构件的类型：外墙线条； 2. 构件规格：100mm×100mm； 3. 部位：1、2层； 4. 混凝土种类：预拌商品混凝土； 5. 混凝土强度等级：C30	m^3	7.11	519.50	3693.65	

续表

序号	项目编码	项目名称	项目特征描述	计量单位	工程量	金额/元		
						综合单价	合价	其中
								暂估价
48	010506001001	直形楼梯	1. 混凝土种类：预拌泵送； 2. 混凝土强度等级：C30	m^2	266.85	113.30	30234.11	
49	010506001002	直形楼梯	1. 混凝土种类：预拌泵送； 2. 混凝土强度等级：C30，泵送高度超过 30m，50m 以内	m^2	38.12	114.07	4348.35	
50	010515001001	现浇构件钢筋	钢筋种类、规格：一级钢φ12以内	t	42.15	5635.97	237556.14	
51	010515001002	现浇构件钢筋	钢筋种类、规格：三级钢φ12以内	t	255.271	5635.97	1438699.70	
52	010515001003	现浇构件钢筋	钢筋种类、规格：三级钢φ12以外	t	100.94	4996.80	504376.99	
53	010515001004	现浇构件钢筋	钢筋种类、砌体拉结筋	t	13.54	6968.71	94356.33	
54	010516004001	电渣压力焊接头	钢筋种类、规格：电渣压力焊	个	882	7.32	6456.24	
55	010516003001	机械连接	1. 连接方式：直螺纹连接； 2. 规格：φ25mm 以内	个	345	13.37	4612.65	
56	010516003002	机械连接	1. 连接方式：套筒挤压连接； 2. 规格：φ25mm 以内	个	72	16.54	1190.88	
57	010606008001	钢梯	1. 图集做法：苏 J05—2006； 2. 未尽事项详见招标文件、图纸及清单规范	t	0.075	8754.75	656.61	
			分部小计				3870239.63	
			四、屋面及防水工程					
58	010902003001	W1（十层屋面、机房屋面）	1. 20mm 厚 1：2 水泥砂浆保护层，设 3m×3m 分仓缝； 2. 满铺聚苯乙烯薄膜一层； 3. 3mm 厚 APP 防水卷材； 4. 20mm 厚 1：3 水泥砂浆找平； 5. 50mm 厚挤塑聚苯板（XPS）（B2 级）（另计）； 6. MLC 轻质混凝土找坡找平层，最薄处 30mm 厚； 7. 1.5mm 厚聚氨酯防水涂膜采用预拌砂浆	m^2	227.22	140.59	31944.86	

续表

序号	项目编码	项目名称	项目特征描述	计量单位	工程量	金额/元		
						综合单价	合价	其中
								暂估价
59	010901001001	W2（坡屋面）	1. 挂钉结合固定水泥瓦； 2. 20mm厚1∶2.5水泥砂浆找平，同时在预埋钢筋处粉出30mm×30mm挂瓦条（挂瓦条内预先设ϕ6mm筋与预埋筋焊接），挂瓦条上留20mm宽@1000泻水槽； 3. 预埋ϕ10mm钢筋，纵向间距500mm，横向间距同挂瓦条，伸出屋面40mm； 采用预拌砂浆	m²	375.62	65.41	24569.30	
60	010902001001	W3（阁楼层屋面、露台）	1. 50mm厚C30细石混凝土，内配ϕ4mm@200双向钢筋随浇随抹光，设3m×3m分仓缝，满铺聚苯乙烯薄膜一层； 2. 3mm厚APP防水卷材； 3. 20mm厚1∶3水泥砂浆找平； 4. 50mm厚挤塑聚苯板（XPS）（B2级）（另计）； 5. MLC轻质混凝土找坡找平层，最薄处30mm厚； 6. 1.5mm厚聚氨酯防水涂膜； 7. 局部轻质混凝土垫至与反梁平，具体详见图纸； 采用预拌砂浆	m²	439.72	163.14	71735.92	
61	010902007001	W5（檐沟）	1. 1∶3水泥砂浆找平兼找坡，最薄处20mm厚； 2. 1.5mm厚聚氨酯防水涂膜	m²	74.05	40.13	2971.63	
62	010904003001	W6（空调机位）	1. 20mm厚1∶2水泥防水砂浆面层； 2. 20mm厚L形水泥基聚苯颗粒保温砂浆（另计）	m²	508.07	21.41	10877.78	
		分部小计					142099.49	
		五、保温隔热工程						
63	011001001001	保温隔热屋面（W1）	50mm厚挤塑聚苯板（XPS）（B2级）	m²	227.22	35.12	7979.97	
64	011001001002	保温隔热屋面（W3）	50mm厚挤塑聚苯板（XPS）（B2级）	m²	439.72	35.12	15442.97	

续表

序号	项目编码	项目名称	项目特征描述	计量单位	工程量	金额/元		
						综合单价	合价	其中
								暂估价
65	011001001003	保温隔热屋面(W6)	20mm厚L形水泥基聚苯颗粒保温砂浆	m^2	508.07	31.42	15963.56	
66	011001005001	保温隔热楼地面(L1)	20mm厚挤塑聚苯保温版(B1级)	m^2	4370.91	20.14	88030.13	
67	011001005002	保温隔热楼地面(L2)	20mm厚挤塑聚苯保温版(B1级)	m^2	416.04	20.14	8379.05	
68	011001005003	保温隔热楼地面(L4)	20mm厚挤塑聚苯保温版(B1级)	m^2	562	20.14	11318.68	
69	011001005004	保温隔热楼地面(L5)	50mm厚挤塑聚苯板（XPS）(B1级)	m^2	443.5	29.74	13189.69	
70	011001003001	保温隔热墙面	1. 保温隔热部位：墙体； 2. 保温隔热方式：外保温； 3. 保温隔热材料品种、规格及厚度：3mm厚专用黏结剂粘贴35mm厚复合发泡水泥板(Ⅱ型)(A级)； 4. 增强网及抗裂防水砂浆种类：5mm厚抗裂砂浆压入耐碱玻纤网格布（@500塑料盘形膨胀螺栓呈梅花状固定，首层加铺一层加强耐碱玻纤网格布）	m^2	7065.53	96.17	679492.02	
71	011001002001	保温隔热天棚(P2)	10mm厚水泥基无机矿物轻集料保温砂浆	m^2	303	17.76	5381.28	
72	011001002002	保温隔热天棚(P3)	3mm厚专用黏结剂粘贴20mm厚挤塑聚苯板（XPS）(B1级)	m^2	77.14	18.46	1424.00	
			分部小计				846601.35	
			六、楼地面工程					
73	011101001001	D1（非机动车库、住宅门厅）	1. 素土夯实； 2. 150mm厚碎石； 3. 60mm厚C15混凝土垫层（含轻质隔墙下素混凝土条基）； 4. 20mm厚1∶2水泥砂浆面层； 5. 详见图纸； 采用预拌砂浆	m^2	533.89	91.69	48952.37	

续表

序号	项目编码	项目名称	项目特征描述	计量单位	工程量	金额/元		
						综合单价	合价	其中
								暂估价
74	011101001002	L1（除L2～L4外）	1. 40mm厚C20细石混凝土； 2. 20mm厚挤塑聚苯保温版（另计）； 3. 详见图纸及设计变更说明； 采用预拌砂浆	m^2	4370.91	25.89	113162.86	
75	011101006001	L2（厨房、一层卫生间）	1. 30mm厚C20细石混凝土； 2. 1.8mm厚聚氨酯防水涂膜3遍上翻300mm，卫生间上翻1200mm； 3. 20mm厚1：3水泥砂浆找平，地漏周围0.5m范围内1%坡向地漏； 4. 20mm厚挤塑聚苯保温版（另计）； 采用预拌砂浆	m^2	416.04	77.63	32297.19	
76	011101003001	L3（其余卫生间）	1. 1.2mm厚聚氨酯防水涂膜2遍，上翻1200mm； 2. 300mm厚干MLC轻质混凝土垫层； 3. 40mm厚C20细石混凝土，表面撒1：1水泥中粗砂压实抹光； 4. 1.2mm厚聚氨酯防水涂膜2遍，上翻1200mm； 详见图纸； 采用预拌砂浆	m^2	325.86	273.14	89005.40	
77	011101001003	L4（阳台）	1. 30mm厚C20细石混凝土； 2. 1.8mm厚聚氨酯防水涂膜3遍，上翻300mm； 3. 20mm厚1：3水泥砂浆找平，地漏周围0.5m范围内1%坡向地漏； 4. 20mm厚挤塑聚苯保温版（另计）； 5. 详见图纸及变更说明，采用预拌砂浆	m^2	562	67.53	37951.86	
78	011101001004	L5（非机动车库上部一层楼面）	1. 50mm厚挤塑聚苯板（XPS）（B1级）（另计）； 2. 40mm厚C20细石混凝土； 3. 20mm厚1：2水泥砂浆面层； 详见图纸； 采用预拌砂浆	m^2	443.5	47.95	21265.83	

续表

序号	项目编码	项目名称	项目特征描述	计量单位	工程量	金额/元		
						综合单价	合价	其中 暂估价
79	011101001005	楼梯面层	1. 找平层厚度、砂浆配合比：20mm厚1：3水泥砂浆找平； 2. 面层厚度、砂浆配合比：10mm厚1：2水泥砂浆面层； 采用预拌砂浆	m^2	304.96	100.55	30663.73	
80	011105001001	水泥砂浆踢脚线	1. 踢脚线高度：100mm； 2. 刷界面剂一道（基层为砖墙时取消）； 3. 底层厚度、砂浆配合比：12mm厚1：3水泥砂浆打底； 4. 面层厚度、砂浆配合比：6mm厚1：2水泥砂浆抹面压光； 采用预拌砂浆	m	8982.21	7.50	67366.58	
81	011503002001	硬木扶手、栏杆、栏板	1. 图集：参见11J930图集K5页，含油漆，铁件等； 2. 位置：楼梯栏杆	m	178.33	171.51	30585.38	
82	011503001001	金属扶手、栏杆、栏板	1. 位置：空调机位栏； 2. 栏杆材料种类、规格：褐色成品金属装饰栏杆，壁厚满足相关规定； 3. 栏杆高度：竖杆净距≤110mm，高900mm； 具体详见图纸含油漆，铁件等	m	468.55	154.36	72325.38	
83	011503001002	金属扶手、栏杆、栏板	1. 位置：外护窗栏杆； 2. 栏杆材料种类、规格：褐色成品金属装饰栏杆，壁厚满足相关规定； 3. H＝1100mm； 具体详见图纸含油漆，铁件等	m	143.4	171.51	24594.53	
84	011503001003	金属扶手、栏杆、栏板	1. 位置：内护窗栏杆； 2. 扶手材料种类、规格：40mm×40mm的铝合金方管扶手，褐色； 3. 栏杆材料种类、规格：20mm×20mm的铝合金方管立柱，间距130mm，壁厚3.0mm，褐色； 4. 栏杆高度：高度500mm； 具体详见图纸含油漆，铁件等	m	26.4	85.75	2263.80	

续表

序号	项目编码	项目名称	项目特征描述	计量单位	工程量	金额/元		
						综合单价	合价	其中 暂估价
85	011503001004	金属扶手、栏杆、栏板	1. 位置：内护窗栏杆； 2. 扶手材料种类、规格：40mm×40mm的铝合金方管扶手，褐色； 3. 栏杆材料种类、规格：20mm×20mm的铝合金方管立柱，间距130mm，壁厚3.0mm，褐色； 4. 栏杆高度：高度300mm； 具体详见图纸含油漆，铁件等	m	44.1	68.60	3025.26	
86	011503001005	金属扶手、栏杆、栏板	1. 位置：内护窗栏杆； 2. 扶手材料种类、规格：40mm×40mm的铝合金方管扶手，褐色； 3. 栏杆材料种类、规格：20mm×20mm的铝合金方管立柱，间距130mm，壁厚3.0mm，褐色； 4. 栏杆高度：高度200mm； 具体详见图纸含油漆，铁件等	m	270	51.45	13891.50	
87	011503001006	金属扶手、栏杆、栏板	1. 位置：木制阁楼层洞口防护栏杆及简易楼梯； 2. 具体详见图纸含油漆，铁件等	套	6	857.55	5145.30	
88	010507001001	坡道	1. 20mm厚1∶2水泥砂浆表面扫毛（台阶部分抹光）； 2. 素水泥一道（内掺建筑胶）； 3. 100mm厚C20混凝土； 4. 300mm厚碎石灌1∶5水泥砂浆，宽出面层300mm； 5. 素土夯实； 采用预拌砂浆	m^2	38.16	180.43	6885.21	
		分部小计					599382.18	
		七、墙、柱面工程						
89	011201001001	墙面一般抹灰	1. 位置：管道井内墙； 2. 15mm厚1∶1∶6水泥石灰砂浆粉面； 采用预拌砂浆	m^2	1961.25	24.56	48168.30	

续表

序号	项目编码	项目名称	项目特征描述	计量单位	工程量	金额/元		
						综合单价	合价	其中 暂估价
90	011201001002	墙面一般抹灰（N1）	1. 位置：除N2外的所有基层为砖墙； 2. 8mm厚1：1：4水泥石膏砂浆粉面； 3. 12mm厚1：1：6水泥石膏砂浆打底； 4. 刷界面剂一道（基层为砖墙时取消）； 采用预拌砂浆	m^2	13413.27	27.66	371011.05	
91	011201001003	墙面一般抹灰（N1）	1. 位置：除N2外的所有层为混凝土墙； 2. 8mm厚1：1：4水泥石膏砂浆粉面； 3. 12mm厚1：1：6水泥石膏砂浆打底； 4. 刷界面剂一道（基层为砖墙时取消）； 采用预拌砂浆	m^2	4191.76	32.20	134974.67	
92	011201001004	墙面一般抹灰（N2）	1. 位置：厨房、卫生间所有基层为砖墙； 2. 8mm厚1：2.5水泥砂浆粉面； 3. 12mm厚1：3防水水泥砂浆打底； 4. 刷界面剂一道（基层为砖墙时取消）； 采用预拌砂浆	m^2	1699.43	24.89	42298.81	
93	011201001005	墙面一般抹灰（N2）	1. 位置：厨房、卫生间所有层为混凝土墙； 2. 8mm厚1：2.5水泥砂浆粉面； 3. 12mm厚1：3防水水泥砂浆打底； 4. 刷界面剂一道（基层为砖墙时取消）； 采用预拌砂浆	m^2	1454.46	29.61	43066.56	
94	011201001006	墙面一般抹灰（Q1）	1. 墙体类型：外墙所有层为砖墙； 2. 20mm厚1：3水泥砂浆内掺5%防水剂； 采用预拌砂浆	m^2	7760.43	26.78	207824.32	

续表

序号	项目编码	项目名称	项目特征描述	计量单位	工程量	金额/元		
						综合单价	合价	其中 暂估价
95	011202001001	零星抹灰	20mm厚1：3水泥砂浆内掺5%防水剂； 屋顶构架梁； 采用预拌砂浆	m^2	391.72	26.76	10482.43	
96	011202001002	零星抹灰	20mm厚1：3水泥砂浆内掺5%防水剂； 檐沟内侧屋顶女儿墙内侧； 采用预拌砂浆	m^2	839.93	48.71	40912.99	
97	01B001	内墙网格布	柱墙梁交界处网格布	m^2	2556.94	5.57	14242.16	
98	01B002	楼梯间钢丝网	1. 部位：楼梯间； 2. 满铺钢丝网，规格10mm×10mm×0.6mm	m^2	2260.13	16.50	37292.15	
		分部小计					950273.44	
八、天棚工程								
99	011301001001	天棚抹灰（P1）	位置：住宅室内顶棚； 基层处理	m^2	6881.68	8.89	61178.14	
100	011301001002	天棚抹灰（P2）	1. 位置：空调外机板底面； 2. 3mm厚抗裂砂浆压入耐碱玻纤网格布； 3. 10mm厚水泥基无机矿物轻集料保温砂浆（另计）； 4. 刷界面剂一道	m^2	303	23.53	7129.59	
101	011301001003	天棚抹灰（P3）	1. 位置：底层阳台底天棚； 2. 3mm厚抗裂砂浆压入耐碱玻纤网格布（@500塑料盘形膨胀螺栓呈梅花状固定，首层加铺一层加强耐碱玻纤网格布）； 3. 3mm厚专用黏结剂粘贴20mm厚挤塑聚苯板（XPS）（B1级）（另计）； 4. 刷界面剂一道	m^2	77.14	23.68	1826.68	
		分部小计					70134.41	
九、涂料工程								
102	011407001001	墙面喷刷涂料	1. 喷刷涂料部位：除厨卫外的所有内墙； 2. 涂料品种、喷刷遍数：白水泥腻子2遍	m^2	16026.43	10.13	162347.74	

续表

序号	项目编码	项目名称	项目特征描述	计量单位	工程量	金额/元		
						综合单价	合价	其中 暂估价
103	011407001002	墙面喷刷涂料	1. 喷刷涂料部位：楼梯间、候梯厅、车库等公共部位； 2. 涂料品种、喷刷遍数：白水泥腻子2遍，内墙弹性涂料2遍	m^2	3539.85	19.11	67646.53	
104	011406001001	抹灰面油漆	除公共部位外住宅室内天棚：白水泥腻子2遍	m^2	6246.8	10.13	63280.08	
105	011406001002	抹灰面油漆	车库、候梯厅、楼梯间天棚：白水泥腻子2遍，内墙弹性涂料2遍	m^2	1168.77	16.93	19787.28	
106	011406001003	抹灰面油漆	P2、P3空调外机板底面、阳台底天棚： 1. 白色内墙涂料二遍； 2. 柔性耐水腻子一道	m^2	585.21	20.55	12026.07	
			分部小计				325087.70	
			十、门窗工程					
107	010802003001	木质防火门	门类型：乙级防火安全防卫隔声保温门； 含五金安装、油漆等	m^2	138.6	463.08	64182.89	
108	010804004001	防护铁丝门	1. 门类型：格栅铁门； 2. 含安装、五金、油漆等； 具体详见图纸要求	m^2	138	257.26	35501.88	
109	010805005001	全玻自由门	1. 门类型：玻璃移门（外移）取消； 2. 玻璃品种、厚度：钢化安全中空玻璃； 含五金安装、油漆等 具体详见图纸要求	m^2				
110	010805003001	电子对讲门	1. 门类型：电子对讲安全防卫门1.5m×2.2m； 2. 含安装具体详见图纸要求； 含五金安装、油漆等	樘	3	2058.12	6174.36	
111	010802001001	金属门	1. 门类型：钢制玻璃门； 2. 玻璃品种、厚度：钢化安全中空玻璃； 含五金安装、油漆等 具体详见图纸要求	m^2	6.93	384.92	2667.50	

续表

序号	项目编码	项目名称	项目特征描述	计量单位	工程量	金额/元		
						综合单价	合价	其中
								暂估价
112	010802003002	木质防火门	门类型：甲级防火门 含五金安装、油漆等 具体详见图纸要求	m^2	19.2	557.41	10702.27	
113	010802003003	木质防火门	门类型：乙级防火门 含五金安装、油漆等 具体详见图纸要求	m^2	7.56	471.65	3565.67	
114	010802003004	木质防火门	门类型：丙级防火门 含五金安装、油漆等 具体详见图纸要求	m^2	154.98	385.90	59806.78	
115	010807009001	复合材料窗	1. 窗类型：5mm 厚玻璃塑料型材平开窗； 2. 玻璃品种、厚度：5mm 厚玻璃； 含五金安装、油漆等	m^2	44.52	214.39	9544.64	
116	010807009002	复合材料窗	1. 窗类型：塑料型材平开窗； 2. 玻璃品种、厚度：5＋6A＋5＋6A＋5 中空玻璃； 含五金安装、油漆等	m^2	643	385.90	248133.70	
117	010807009003	复合材料窗	1. 窗类型：高性能间隔条暖边中空玻璃塑料型材平开窗； 2. 玻璃品种、厚度：5＋6A＋5＋6A＋5 中空玻璃； 含五金安装、油漆等	m^2	608.3	385.90	234742.97	
		分部小计					675022.66	
		十一、其他工程						
118	010902008001	屋面变形缝	平屋面变形缝：图集做法：参见苏 J03－20063/20	m	8.5	133.64	1135.94	
119	010902008002	屋面变形缝	坡屋面变形缝：图集做法：参见 09J202－1－3/K19	m	10.6	19.97	211.68	
120	010903004001	墙面变形缝	图集做法：参见 10J121 图集第 H－9 页节点 1	m	75.46	19.97	1506.94	
121	011507004001	信报箱	具体详见图纸	套	3	1029.06	3087.18	
122	011615001001	开孔（打洞）	预留孔洞，含 PVC 护套管	个	403	17.15	6911.45	
123	补	烟道及风帽	参见图集 07J916－1－A－CF 型	m	180	104.09	18736.20	

续表

序号	项目编码	项目名称	项目特征描述	计量单位	工程量	金额/元		
						综合单价	合价	其中 暂估价
124	补	楼号牌	钢板烤漆楼号牌，具体根据甲方要求	个	2	171.51	343.02	
125	补	楼铭牌	大理石楼宇名牌，具体根据甲方要求	个	1	257.26	257.26	
126	补	进户门牌号	亚克力进户门牌号，具体根据甲方要求	个	60	8.58	514.80	
127	补	单元门牌号	亚克力进户门牌号，具体根据甲方要求	个	3			
128	补	车库门牌	喷漆车库门牌，具体根据甲方要求	个	6	8.58	51.48	
129	011207001001	墙面装饰板	成品石膏装饰板，具体做法详见图纸	m^2	54.36	171.51	9323.28	
130	010507001002	散水、坡道	详见图纸	m^2	8.64	105.96	915.49	
131	补	太阳能支座	太阳能支架，含基础	个	120	171.51	20581.20	
132	010516002001	预埋铁件	钢材种类：300mm×3mm钢板止水带	m	27.6	71.59	1975.88	
133	010902004001	屋面排水管	排水管品种、规格：ϕ110PVC落水管、水斗、弯头，做法详见图纸设计	m	513.76	36.12	18557.01	
		分部小计					84108.81	
		分部分项工程清单合计					8431172.70	
		单价措施项目清单						
1	011701001001	综合脚手架		m^2	7941.11	24.97	198289.52	
2	011703001001	垂直运输		天	220	800.88	176193.60	
3	011704001001	超高施工增加		项	1	141084.95	141084.95	
4	011705001001	大型机械设备进出场及安拆		项	1	23501.27	23501.27	

续表

序号	项目编码	项目名称	项目特征描述	计量单位	工程量	金额/元		
						综合单价	合价	其中
								暂估价
5	011706002001	排水、降水		项	1	6662.89	6662.89	
6	011706002002	护坡	护坡自行考虑	项	1	428.77	428.77	
7	011702001001	基础	1. 混凝土种类：预拌泵送； 2. 混凝土强度等级：C15 混凝土垫层，复合木模板	m²	40.36	73.77	2977.36	
8	011702001002	基础	1. 混凝土种类：预拌泵送； 2. 混凝土强度等级：C30 无梁式带形基础，复合木模板	m²	149.5	56.38	8428.81	
9	011702001003	基础	1. 混凝土种类：预拌泵送； 2. 混凝土强度等级：C30，抗渗系数：P6； 有梁式钢筋混凝土满堂基础，复合木模板	m²	4.65	63.75	296.44	
10	011702005001	基础梁	1. 混凝土种类：预拌泵送； 2. 混凝土强度等级：C30； 基础梁，复合木模板	m²	2454.23	47.71	117091.31	
11	011702011001	直形墙	1. 混凝土种类：预拌泵送； 2. 墙体厚度：300mm； 3. 混凝土强度等级：C30； 直形墙，复合木模板	m²	9470.94	48.70	461234.78	
12	011702013001	短肢剪力墙、电梯井壁	1. 混凝土种类：预拌泵送； 2. 墙体厚度：200mm； 3. 混凝土强度等级：C30，抗渗系数：P6； 电梯井壁，复合木模板	m²	1288.53	49.65	63975.51	
13	011702004001	异形柱	1. 柱形状：L 形； 2. 柱高：3.0m 以内； 3. 混凝土种类：预拌泵送； 4. 混凝土强度等级：C30； 5. 十字形、L 形、T 形柱 复合木模板	m²	63.05	100.89	6361.11	
14	011702002001	矩形柱	1. 混凝土种类：预拌泵送； 2. 混凝土强度等级：C30； 3. 泵送高度：泵送高度超过 30m，50m 以内； 矩形柱，复合木模板	m²	25.04	64.93	1625.85	

续表

序号	项目编码	项目名称	项目特征描述	计量单位	工程量	金额/元		
						综合单价	合价	其中
								暂估价
15	011702003001	构造柱	1. 混凝土种类：预拌非泵送； 2. 柱高：3.0m以内； 3. 混凝土强度等级：C20 含门框柱； 构造柱，复合木模板	m^2	1416.58	78.66	111428.18	
16	011702006001	矩形梁	1. 混凝土种类：预拌泵送； 2. 混凝土强度等级：C30； 挑梁、单梁、连续梁、框架梁，复合木模板	m^2	353.54	71.11	25140.23	
17	011702008001	圈梁	1. 位置：防水反坎、电梯井圈梁、地圈梁、窗台梁； 2. 混凝土种类：预拌泵送； 3. 混凝土强度等级：C20； 圈梁、地坑支撑梁，复合木模板	m^2	16.16	58.89	951.66	
18	011702009001	过梁	1. 混凝土种类：预拌非泵送； 2. 混凝土强度等级：C20； 过梁，复合木模板	m^2	347.4	77.09	26781.07	
19	011702014001	有梁板	1. 混凝土种类：预拌泵送； 2. 混凝土强度等级：C30； 3. 厚度：120mm； 现浇板厚度20cm内，复合木模板	m^2	9316.25	58.96	549286.10	
20	011702014002	有梁板	1. 混凝土种类：预拌泵送； 2. 混凝土强度等级：C30； 3. 厚度：100mm； 现浇板厚度10cm内，复合木模板	m^2	1512.87	52.09	78805.40	
21	011702021001	栏板	1. 混凝土种类：预拌泵送； 2. 混凝土强度等级：C30； 竖向挑板、栏板，复合木模板	m^2	1273.25	71.22	90680.87	

续表

序号	项目编码	项目名称	项目特征描述	计量单位	工程量	金额/元		
						综合单价	合价	其中 暂估价
22	011702022001	天沟、檐沟	1. 混凝土种类：预拌泵送； 2. 混凝土强度等级：C30，泵送高度超过30m，50m以内； 檐沟小型构件，木模板	m^2	1801.8	73.78	132936.80	
23	011702023001	雨篷、悬挑板、阳台板	1. 混凝土种类：预拌泵送； 2. 混凝土强度等级：C30； 水平挑檐、板式雨篷，复合木模板	m^2 水平投影面积	508.07	92.26	46874.54	
24	011702025001	其他现浇构件	1. 混凝土种类：预拌商品混凝土； 2. 混凝土强度等级：C20；压顶，复合木模板	m^2	362.08	64.93	23509.85	
25	011702007001	异形梁	1. 构件的类型：外墙线条； 2. 构件规格：100mm×100mm； 3. 部位：1、2层； 4. 混凝土种类：预拌商品混凝土； 5. 混凝土强度等级：C30；异形梁，复合木模板	m^2	76.08	83.09	6321.49	
26	011702024001	楼梯	1. 混凝土种类：预拌泵送； 2. 混凝土强度等级：C30； 楼梯，复合木模板	m^2 水平投影面积	304.97	170.95	52134.62	
27	011702008002	圈梁	1. 位置：防水反坎、电梯井圈梁、窗台梁； 2. 混凝土种类：预拌非泵送； 3. 混凝土强度等级：C20；圈梁、地坑支撑梁，复合木模板	m^2	356.52	58.89	20995.46	
单价措施项目清单合计							2373998.44	
合　计							10805171.14	

3. 总价措施项目清单与计价表

总价措施项目清单与计价表见附表5。

附表5　　总价措施项目清单与计价表

工程名称：某住宅楼工程（土建）　　标段：1

序号	项目编码	项目名称	计算基础	费率/%	金额/元	调整费率/%	调整后金额/元	备注
1	011707001001	现场安全文明施工			334960.31			
1.1		基本费	分部分项工程费＋单价措施项目费－除税工程设备费	3.100	334960.31			
1.2		标化增加费	分部分项工程费＋单价措施项目费－除税工程设备费					
2	011707002001	夜间施工	分部分项工程费＋单价措施项目费－除税工程设备费					
3	011707004001	二次搬运	分部分项工程费＋单价措施项目费－除税工程设备费					
4	011707005001	冬雨季施工	分部分项工程费＋单价措施项目费－除税工程设备费					
5	011707006001	地上、地下设施、建筑物的临时保护设施	分部分项工程费＋单价措施项目费－除税工程设备费					
6	011707007001	已完工程及设备保护费	分部分项工程费＋单价措施项目费－除税工程设备费					
7	011707008001	临时设施费	分部分项工程费＋单价措施项目费－除税工程设备费	1.000	108051.71			
8	011707009001	赶工措施费	分部分项工程费＋单价措施项目费－除税工程设备费					
9	011707010001	工程按质论价	分部分项工程费＋单价措施项目费－除税工程设备费					

续表

序号	项目编码	项目名称	计算基础	费率/%	金额/元	调整费率/%	调整后金额/元	备注
10	01B003	特殊条件下施工增加费	分部分项工程费＋单价措施项目费－除税工程设备费					
11	011707003001	非夜间施工照明	分部分项工程费＋单价措施项目费－除税工程设备费					
12	011707011001	住宅工程分户验收	分部分项工程费＋单价措施项目费－除税工程设备费	0.400	43220.68			
合　计					486232.70			

4. 其他项目计价表

其他项目计价表见附表6～附表9。

附表6　　　　其他项目清单与计价汇总表

工程名称：某住宅楼工程（土建）　　　　标段：1

序号	项目名称	金额/元	结算金额/元	备注
1	暂列金额			
2	暂估价	993566.05		
2.1	材料（工程设备）暂估价			
2.2	专业工程暂估价	993566.05		
3	计日工			
4	总承包服务费			
合　计		993566.05		

附表7　　　　**专业工程暂估价及结算价表**

工程名称：某住宅楼工程（土建）　　　　标段：1

序号	工程名称	工程内容	暂估金额/元	结算金额/元	差额±/元	备注
1	真石漆	1. 真石漆喷涂面层； 2. 3mm厚真石漆弹色浆点； 3. 刷底色浆点	692871.55			综合单价：85元/m^2； 数量：8151.43m^2
2	钢结构雨棚	含骨架、玻璃、安装等	6336.00			综合单价：800元/m^2； 数量：7.92m^2
3	内遮阳铝合金一体化装置	铝合金卷帘一体化遮阳，应用范围南、东、西侧（包封阳台）	167646.00			综合单价：300元/m^2； 数量：558.82m^2
4	木质夹板门		126712.50			综合单价：250元/m^2； 数量：506.85m^2
	合　计		993566.05			

附表 8　　　　　　　　　　**计　日　工　表**

工程名称：某住宅楼工程（土建）　　　　　　　　标段：1

编号	项目名称	单　位	暂定数量	实际数量	综合单价	合价/元	
						暂定	实际
一	人工						
人工小计							
二	材料						
材料小计							
三	施工机械						
施工机械小计							
四　企业管理费和利润							
总　计							

附表 9　　　　**总承包服务费计价表**

工程名称：某住宅楼工程（土建）　　　　标段：1

序号	项目名称	项目价值/元	服务内容	计算基础	费率/%	金额/元
1	发包人发包专业工程					
2	发包人提供材料					
	合　计					

5．规费、税金项目计价表

规费、税金项目计价表见附表10。

附表10　　**规费、税金项目计价表**

工程名称：某住宅楼工程（土建）　　标段：1

序号	项目名称	计算基础	计算基数/元	计算费率/%	金额/元
1	规费		458229.38		458229.38
1.1	社会保险费	分部分项工程费＋措施项目费＋其他项目费－除税工程设备费	12284969.89	3.200	393119.04
1.2	住房公积金	分部分项工程费＋措施项目费＋其他项目费－除税工程设备费	12284969.89	0.530	65110.34
1.3	工程排污费	分部分项工程费＋措施项目费＋其他项目费－除税工程设备费	12284969.89		
2	税金	分部分项工程费＋措施项目费＋其他项目费＋规费－（除税甲供材料和甲供设备费）/1.01	12743199.27	11.000	1401751.92
合计					1859981.30

参考文献

[1] 刘钟莹，俞启元，李泉，等．工程估价［M］．2版．南京：东南出版社，2010.

[2] 谈飞，欧阳红祥，杨高升．工程项目管理：工程计价理论与实务［M］．北京：中国水利水电出版社，2013.

[3] 黄伟典．建筑工程计量与计价［M］．3版．北京：中国环境科学出版社，2007.

[4] 中国华人民共和国住房和城乡建设部，国家质量监督检验检疫总局．GB 50500—2013 建设工程工程量清单计价规范［S］．北京：中国计划出版社，2013.

[5] 中国华人民共和国住房和城乡建设部，国家质量监督检验检疫总局．GB 50854—2013 房屋建筑与装饰工程工程量计算规范［S］．北京：中国计划出版社，2013.

[6] 江苏省住房和城乡建设厅．江苏省建筑与装饰工程计价定额（2014版）［S］．南京：江苏凤凰科学技术出版社，2014.

[7] 周胜利．清单计价模式下招标控制价的应用研究［D］．广州：华南理工大学，2011.

[8] 冯记德．采用施工图预算和工程量清单计价控制工程造价的研究［D］．天津：天津大学，2006.

[9] 吕炜．工程量清单投标报价模型与投标报价策略研究［D］．重庆：重庆大学，2006.

[10] 董芹芹．清单计价模式下的投标报价策略与技巧研究［D］．青岛：青岛理工大学，2014.

[11] 宋静艳．工程造价工程量清单计价方法的理论与应用研究［D］．成都：西南交通大学，2009.

[12] 谢宇婷，李建峰，刘欣乐．清单计价模式下消耗量定额的编制方法初探［J］．四川建筑，2014，34（1）：226-229.

[13] 李彬．工程项目计价理论及计价方法研究［D］．长安：长安大学，2009.

[14] 谭大璐．工程估价［M］．3版．北京：中国建筑工业出版社，2007.

[15] 沈杰．工程估价［M］．南京：东南大学出版社，2005.

[16] 王雪青．工程估价［M］．2版．北京：中国建筑工业出版社，2011.

参 考 文 献